“双一流”建设精品出版工程
“十四五”时期国家重点出版物出版专项规划项目
现代土木工程精品系列图书

土木工程材料

CIVIL ENGINEERING MATERIALS

主　编　赵亚丁
副主编　肖会刚　马新伟

内容简介

本书以土木工程类相关专业本科生培养为目标，内容既考虑突出理论知识重点，又适当进行了实践知识扩展，尽可能体现知识体系的完整性及理论与实践的结合性特点。书中以土木工程主要使用材料的基本概念、特性产生及变化的基本原理，工程应用与评价的基本理论、原则及其生态化发展的基本思路为阐述重点，主要介绍胶凝材料、水泥、混凝土、砂浆、钢材、高分子材料、沥青和沥青混合料、木材、功能材料等的组成、结构、特性与应用的关联性。从基本知识、基本原理、基本理论角度出发，对材料特性产生及变化的原因与机理进行分析，且介绍评价、判断、选用及改造与研制工程材料的基本方法与思路。

本书可作为高等院校土木类及其相关专业本科生教材，也可用作相关专业高职、高专及在职专业技术人员培训教材。

图书在版编目(CIP)数据

土木工程材料/赵亚丁主编. —哈尔滨：哈尔滨工业大学出版社，2022.1(2023.8 重印)
ISBN 978－7－5603－9838－9

Ⅰ.①土… Ⅱ.①赵… Ⅲ.①土木工程－建筑材料 Ⅳ.①TU5

中国版本图书馆 CIP 数据核字(2021)第 226227 号

策划编辑 王桂芝 闻 竹
责任编辑 李青晏 孙连嵩
出版发行 哈尔滨工业大学出版社
社 址 哈尔滨市南岗区复华四道街 10 号 邮编 150006
传 真 0451－86414749
网 址 http://hitpress.hit.edu.cn
印 刷 黑龙江艺德印刷有限责任公司
开 本 787 mm×1 092 mm 1/16 印张 16 字数 380 千字
版 次 2022 年 1 月第 1 版 2023 年 8 月第 2 次印刷
书 号 ISBN 978－7－5603－9838－9
定 价 48.00 元

前　言

本书是适应国民经济快速发展的新形势，针对实现“中国建造”培养土木工程专业人才需求编写的专业教材。与以往教材不同的是，本书是在介绍土木工程材料主要性能特点及应用的基础上，结合现代土木工程与人类社会持续和谐友好关系发展的需要，更新融入了土木工程材料生态化发展的趋势、特点及方式方法，力求为读者提供土木工程材料生态化发展的新观念、新思路。

本书由哈尔滨工业大学赵亚丁担任主编，哈尔滨工业大学肖会刚、哈尔滨工业大学（威海）马新伟担任副主编，参与编写的还有哈尔滨工业大学李学英、高小建、卢爽、赵雷及宁波大学何忠茂。具体编写分工为：赵亚丁编写绪论、第1章和第9章；李学英编写第2章；肖会刚编写第3章和第6章；高小建编写第4章；何忠茂编写第5章；马新伟编写第7章；赵雷编写第8章和第10章第10.1、10.3、10.4、10.6节；卢爽编写第10章第10.2、10.5节。

本书在编写过程中参阅、借鉴及引用了国内外许多专家、学者的相关教材、著作及标准、规范（如土木工程相关材料的国家及行业技术标准与技术规范等），也尽可能在参考文献中列出，如有疏漏，敬请指正，再版时加以增补更改。在此，谨向各位作者及单位表示崇高的敬意与由衷的感谢！

由于编者水平有限，书中不足之处在所难免，敬请指正，期待完善，诚挚感谢！

编　者

2022年1月

目　　录

绪　论 …… 1
0.1　土木工程材料的定义与分类 …… 1
0.2　土木工程材料在土木工程中的地位与作用 …… 2
0.3　土木工程材料的发展概况 …… 3
0.4　土木工程材料的技术标准 …… 4
0.5　本书学习的目的、任务与学习方法 …… 4
复习思考题 …… 5
第1章　土木工程材料的基本性质 …… 6
1.1　材料组成与结构 …… 6
1.2　材料基本物理性质 …… 10
1.3　材料基本力学性质 …… 21
1.4　材料耐久性 …… 24
1.5　材料环境协调性 …… 25
复习思考题 …… 27
第2章　气硬性胶凝材料 …… 28
2.1　石膏 …… 28
2.2　石灰 …… 32
2.3　水玻璃 …… 38
复习思考题 …… 39
第3章　水泥 …… 40
3.1　水泥基本知识 …… 40
3.2　通用硅酸盐水泥 …… 49
3.3　其他水泥 …… 56
复习思考题 …… 61
第4章　混凝土 …… 62
4.1　混凝土基本知识 …… 62

4.2 普通混凝土组成材料…… 63
4.3 混凝土主要技术性质…… 78
4.4 混凝土质量控制与评定…… 97
4.5 普通混凝土配合比设计 …… 100
4.6 轻混凝土 …… 107
4.7 其他混凝土 …… 111
复习思考题…… 116
第5章 砂浆…… 118
5.1 砂浆组成材料 …… 118
5.2 砂浆技术性质 …… 120
5.3 砌筑砂浆配合比设计 …… 123
5.4 抹灰砂浆 …… 125
5.5 砂浆的生态化发展途径 …… 127
复习思考题…… 128
第6章 钢材…… 129
6.1 钢材基本知识 …… 129
6.2 钢材主要技术性质 …… 132
6.3 钢化学组成、晶体组织与加工…… 137
6.4 钢标准及选用 …… 141
复习思考题…… 148
第7章 高分子材料…… 149
7.1 高分子材料基本知识 …… 149
7.2 工程塑料 …… 155
7.3 橡胶 …… 162
7.4 纤维及膜材料 …… 163
7.5 其他高分子材料 …… 167
7.6 高分子材料的生态化发展 …… 173
复习思考题…… 175
第8章 沥青和沥青混合料…… 176
8.1 沥青基本知识 …… 176
8.2 石油沥青 …… 180
8.3 煤沥青 …… 183

8.4　改性沥青及再生沥青 …… 185
8.5　沥青及改性沥青的工程应用 …… 188
8.6　沥青及其应用的生态化发展 …… 191
8.7　沥青混合料 …… 192
复习思考题 …… 204
第 9 章　木材 …… 205
9.1　木材基本知识 …… 205
9.2　木材主要技术性质 …… 206
9.3　木材工程应用 …… 208
复习思考题 …… 210
第 10 章　功能材料 …… 211
10.1　热功能材料 …… 211
10.2　吸声与隔声材料 …… 217
10.3　光学材料 …… 225
10.4　电、磁功能材料 …… 228
10.5　防水材料 …… 230
10.6　智能材料 …… 237
复习思考题 …… 242
参考文献 …… 243
名词索引 …… 245

绪　论

随着科学技术的不断发展及人民生活水平的不断提高，土木工程不仅满足人类遮风避雨、衣食住行的最基本需要，而且已经成为人类精神文明与物质文明发展进步的重要标志。因此，作为土木工程重要物质基础的土木工程材料，是从事土木工程设计、施工等专业的技术生产、设计、施工、管理等专业人员必须了解、掌握，并能正确合理运用的重要专业基础。

本章学习内容及要求：掌握工程材料的基本定义，通过不同角度的分类，了解土木工程材料的功能、用途与其成分的关系；了解土木工程在工程中的地位、作用及其对工程性质等的影响，特别是要了解土木工程材料在发展过程中出现的问题，明确其主要发展趋势；了解国内外土木工程材料产品评价的基本层次与内涵；正确理解课程学习的目的、重点及基本方法。

0.1　土木工程材料的定义与分类

0.1.1　定义

具体地说，土木工程材料是指直接用于建筑、道路、桥隧等土木工程的各种材料，也称为狭义的土木工程材料；扩展地说，与土木工程有关的、为其工程服务的临时设施、辅助设备等（如：升降架、模具、管道、临时性围墙等）所使用的材料也可划归为土木工程材料范畴，可称为广义的土木工程材料。

随着社会的发展、人类的进步，人们已不满足于对土木工程材料基本使用功能的需要，而对土木工程材料的生产、使用及其对人类社会的影响提出了更高层次的生态化需求。例如：绿色建筑材料也称生态建材、可持续发展建材、环保建材、健康建材等。1988年第一届国际材料研究会上首次提出这一概念，1992年其被国际学术界明确定义为：原料采用、产品制备、使用或再循环，以及废料处理等环节中，对地球负荷最小，有利于人类健康的建筑材料。在此基础上，我国的学者结合我国国情特点，将绿色建筑材料定义为：采用清洁生产技术，少用天然资源与能源，大量利用工农业或城市固体废弃物生产的无毒害、无污染、无放射性，达到生命周期后可回收再利用，有利于环境保护和人体健康的建筑材料。

0.1.2　分类

土木工程材料可从各种角度分类，例如：按土木工程材料的功能分类，可分为结构材料、防水材料、保温材料、吸声材料和装饰材料等；按土木工程材料的用途分类，可分为墙体材料、地面材料、屋面材料和道路材料等；按化学成分分类，可分为无机材料、有机材料和复合材料，见表0.1。

表0.1 土木工程材料按化学成分分类

<table>
<tr><td rowspan="8">无机材料</td><td rowspan="2">金属材料</td><td colspan="2">黑色金属（铁、钢及其合金）</td></tr>
<tr><td colspan="2">有色金属（铜、铝等及其合金）</td></tr>
<tr><td rowspan="6">非金属材料</td><td colspan="2">天然石材（大理石、花岗石等及普通混凝土用砂、石）</td></tr>
<tr><td colspan="2">烧结制品（烧结砖、瓦、装饰陶瓷等）与熔融制品（玻璃及其制品）</td></tr>
<tr><td rowspan="2">胶凝材料</td><td>气硬性胶凝材料（石灰、石膏等）</td></tr>
<tr><td>水硬性胶凝材料（水泥）</td></tr>
<tr><td colspan="2">混凝土与砂浆</td></tr>
<tr><td colspan="2">硅酸盐制品</td></tr>
<tr><td rowspan="3">有机材料</td><td colspan="3">植物质材料（木材、竹材等）</td></tr>
<tr><td colspan="3">合成高分子材料（建筑塑料、建筑涂料、橡胶等）</td></tr>
<tr><td colspan="3">沥青及改性沥青材料</td></tr>
<tr><td rowspan="2">复合材料</td><td colspan="3">无机材料基复合材料（水泥基复合材料等）</td></tr>
<tr><td colspan="3">有机材料基复合材料（树脂基人造石材、玻璃纤维增强塑料等）</td></tr>
</table>

0.2 土木工程材料在土木工程中的地位与作用

土木工程材料是土木工程的物质基础。每一项土木工程建设的实施，首先都是以土木工程材料的选择与应用为基础的。

土木工程材料的性能、品种、质量及经济性直接影响或决定着土木工程的形式、功能、适用性、耐久性及经济性等，并在一定程度上影响着土木工程材料的运输、存放及使用方式，也影响着工程的施工方法。土木工程中许多技术的突破，往往依赖于土木工程材料性能的改进与提高，而新材料的出现又促进了工程设计、施工技术的发展与进步。如钢材和钢筋混凝土的出现，使完成高层建筑和大跨度建筑成为可能；轻质材料和保温材料的出现，对减轻建筑物的自重，提高建筑物的抗震能力，改善工作与居住环境条件等起到了十分有益的作用，并推动了节能建筑的发展；新型装饰材料的出现，使建筑物的造型及建筑物的内外装饰焕然一新，生机勃勃。

土木工程材料的经济性直接影响着土木工程的造价。在我国的一般工业与民用建筑中，投资于建筑材料的费用占工程总造价的50％～60％，而装饰材料又占其中的50％～80％。

了解或掌握土木工程材料的性能，按照建筑物及使用环境条件对土木工程材料的要求，正确合理地选用土木工程材料，充分发挥每一种材料的长处，做到材尽其能、物尽其用，并采取正确的运输、存储与施工方法，对节约材料、降低工程造价、提高土木工程的质量与使用功能、增加土木工程的使用寿命等具有十分重要的意义。

0.3 土木工程材料的发展概况

土木工程材料的发展伴随着人类社会不同阶段的变化，经历了漫长的演变过程。它反映每一时代科学文化的特征，也是社会生产力发展水平的标志。大自然中存在的木、草、土、石等天然材料，为人类居住提供了最早期的土木工程材料，后来的数千年中，人类一直在生产和使用陶器、砖瓦、石灰、三合土等土木工程材料，其发展速度极为缓慢。19世纪，资本主义工业革命大大推动了工业的发展，也极大地推动了土木工程材料的发展，钢材、水泥、混凝土、钢筋混凝土的相继出现，使得建造规模更大、样式更新、功能更强的土木工程成为现实，这些材料也因此成为现代土木工程的主要材料。

但是，自20世纪40年代开始，随着世界人口急剧增长及经济建设的飞速发展，为人类生产、生活服务的土木工程也空前活跃起来，对土木工程材料在量和质两方面的要求都达到了历史最高水平，随之出现的问题也日趋严重。

土木工程材料的大量生产，会消耗自然界中大量原材料(例如：炼铁需用铁矿石；烧水泥需要石灰石和黏土，会毁田；制备混凝土的骨料需要开山采矿、挖掘河床；做木材需要毁林，会加速土地沙漠化等)。土木工程材料的生产、运输，会消耗大量能量(煤、水、电等)，产生大量废气和废渣，造成酸雨、温室效应，损坏臭氧层，产生噪声、粉尘等。土木工程材料使用过程中，建筑结构的保温、绝热、防水性能问题会导致能量损耗，释放有害物质(甲苯、苯、甲醛、有机挥发物、人造纤维污染)，产生光污染(如热反射玻璃幕墙等)、声污染(如施工噪声等)和热污染等。

美国环境保护局对各类建筑室内空气连续监测的结果表明，室内空气中有数千种化学物质，其中有些有毒化学物质含量(体积分数)比室外绿化区高出20多倍，特别是新完工的建筑物，在6个月内，室内空气中有害物质含量比室外高出100多倍。引起室内环境污染的材料主要包括：再生材料和无机材料(如用钢渣、矿渣、煤灰、煤渣制造的水泥与砖)产生的氡气、辐射、石棉；人造木材、有机涂料及合成胶黏剂释放的苯类、酚类，甚至铅、汞、锰、砷等有毒物；高分子材料释放的有机物，如苯类、甲醛和挥发性有机物(VOC)等。

近几十年来，随着科学技术的进步和土木工程发展的需要，一大批新型土木工程材料应运而生，出现了高分子材料、新型建筑陶瓷与玻璃、新型复合材料(纤维增强材料、夹层材料等)。依靠材料科学和现代工业技术，人们正在不断开发更多的新型材料，以满足社会进步、环境保护、节能降耗及土木工程发展的更高、更多的需要。因而，今后一段时间内，土木工程材料将向以下几个方向发展。

(1) 生态化。研制和生产低能耗(包括材料生产能耗和工程使用能耗)的新型节能土木工程材料，这对降低土木工程材料和土木工程的成本及其使用能耗等起到十分有益的作用。充分利用地方资源和工业废渣生产土木工程材料，以保护自然资源、保护环境，维护生态环境的平衡，提高再生循环效率。

(2) 高性能、多功能化。利用复合技术生产多功能、特殊性能及高性能材料，研制轻质、高强、高耐久性、高耐火性、高抗震性、高保温性、高吸声性、优异装饰性及优异防水性的材料，以满足提高工程结构的安全性、适用性、艺术性、经济性及使用寿命等需要。

(3) 智能化。发展具有自感知、自适应及自修复功能的材料系统，以实现土木工程结构自控的使用安全性及使用长寿命等需要。

0.4 土木工程材料的技术标准

为了保证土木工程材料的选择和使用规范化，对其控制的标准主要有产品标准和工程建设标准。产品标准：保证产品适用性，是针对其必须达到的某些或全部要求（如品种、规格、技术性能、试验方法、包装、储藏、运输等方面的要求）制定的。工程建设标准：是针对基本建设中各类勘察、规划、设计、施工、安装、验收等需要协调统一的事项所制定的。

目前我国绝大多数土木工程材料都有相应的技术标准，其中包括产品规格、分类、技术要求、验收规则、代号与标志、运输与储存及抽样方法等。土木工程材料生产企业必须按照标准生产，并控制其质量。土木工程材料使用部门则按照标准选用、设计、施工，并按标准验收产品。

我国的土木工程材料标准分为国家标准和行业标准、地方标准与企业标准。国家标准和行业标准都是全国通用标准，是国家指令性文件，各级生产、设计、施工等部门均必须严格遵照执行。

与土木工程材料有关的标准及其代号主要包括：国家标准（GB）；建工行业标准（JG）、建材行业标准（JC）、冶金行业标准（YB）、石化行业标准（SH）、交通行业标准（JT）；国家级专业标准（ZB（有关土木工程材料的为 ZBQ，专业标准现已改为行业标准））；中国工程建设标准化协会标准（CECS）；地方标准（DB）；企业标准（Q）等。

国家标准的表示方法由标准名称、部门代号、标准编号、批准年份四部分组成，例如：《抹灰石膏》（GB/T 28627—2012）。

工程中使用的土木工程材料除必须满足产品标准外，有时还必须满足有关的设计规范、施工及验收规范（或规程）等的规定。工程中有时还涉及国际和国外技术标准，包括国际材料与结构研究试验联合会（RILEM）标准、美国材料试验协会（ASTM）标准、英国标准（BS）、日本标准（JIS）、德国标准（DIN）；国际标准（ISO）等。

0.5 本书学习的目的、任务与学习方法

本书内容是土木类各专业学生必须掌握的专业基础课知识。本书学习的目的是使读者获得有关土木工程材料的基本理论、基本知识和基本技能，为学习房屋建筑学、建筑施工技术、钢筋混凝土结构设计等专业课程提供土木工程材料的基础知识，并为今后从事建筑设计与施工等相关专业技术工作提供合理选用土木工程材料和正确使用土木工程材料的基础知识。

土木工程材料内容庞杂、品种繁多，涉及许多学科或课程，其名词、概念和专业术语多，且各种土木工程材料相对独立，即各章之间的联系较少。因此，学习土木工程材料时，应从以下几个方面进行：

(1) 利用好教材及课堂多媒体，尽量采用课上多听少写，课下预习、复习等学习方法，

才能更有效率地理解或掌握材料的组成、结构和性质间的关系。掌握土木工程材料的特点与应用是学习的目的与重点。

(2) 运用对比的方法，学习掌握相似、相反的概念，影响因素，改善措施等内容。通过对比各种材料的组成和结构来掌握它们的共性和特性。

(3) 通过观察、实习、试验等方式，将理论知识与实际工程设计、施工及生产联系起来。土木工程材料是一门实践性很强的课程，学习时应注意理论联系实际，注意观察周围已经建成的或正在施工的土木工程，学会从实际中发现问题，在学习中寻求答案，并在实践中验证所学的基本理论，学会评价、检验常用土木工程材料的方法，掌握一定的试验技能及对试验结果进行正确分析和判断的能力，培养学习与工作能力及严谨的科学态度。

复习思考题

1. 何为土木工程材料？绿色建材有哪些方面的要求？

2. 土木工程材料有哪些主要的分类形式？其各种分类形式的特点是什么？

3. 为什么土木工程材料对土木工程的影响很重要？

4. 目前土木工程材料在生产与应用方面存在哪些主要问题？土木工程材料的发展趋势如何？

5. 土木工程材料国内标准主要有哪些层次？其表示方法是什么？

第 1 章　土木工程材料的基本性质

本章学习内容及要求：熟悉本课程中经常涉及的各种材料性质的基本概念；了解材料的组成、结构及其与材料性质间的关系；掌握材料的基本物理性质、力学性质的基本概念、表示方法及影响因素，能获得其改善措施的思路；了解材料耐久性及环境协调性的基本概念、影响因素，具有分析材料长寿命化及生态化生产或改造思路与途径的能力。

本章的重点是材料的几种与密度相关的状态参数，材料与水、热、声有关的性质和不同力学性能指标的基本概念、表示方法及其相互之间的换算关系。

本章的难点是材料的不同层次结构的概念与表征方法，以及各种材料性质与材料组成、结构之间的相互关系。

土木工程材料在实际使用中需要承受不同的荷载和环境条件作用（如温度和湿度变化、冻融循环、盐类侵蚀等），因此不同气候环境条件、不同建筑结构形式中所使用的土木工程材料要求具备不同的性质。土木工程材料种类繁多，性质差异很大，其对土木工程及使用者又会产生不同的影响，只有熟悉和掌握各种材料的基本性质，才能在工程设计与施工中正确选择和合理使用材料。

1.1　材料组成与结构

材料的组成与结构是决定材料性能的内在因素，要掌握材料的性质，必须先了解材料的组成、结构与材料性能之间的关系。

1.1.1　材料的组成

材料的组成即材料的成分，可由化学组成、矿物组成两个层次来表征。

1. 化学组成

化学组成是指材料的化学成分。无机非金属材料通常以各种氧化物的含量①来表示，金属材料以各化学元素的含量表示，有机材料则以各化合物的含量来表示。

材料的化学组成是决定材料性能的主要因素之一，可以根据材料的化学组成推断其某些性质（如导热性、耐腐蚀性、脆性等）。

2. 矿物组成

矿物组成是指构成材料的矿物种类和含量。矿物是具有固定化学组成和特定内部结构的单质或化合物。矿物组成是决定无机非金属材料化学性质、物理性质、力学性能和耐

---

①　除特殊说明外，书中“含量”均指质量分数。

久性的重要因素。

材料的化学组成不同时，矿物组成一定不同；材料的化学组成相同时，矿物组成有可能不同，从而表现出不同的性质。例如，同是碳元素组成的石墨和金刚石，虽然它们化学组成相同，但由于矿物组成不同，表现出的物理性质和力学性质完全不同。另外，硅酸盐水泥的主要化学组成是 CaO、SiO_2，形成的两种矿物硅酸三钙（$3CaO \cdot SiO_2$）和硅酸二钙（$2CaO \cdot SiO_2$）性质差异较大，前者强度增长快、放热量大，后者强度增长慢、放热量小、耐腐蚀性好。因此，已知材料化学组成条件下，进一步掌握材料矿物组成对于判断材料性质具有重要作用。

1.1.2　材料的结构

材料的结构是决定材料性能的另一重要因素。

1. 结构层次

根据研究尺度及观测手段不同，可以将材料结构分为宏观结构、细观结构和微观结构 3 种。

(1) 宏观结构。

宏观结构是指用肉眼或放大镜能够观察到的材料组织构造（毫米级以上）。该结构层次主要研究材料组成的基本单元形态、形貌、分布状态、空隙及孔隙大小和数量等。例如混凝土中的砂、石、气泡、纤维的形貌状态、数量多少及分布状态等就属于材料的宏观结构状态。材料的宏观结构分有不同种类及特性，见表 1.1。

表 1.1　材料宏观结构种类、特征及特性

结构种类	结构特征及特性
致密结构	宏观孔隙及裂缝很少或接近于零，如钢材、玻璃、沥青和部分塑料等材料的结构，其主要特性为：自重大、吸水率低、抗冻及抗渗性好、强度较高等
多孔结构	孔隙含量较高，这些孔隙或连通或封闭，如石膏制品、加气混凝土、多孔砖、泡沫混凝土、泡沫塑料等材料的结构，其主要特性为：质轻，吸水率高，抗冻及抗渗性差，保温、隔热、吸声性能好
纤维结构	由纤维状物质构成，纤维之间通常存在相当多的孔隙，如木材、钢纤维、玻璃纤维、岩棉等材料的结构，其主要特性为：平行纤维方向的抗拉强度较高，且大多数轻质、保温及吸声性能好
粒状结构	呈松散颗粒状，如砂、石子、粉煤灰及各种粉状材料的结构，常用于各类混凝土及保温材料的原材料
聚集结构	组成颗粒通过胶结材料彼此牢固结合构成，如各类混凝土、建筑陶瓷、砖、某些天然岩石等材料的结构，其主要特性为：强度较高、脆性高
层状结构	天然形成或用人工黏结等方法将材料叠合成层状，如胶合板、纸面石膏板、各种夹芯板等材料的结构，虽然各层材料的性质不同，但叠合后材料的综合性质较好，扩大了材料的使用范围

材料的宏观结构是影响材料性质的重要因素，改变宏观结构较容易。在材料组成不变的情况下，通过改变材料的宏观结构可以制备不同性质和用途的材料。如通过改变泡沫含量可以制备不同密度等级和保温性能的泡沫混凝土材料，普通混凝土中掺入纤维材料可以明显改善其抗拉强度和柔韧性等。

(2) 细观结构。

细观结构也称亚微观结构，是指在光学显微镜下能观察到的微米级的材料组织结构。主要用于研究材料内部的晶粒、颗粒的大小和形态、晶界与界面、孔隙特征及分布等。

材料的细观结构对于材料的性质具有很大影响。一般来说，材料内部的晶粒越细小、分布越均匀，孔隙越细小、连通孔越少，材料的强度越高、耐久性越好；晶体颗粒或不同材料组成之间的界面(如混凝土中的骨料－水泥石界面)黏结越好，材料的强度和耐久性越好。

(3) 微观结构。

微观结构是指在电子显微镜或 X 射线衍射仪下观察到的材料在原子、分子层次的结构。微观结构决定材料的许多物理力学性质，如强度、硬度、熔点、导热性、导电性等。

按组成质点的空间排列或联结方式，可将材料微观结构区分为晶体、非晶体和胶体。其特征及特性见表 1.2。

表 1.2　材料微观结构种类、特征及特性

<table>
<tr><th>结构种类</th><th colspan="3">结构特征及特性</th></tr>
<tr><td rowspan="4">晶体</td><td rowspan="4">质点(离子、原子或分子) 在空间按特定的规则、呈周期性排列的固体称为晶体。
晶体具有特定的几何外形和固定的熔点。根据组成晶体的质点及质点间结合键的不同，晶体可分为：原子晶体、离子晶体、分子晶体和金属晶体。
从键的结合力来看，共价键和离子键最强，金属键较强，分子键最弱。如纤维状矿物材料和岩棉，纤维内链状方向上的共价键力要比纤维与纤维之间的分子键结合力大得多，这类材料易分散成纤维，强度具有方向性；云母、滑石等结构层状材料的层间结合力是分子力，结合较弱，这类材料易被剥离成薄片；岛状材料如石英，硅、氧原子以共价键结合成四面体，四面体在三维空间形成立体空间网架结构，因此质地坚硬，强度高</td><td>原子晶体</td><td>中性原子以共价键结合而形成的晶体称为原子晶体。这类晶体的主要特性是强度、硬度和熔点均较高，密度较小，如金刚石、石英、刚玉等</td></tr>
<tr><td>离子晶体</td><td>正负离子以离子键结合而形成的晶体称为离子晶体。这类晶体的主要特性是强度、硬度和熔点均较高，但波动较大，部分可溶于水，密度中等，如氯化钠、石膏、石灰岩等</td></tr>
<tr><td>分子晶体</td><td>分子以微弱的分子间力(范德瓦耳斯力) 结合而成的晶体称为分子晶体。这类晶体的主要特性是强度、硬度和熔点均较低，大部分可溶，密度小，如冰、石蜡和部分有机化合物</td></tr>
<tr><td>金属晶体</td><td>金属阳离子与自由电子以较强的金属键结合而形成的晶体称为金属晶体。这类晶体的主要特性是强度、硬度变化大，密度大，导电性、导热性、可塑性均较高，如铁、铜、铝及其合金等金属材料的结构</td></tr>
</table>

续表1.2

结构种类	结构特征及特性
非晶体	质点(离子、原子或分子)在空间以无规则、非周期性排列的固体称为非晶体。 非晶体没有固定的熔点和特定的几何外形,且各向同性。相对于晶体,非晶体是化学不稳定结构,容易与其他物质发生化学反应,具有较高的化学活性。如生产水泥时,熟料从水泥煅烧窑进入篦冷机,急冷过程使得它来不及做定向排列,质点间的能量只能以热力学能的形式储存起来,具有化学不稳定性,很容易与水反应产生水硬性;粉煤灰、水淬粒化高炉矿渣、火山灰等玻璃体材料,能与石膏、石灰在有水的条件下水化和硬化,常掺入硅酸盐水泥中替代部分水泥熟料
胶体	物质以极微小的质点(粒径为 1 ～ 100 nm)分散在连续相介质(气、水或溶剂)中所形成的均匀混合物体系称为胶体。 由于胶体中的分散粒子(胶粒)与分散介质带相反的电荷,胶体能保持稳定。分散质颗粒细小,使胶体具有吸附性、黏结性。与晶体结构和非晶体结构的材料相比,具有胶体结构的物质或材料的强度低、变形大

2.材料的孔隙结构

大多数建筑材料在宏观或显微结构层次上都含有一定数量和大小的孔隙,如混凝土、砖、石材和陶瓷等,孔隙的存在对材料的各种性质具有重要影响。

(1) 孔隙形成的原因。

由于不同材料的配比、制备工艺(或天然形成机理)、环境条件等不同,材料中的孔隙形成原因会有多种,主要归纳如下:

① 水分的占据作用。许多建筑材料,如各种水泥制品(包括混凝土及砂浆)、石膏制品、墙体材料等,为满足施工或制备工艺要求,在生产时均需加水拌和,而且用水量通常要超过理论(胶凝材料与水发生反应)需水量,多余水分所占据的空间在硬化材料中最终形成不同尺寸的孔隙。

② 外加剂的引气或发泡作用。为了提高水泥混凝土的抗冻性,常掺入引气剂达到引入气泡的目的;为了减轻质量和提高保温性能,在制备加气混凝土、泡沫混凝土及发泡塑料等材料过程中通过专门加入引气剂或发泡剂形成大量细小的封闭孔隙。

③ 火山爆发作用。某些天然岩石如浮石、火山渣等,是通过火山爆发喷出的熔融岩浆快速冷却形成的,内部含有大量孔隙。

④ 焙烧作用。焙烧形成孔隙的途径有两种:一是材料在高温下熔融的同时,材料内部由于某些成分的作用产生气体而膨胀,形成孔隙,如轻骨料混凝土所用的黏土陶粒中形成的孔隙;二是材料中掺入的可燃材料(如木屑、煤屑等),在高温下燃烧后,留下孔隙,如微孔烧结砖中的孔隙。

(2) 孔隙的类型。

材料中的孔隙,按其基本形态特征可分为两种:

① 开口孔隙。开口孔隙是指孔隙之间互相连通,且与外界相通的孔,也称连通孔

隙。例如,木材、膨胀珍珠岩等材料内部的孔。

② 闭口孔隙。闭口孔隙是指孤立的,彼此不连通,而且孔壁致密的孔,也称为封闭孔隙。例如,泡沫玻璃、发泡聚苯乙烯塑料等材料内部的孔。

开口孔隙和闭口孔隙的区别是相对的,通常将常压下水能自由吸入的孔隙归为开口孔隙或连通孔隙,否则归为闭口孔隙或封闭孔隙。实际上,随着水压力的提高,水也可以进入到部分或全部封闭孔隙中。

(3) 孔隙对材料性质的影响。

孔隙的数量、尺寸大小及形态特征对材料的许多性质都有重要影响。通常,随着材料中孔隙数量的增多,材料的表观密度减小、强度降低、导热系数和热容量减小、渗透性增大、抗冻性和耐各种有害介质腐蚀作用降低。但是,如果孔隙以孤立的封闭孔隙为主,则可以在孔隙含量较高的情况下,使材料保持较低的渗透性和良好的抵抗有害介质腐蚀的能力。

1.2 材料基本物理性质

1.2.1 材料的密度

通常来说,材料单位体积的质量称为其密度。由于不同材料的内部密实程度、孔隙状态和颗粒物堆积状态不同,材料的密度分为绝对密度、表观密度和堆积密度 3 种。

1. 绝对密度

绝对密度是指材料在绝对密实状态下单位体积的质量,也称为真密度,简称密度,计算式如下:

$$\rho=\frac{m}{V} \tag{1.1}$$

式中 ρ—— 材料的绝对密度,g/cm^3;

m—— 材料在绝对密实状态下的质量,g;

V—— 材料在绝对密实状态下的体积,cm^3。

材料的密度取决于材料的组成和微观结构,与材料所处环境、干湿状态及孔隙含量等无关,是区分不同材料的一个重要特征参数。

2. 表观密度

表观密度是指材料在自然状态下单位体积(包括所有孔隙) 的质量,计算式如下:

$$\rho_0=\frac{m'}{V_0}=\frac{m'}{V+V_{tp}}=\frac{m'}{V+V_{cp}+V_{op}} \tag{1.2}$$

式中 ρ_0—— 材料的表观密度,kg/m^3;

m'—— 材料在任意含水状态下的质量,kg;

V_0—— 材料在自然状态下(包括开口孔隙和闭口孔隙) 的体积,m^3;

V_{tp}—— 材料中所有孔隙的体积，m^3；

V_{cp}—— 材料中所含闭口孔隙的体积，m^3；

V_{op}—— 材料中所含开口孔隙的体积，m^3。

材料中的孔隙如图 1.1 所示。

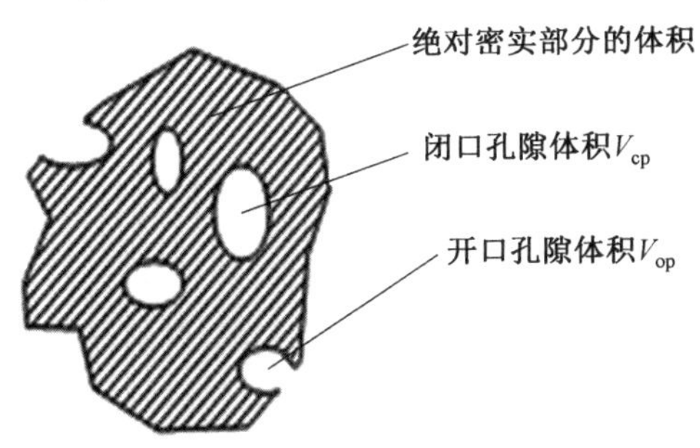

图 1.1　材料中孔隙示意图

密度相同的材料，内部孔隙含量越多，材料的表观密度越小。测定质量时，材料可以是任意含水状态，含水率越高，表观密度越大。在不加任何说明的情况下，表观密度通常是指材料的气干表观密度。根据含水状态不同，材料的表观密度还包括绝干表观密度 ρ_{0d} 和饱和面干表观密度 ρ_{0sw}。

3. 堆积密度

堆积密度是指粉状或颗粒材料在堆积状态下单位体积的质量，计算式如下：

$$\rho_p = \frac{m'}{V_p} = \frac{m'}{V_0 + V_v} \tag{1.3}$$

式中　ρ_p—— 材料的堆积密度，kg/m^3；

V_p—— 材料在堆积状态下(包括颗粒间空隙）的体积，m^3；

V_v—— 材料颗粒间空隙的体积(图 1.2)，m^3。

根据堆积的紧密程度不同，堆积密度可分为自然堆积密度(也称松堆密度）和紧密堆积密度(也称紧堆密度)；根据材料的含水率不同，堆积密度又可以分为气干堆积密度和绝

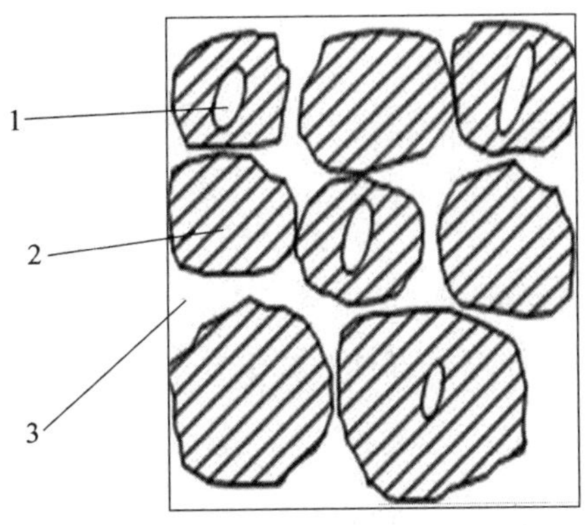

图 1.2　颗粒或粉体材料堆积状态示意图

1— 孔隙体积 V_{tp}；2— 绝对密实部分的体积 V；3— 空隙体积 V_v

干堆积密度。通常所指的堆积密度是材料在气干状态下的自然堆积密度。

由此可见，对于同一种材料，由于其内部存在孔隙和颗粒间空隙的影响，几种密度的大小关系为：绝对密度 $\geqslant$ 表观密度 $\geqslant$ 堆积密度。

1.2.2 孔隙率与空隙率

1. 孔隙率

孔隙的含量及特征常采用孔隙率来表征。

(1) 孔隙率与密实度。

孔隙率(P)是指材料内部所有孔隙体积占材料在自然状态下总体积的百分比，或称总孔隙率，计算式如下：

$$P=\frac{V_{tp}}{V_0}\times 100\%=\frac{V_0-V}{V_0}\times 100\%=\left(1-\frac{\rho_{0d}}{\rho}\right)\times 100\% \tag{1.4}$$

密实度(D)是指材料内部固体物质体积占自然状态下总体积的百分比，计算式如下：

$$D=\frac{V}{V_0}\times 100\%=\frac{\rho_{0d}}{\rho}\times 100\% \tag{1.5}$$

D 值越大，说明材料被固体物质填充的程度越高，结构越致密，P 值越低。

(2) 开口孔隙率与闭口孔隙率。

孔隙率又可分为开口孔隙率 P_0 和闭口孔隙率 P_c 两种，分别指材料内部开口孔隙和闭口孔隙的体积占自然状态下材料总体积的百分比，计算式如下：

$$P_0=\frac{V_{0p}}{V_0}\times 100\%=\frac{V_{sw}}{V_0}\times 100\% \tag{1.6}$$

$$P_c=\frac{V_{cp}}{V_0}\times 100\%=\frac{V_{tp}-V_{0p}}{V_0}\times 100\%=P-P_o \tag{1.7}$$

$$P_o+P_c=P \tag{1.8}$$

由于水可以自由进入开口孔隙而不能进入闭口孔隙，因此，可以通过测量材料吸水饱和状态时的吸水体积 V_{sw} 得到材料的开口孔隙体积 V_{op}。

通常来说，材料的开口孔隙除对吸声性质有利以外，对材料的强度及抗渗、抗冻等耐久性均不利；微小而均匀的闭口孔隙对材料的抗渗、抗冻等耐久性有利，且可降低材料表观密度和导热系数，对材料轻质及隔热保温性能有利。

2. 空隙率

空隙是散粒状材料颗粒之间没有被填充的空间，其大小用空隙率 P' 表示，即散粒状材料在堆积状态下，颗粒间空隙体积占材料堆积总体积的百分比，计算式如下：

$$P'=\frac{V_v}{V_p}\times 100\%=\frac{V_p-V_0}{V_p}\times 100\%=\left(1-\frac{\rho_{pd}}{\rho_{0d}}\right)\times 100\% \tag{1.9}$$

空隙率的大小反映了散粒材料颗粒间互相填充的致密程度，在配制混凝土、砂浆等混合料时，粗颗粒间的空隙除被细颗粒填充外，还需被胶凝材料填充，采用空隙率小的颗粒堆积，将有利于降低胶凝材料用量，节约成本；胶凝材料用量相同时，空隙率小的颗粒(骨料）堆积，将有助于提高混凝土、砂浆拌和物的工作性。

1.2.3　材料与水有关的性质

材料在土木工程使用过程中，不可避免会接触水蒸气、潮湿甚至是水中环境，而不同环境下的水又会不同程度地影响材料的物理、化学、力学等诸多性质，其取决于材料自身的组成、结构等特征，决定着工程材料的应用。

1. 亲水性与憎水性

当材料与水接触时，水可以在材料表面铺展开，即材料表面可以被水所润湿，此性质称为亲水性，具有这种性质的材料称为亲水性材料；反之，如果水不能在材料表面上铺展开，即材料表面不能被水润湿，则称为憎水性，具有这种性质的材料称为憎水性材料。

材料的亲水性和憎水性可通过润湿角 θ 区分，如图 1.3 所示。当材料与水接触时，在材料、水和空气的三相交点处，沿水滴表面的切线与水和固体材料接触面所形成的夹角 θ，称为润湿角。当润湿角 $\theta \leqslant 90°$，材料表现为亲水性，θ 值越小，亲水性越强；当润湿角 $\theta > 90°$，材料表现为憎水性，θ 值越大，憎水性越强。

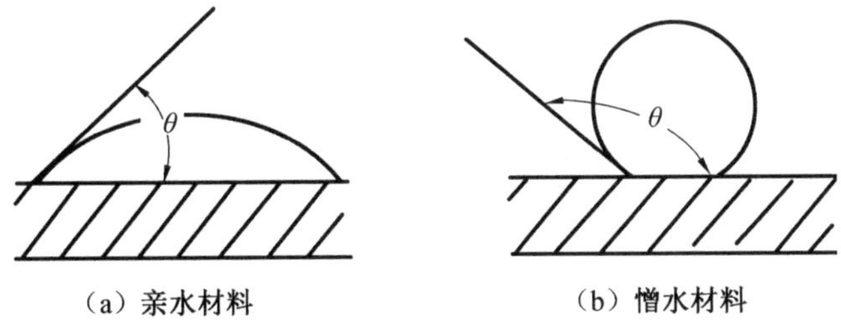

（a）亲水材料　（b）憎水材料

图 1.3　材料的润湿状态

土木工程中使用的石膏板、墙体砖、砌块、砂浆、混凝土、木材等多属于亲水性材料。而沥青、釉面砖等多属于憎水性材料。由于憎水性材料表面憎水，水分难以进入内部结构，因此，适于用作防潮、防水材料，还可用于涂覆在亲水性材料表面，以降低其吸水性，提高其抗侵蚀等作用。

2. 吸水性和吸湿性

(1) 吸水性。

材料的吸水性是指材料与水接触吸收水分的性质，以吸水率表示。材料吸水率可分为质量吸水率和体积吸水率两种，材料在吸水饱和状态下，材料吸水的质量占材料绝干质量的百分比称为其质量吸水率；材料吸水的体积占材料自然状态下体积的百分比称为其体积吸水率，计算式分别如下：

$$w_{\mathrm{m}} = \frac{m'_{\mathrm{sw}} - m}{m} \times 100\% = \frac{m_{\mathrm{sw}}}{m} \times 100\% \tag{1.10}$$

式中　w_{m}—— 材料的质量吸水率，%；

m'_{sw}—— 材料吸水饱和状态下的质量，kg；

m_{sw}—— 材料吸水饱和状态下所吸水的质量，kg。

$$w_v = \frac{V_{sw}}{V_0} \times 100\% = \frac{m'_{sw}/\rho_w}{V_0} \times 100\% = w_m \cdot \frac{\rho_{0d}}{\rho_w} \tag{1.11}$$

式中 w_v—— 材料的体积吸水率,%;

V_0—— 材料在自然状态下的体积,m^3;

V_{sw}—— 材料吸水饱和状态下所吸水的体积,m^3;

ρ_w—— 水的密度,kg/m^3。

材料的质量吸水率与体积吸水率的关系为

$$w_v = \frac{\rho_{0d}}{\rho_w} \times w_m \tag{1.12}$$

材料吸水率的大小主要取决于材料的孔隙率及孔隙特征。开口孔隙率大的亲水性材料吸水率较大;密实的材料以及仅有闭口孔隙的材料是不吸水的。通常情况下,材料含水后,自重增加,强度降低,保温性能下降,抗冻性能变差,有时还会发生明显的体积膨胀。因此,要根据使用环境和用途,选择具有合适吸水性的材料。

材料的吸水率会有很大差别,如花岗岩等致密岩石的吸水率仅为 0.5% ～ 0.7%,普通混凝土为 2% ～ 3%,黏土砖为 8% ～ 20%,而木材或其他轻质材料吸水率可大于100%。

(2) 吸湿性。

吸湿性指材料在潮湿空气中吸收水蒸气的性质,以含水率表示。吸湿作用一般是可逆的,也就是说材料既可吸收空气中的水分,又可向空气中释放水分。

含水率是指材料在任意含水状态下所含水的质量与绝干状态下材料质量的百分比,按下式计算:

$$w'_m = \frac{m' - m}{m} \times 100\% \tag{1.13}$$

式中 w'_m—— 材料的含水率,%;

m—— 材料在绝干状态下的质量,kg;

m'—— 材料在任意含水状态下的质量,kg。

材料的含水率随着空气温度和相对湿度的变化而变化。除环境温度和湿度以外,材料的亲水性、孔隙率与孔隙特征对吸湿性都有影响。亲水性材料比憎水性材料有更强的吸湿性,材料中孔对吸湿性的影响与其对吸水性的影响相似。

3. 耐水性

材料的耐水性是指材料抵抗长期水作用的能力。对于结构材料来说,耐水性常以软化系数表示,即材料在吸水饱和状态下与绝干状态下的抗压强度之比,计算式如下:

$$K_w = \frac{f_{sw}}{f_d} \tag{1.14}$$

式中 K_w—— 材料的软化系数;

f_{sw}—— 材料在吸水饱和状态下的抗压强度,MPa;

f_d—— 材料在绝干状态下的抗压强度,MPa。

通常来说,材料吸水后强度都有不同程度的降低,如花岗岩长期浸泡在水中,强度将下降3%，黏土砖和木材吸水后强度降低更大。所以，材料的软化系数在0～1之间，钢材、玻璃、陶瓷软化系数接近于1，黏土、石膏、石灰的软化系数较低。

软化系数的大小是选择耐水材料的重要依据。通常认为软化系数大于0.85的材料为耐水材料。长期受水浸泡或处于潮湿环境的重要建筑物等工程结构材料，必须选用耐水材料建造，受潮较轻或次要建筑物等结构材料，其软化系数也不宜小于0.75。

4. 抗渗性

抗渗性是指材料抵抗压力水或其他液体渗透的能力。不同材料的抗渗性可分别用渗透系数、抗渗等级及氯离子渗透系数等不同指标评价。

(1) 渗透系数。

根据达西定律，在一定时间 t 内，透过材料试件的总水量 Q 与渗水面积 A 及静水压力水头 H 成正比，而与试件厚度 d 成反比，即

$$Q=K\frac{AtH}{d} \text{ 或 } K=\frac{Qd}{AtH} \tag{1.15}$$

式中　Q——渗水总量，m^3；

K——渗透系数，m/h；

A——渗水面积，m^2；

t——渗水时间，h；

H——静水压力水头，m；

d——试件厚度，m。

材料的渗透系数 K 越小，其抗渗性能越好。

(2) 抗渗等级。

抗渗等级是指在标准试验条件下，规定尺寸的材料试件所能承受的最大水压力值。对于混凝土和砂浆材料，以 P_n 表示其抗渗等级，n 表示材料不渗水时，所能承受的最大水压力值(单位为0.1 MPa)，如：P_6 表示材料不渗水时所能抵抗的最大水压力为0.6 MPa。

材料抗渗性与材料的孔隙率和孔隙特征有密切关系。开口大孔，水易渗入，材料的抗渗性能差；微细连通孔也易渗入水，材料的抗渗性能差；闭口孔水不易渗入，即使孔隙尺寸较大，孔隙含量较多，材料的抗渗性能也良好。

抗渗性是衡量材料耐久性的重要指标。地下建筑、压力管道和容器、海工建筑物等，常受到压力水或其他侵蚀性介质的作用，所以需要采用具有高抗渗性的材料。

5. 抗冻性

抗冻性是指材料在吸水饱和状态下，抵抗冻融循环作用的能力。对于结构材料，主要指保持强度不降低的能力，并以抗冻等级来表示抗冻性。材料抗冻等级的确定有两种方法：一种是慢冻法，表示符号为 D_n，其中 n 表示规定尺寸的材料试件在吸水饱和前提下，以抗压强度损失率不超过25%并且质量损失率不超过5%时所能经受的最多冻融循环次数；另一种是快冻法，表示符号为 F_n，其中 n 表示以规定尺寸的材料试件在吸水饱和前提下，以相对动弹性模量下降至不低于60%并且质量损失率不超过5%时所能经受的最

多冻融循环次数。快冻法的试验环境比慢冻法更为恶劣，因此同一材料用快冻法评价的抗冻等级低于慢冻法。目前，结构混凝土材料普遍采用快冻法评价。

材料在冻融循环作用下产生破坏的主要原因是，材料内部孔隙中的水结冰时体积会膨胀约9%。结冰膨胀对材料孔壁产生巨大的冻胀压力，由此产生的拉应力超过材料的抗拉强度极限时，材料内部产生微裂纹，强度下降；在冻融循环条件下，这种微裂纹的产生又会进一步加剧更多水的渗入和结冰，如此反复，材料的破坏愈加严重。

影响材料抗冻性的主要因素如下：

(1) 材料的孔隙率及孔隙特征。一般情况下，P 越大，特别是 P_o 越大，则材料的抗冻性越差。

(2) 材料内部孔隙的充水程度。充水程度以水饱和度 K_s 来表示。

如果材料内部孔隙中充水不多，远未达到饱和，可以为水的结冰膨胀提供充足的自由空间，即使冻胀也不会产生破坏应力；一般情况下水分不能渗入孤立、封闭的小孔，而且这类小孔能够对冰冻破坏起到缓冲作用而减轻冻害，这也是掺引气剂提高混凝土抗冻性的基本原理。理论上来说，当材料中的水饱和度低于0.91时，便可以避免冻害，而实际上由于材料中孔隙分布不均匀和冰冻程度不一致，即使总的水饱和度低于0.91，部分孔隙也已被充满，所以必须使水饱和程度更低一些才安全。对于水泥混凝土来说，水饱和程度低于0.80时才会使冻害显著减轻。对于受冻材料，水饱和度 K_s 越大，抗冻性越差，因此，可以利用 K_s 来估计或粗略评价多数材料抗冻性的好坏，K_s 的系列等价公式如下：

$$K_s = \frac{V_{sw}}{V_{tp}} = \frac{V_{op}}{V_{tp}} = \frac{w_v}{P} = \frac{P_o}{P} \tag{1.16}$$

(3) 材料本身的强度。

材料强度越高，其抵抗结冰膨胀的能力越强，即抗冻性越高。

就环境条件来说，材料受冻破坏的程度与冻融温度、结冰速度及冻融频繁程度等因素有关，温度越低、降温越快、冻融越频繁，则受冻破坏越严重。另外，无机盐溶液对材料的冻害破坏程度大于水，如使用除冰盐路面的破坏速率往往大于未使用除冰盐路面。

1.2.4 材料与热有关的性质

建筑物墙体、屋顶及门窗等围护结构需要具有保温和隔热性质，以达到既可维持室内舒适环境温度，又能降低建筑使用能耗的目的。工程结构的安全性也同样需要考虑温度作用的影响。

1. 导热性

导热性是指热量从材料温度高的一侧到温度低的一侧的传递能力。

材料导热性用导热系数表示，即厚度为1 m的材料，当材料两侧的温度差为1 K时，在1 s内通过1 m^2 面积所传递的热量，计算式如下：

$$\lambda = \frac{Q \cdot d}{A(T_2 - T_1)t} \tag{1.17}$$

式中　λ—— 材料的导热系数，W/(m·K)；

Q—— 通过材料传导的热量,J;

d—— 材料的厚度,m;

A—— 材料的传热面积,m^2;

t—— 传热的时间,h;

$T_2 - T_1$—— 材料两侧的温度差,K。

导热系数越小,材料的导热性越差,保温和隔热性能越好。材料的导热系数差别很大,非金属材料在 0.020 ~ 3.0 W/(m·K) 之间,如聚氨酯泡沫塑料的导热系数为 0.025 W/(m·K) 左右,甚至更低;金属材料的导热系数往往很高。

材料的导热系数除取决于其化学组成及细观结构外,也与其宏观孔隙、含水率及环境温度等因素有关,基本相关规律如下:

(1) 无机材料的导热系数大于有机材料的,金属材料的大于非金属材料的,晶体材料的大于非晶体材料的。

(2) 在含孔材料中热量是通过固体骨架和孔隙中的空气而传递的,空气导热系数很小,约为 0.023 W/(m·K),而构成固体骨架的物质通常具有较大的导热系数,因此,材料的孔隙率越大,即空气含量越多,导热系数越小。导热系数还与孔隙形态特征有关,含大量微细而封闭孔隙的材料,其导热系数小,而含大量粗大且连通孔隙的材料,其导热系数大。

(3) 材料的含水率增大,导热系数也随之增加,因为水的导热系数为 0.58 W/(m·K),是空气导热系数的25倍。当水结冰时,其导热系数约为空气的100倍,因此保温材料浸水甚至结冰后,保温和隔热性能显著降低。

(4) 大多数建筑材料(金属除外) 的导热系数随温度升高而增加。

2. 传热性

结构的传热性是指建筑墙体、屋面等以材料构建的围护结构的传热能力,以传热系数或热阻来表示,传热系数即材料导热系数与材料层厚度的比,热阻即为传热系数的倒数,计算式分别如下:

$$K = \frac{\lambda}{d} \tag{1.18}$$

式中　K—— 结构层的传热系数,$W/(m^2 \cdot K)$。

$$R = \frac{1}{K} \tag{1.19}$$

式中　R—— 结构层的热阻,$m^2 \cdot K/W$。

K 值越大或 R 值越小,结构的传热性越强,保温和隔热性能越差。因此,提高建筑围护结构隔热保温能力,需降低其传热系数,或提高其热阻。真实维护结构的热阻不仅包括材料自身的热阻,还包括维护结构两侧与空气之间的热交换热阻。传统的方法是选用低导热系数的材料和增加结构厚度,但增加厚度会增加材料用量和结构自重,因此,设计更合理的低导热系数材料及结构的复合构造处理将是更合理的发展方向。

3. 热容性

热容性是指材料受热时吸收热量和冷却时放出热量的性质，采用比热容来表征，即单位质量材料在温度升高或降低 1 K 时所吸收或释放出的热量，计算式如下：

$$c=\frac{Q}{m(T_2-T_1)} \tag{1.20}$$

式中 c—— 材料的比热容，kJ/(kg · K)；

Q—— 材料吸收或释放的热量，kJ；

m—— 材料的质量，kg；

T_2-T_1—— 材料受热或冷却前后的温度差，K。

材料比热容 c 与质量 m 的乘积称为热容量，常被用以衡量材料的调温能力，采用热容量值高的材料作为墙体、屋面等的围护结构，由于其具有较高的调温能力，不仅可以使其维护的室内温度保持稳定舒适，而且可以一定程度上减少空调或暖气使用，达到节能的目的。

材料的导热系数和热容量是建筑物围护结构热工计算时的重要参数，设计时应选择导热系数较小而热容量较大的材料。

4. 热震稳定性

材料的热震稳定性是指材料在温度急剧升降交替时，保持原有性质的能力，又称耐急冷急热性。

脆性较大、热胀冷缩明显而导热性较低的材料，常常会由于环境温度的急剧交替变化产生巨大的温度应力而开裂或炸裂破坏。

5. 耐热性、耐火性及耐燃性

(1) 耐热性。

耐热性是指材料长期在高温环境作用下，保持原有性质的能力。材料长期接触高温环境，常会发生变形、老化、强度降低等性能的改变。

(2) 耐火性。

耐火性是指材料在火或高热温度作用下，保持原有性质的能力。不同材料在火灾、爆炸等极端高热温度作用下，会出现不同程度的损伤甚至毁坏。如一般情况下，有机材料极易出现燃烧或软化流淌现象，玻璃容易炸裂，钢材虽不易燃烧却易软化变形等。《建筑设计防火规范》(GB 50016—2014) 规定建筑构件、配件或结构耐火性用时间表示，是其在标准耐火试验条件下，从受到火的作用时起，至其失去承载能力、完整性或隔热性时止所用的时间，以小时(h) 计。

(3) 耐燃性。

耐燃性是指材料在火作用下，抵抗燃烧的能力，常根据其燃烧温升、质量损失率、持续燃烧时间、热值及燃烧过程中的火焰与材料受热状态等指标分级。《建筑材料及制品燃烧性能分级》(GB 8624—2012) 的分级结果见表 1.3。

表 1.3 《建筑材料及制品燃烧性能分级》的分级结果

燃烧性能等级	名称
A	不燃材料(制品)
B_1	难燃材料(制品)
B_2	可燃材料(制品)
B_3	易燃材料(制品)

1.2.5 材料与声有关的性质

声音是由物体振动产生的声波，是通过介质(空气或固体、液体)传播能被人或动物听觉器官所感知的波动现象。声音在传播过程中，一部分由于声能随着距离的增大而扩散；另一部分则通过空气分子的吸收而减弱后，传播到材料的表面，一部分声波被反射，另一部分穿透材料，其余部分则被材料所吸收。对于含有大量连通孔隙的材料，传递给材料的声波在材料的孔隙中引起空气分子与孔壁的摩擦和黏滞阻力，使相当一部分声能转化为热能而被材料吸收或消耗。

材料的声学性能，同样影响人对声音的感知效果及生活的舒适性。

1. 吸声性

声波通过某种材料或射到某材料表面时，声能被材料消耗或转换为其他能量的性质称为材料的吸声性。表征材料吸声性能的参数是吸声系数 α，其计算式如下：

$$\alpha = \frac{E_\alpha + E_\tau}{E_\circ} \tag{1.21}$$

式中　E_α—— 透过材料的声能；

E_τ—— 材料吸收的声能；

$E_\circ$—— 入射到材料表面的总声能。

α 值越大，表示材料吸声效果越好，即人感受声音的清晰度越高。吸声系数大于 0.2 的材料称为吸声材料。

影响材料吸声效果的主要因素：

(1) 材料的孔隙率或表观密度。

对同一吸声材料，孔隙率 P 越低或表观密度 ρ_0 越大，则对低频声音的吸收效果越好，而对高频声音的吸收有所降低。

(2) 材料的孔隙特征。

开口孔隙越多、越细小，则吸声效果越好。但当在多孔吸声材料的表面涂刷能形成致密膜层的涂料(如油漆)时或吸声材料吸湿时，由于表面的开口孔隙被涂料膜层或水所封闭，吸声效果将大大降低。

(3) 材料的厚度。

增加多孔材料的厚度，可提高对低频声音的吸收效果，而对高频声音没有多大的效果。

吸声材料能因抑制噪声和减弱声波的反射作用，提高人感受声音的清晰度。在音质要求高的场所，如影剧院、教室及人员密集的室内空间等，必须使用吸声材料。在噪声大的某些工业厂房，为改善劳动条件，也应使用吸声材料。

2.隔声性

隔声性是指材料对声音的阻断能力。声音可以通过气体、液体和固体传播，其在建筑结构中的传播主要是通过空气和固体物质实现的，因而建筑隔声主要分为隔空气声和隔固体声两种。

(1) 隔空气声。

材料的隔空气声能力是用隔声量 R 或声透系数 τ 表示的，其计算式如下：

$$R = 10\lg \frac{1}{\tau} \tag{1.22}$$

$$\tau = \frac{E_{\alpha}}{E_{\circ}} \tag{1.23}$$

R 越大或 τ 越小，材料的隔声效果越好。

对于均质材料，隔声量符合“质量定律”，即材料单位面积的质量越大或材料的表观密度越大，其隔声效果越好。

轻质材料的质量较小，隔声性较密实材料差，可在构造上采取以下措施来提高隔声性：

① 将密实材料用多孔弹性材料分隔，做成夹层结构。

② 对多层材料，应使各层的厚度相同而质量不同，以防止引起结构的谐振。

③ 增加复合构造的材料间空气层厚度，在空气层中填充松软的吸声材料，可进一步提高隔声性。

④ 密封门窗等的缝隙。

(2) 隔固体声。

固体声是由振源撞击固体材料引起固体材料受迫振动而发声传播的。隔绝固体声的主要措施如下：

① 在固体材料的表面设置弹性面层，如楼板上铺设地毯、木板、橡胶片等。

② 在构件面层与结构层间设置弹性垫层，如在楼板的结构层与面层间设置弹性垫层以降低结构层的振动。

③ 在楼板下做吊顶处理。

不能简单地把吸声材料作为隔声材料使用。对于隔声材料，要减弱透射声能，阻挡声音的传播，不能如同吸声材料那样多孔、疏松、透气，相反它的材质应该是重而密实的，如钢板、铅板、砖墙等一类材料。隔声材料材质的要求是密实、无孔隙或缝隙，有较大的表观密度。由于这类隔声材料密实，难于吸收和透过声能而反射能强，所以它的吸声性能反而较差。

1.3　材料基本力学性质

土木工程结构要达到稳定、安全运行，首先要考虑材料的力学性质是否满足要求。材料的力学性质是指材料在外力作用下的变形性质和抵抗外力破坏的能力。

1.3.1　强度

1. 不同荷载形式下的强度

材料抵抗在外力(荷载)作用下而引起破坏的能力称为强度。当材料在外力作用下，其内部就产生了应力，随着外力增大，内部应力不断增大，直到材料发生破坏。材料破坏时的荷载称为破坏荷载或最大荷载，此时产生的应力称为极限强度，即材料的强度，计算式如下：

$$f=\frac{P_{max}}{A} \tag{1.24}$$

式中　f—— 材料的强度，MPa；

P_{max}—— 材料能承受的最大荷载，N；

A—— 材料的受力面积，mm^2。

材料的强度是通过不同荷载作用下的破坏试验来测定的，根据受力形式不同，材料的强度可分为抗压强度、抗拉强度、抗弯强度和抗剪强度等，材料受力形式如图 1.4 所示。

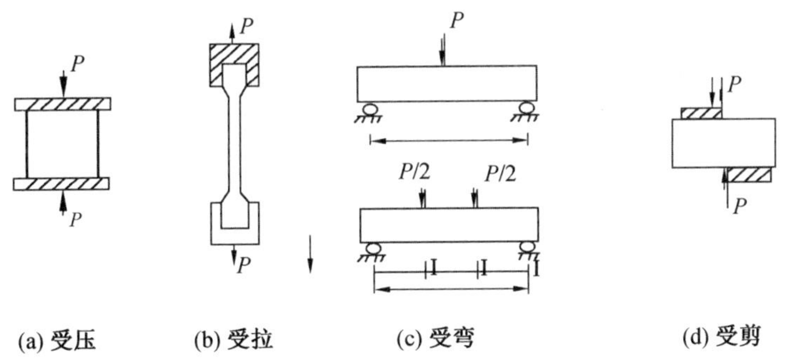

图 1.4　材料受力形式示意图

其中，抗压强度、抗拉强度和抗剪强度可以直接根据受力面积和最大荷载值通过式(1.24)计算得到。抗弯强度有三点弯曲和四点弯曲两种测试方法，三点弯曲时，如果断裂点与加载点完全重合，两种方法是等效的；但完全重合很难保证，通常把三点弯曲得到的抗弯强度称为抗折强度，以示区别。其对应的计算公式分别如下：

$$f_m=\frac{3Fl}{2bh^2} \tag{1.25}$$

$$f_m=\frac{Fl}{bh^2} \tag{1.26}$$

式中　f_m—— 抗弯强度，MPa；

F—— 最大荷载值,N;

l—— 支点间距离,mm;

b—— 试件断面的宽度,mm;

h—— 试件断面的高度,mm。

材料的强度与其组成和结构密切相关,不同种类的材料具有不同抵抗外力破坏的能力。相同组成的材料,其孔隙率及孔隙特征不同,材料的强度也有较大差异,材料的孔隙率越低,强度越高。石材、砖、混凝土和铸铁等材料都具有较高的抗压强度,而其抗拉及抗弯强度很低;木材的强度具有各向异性,如顺纹方向的抗拉强度大于横纹方向的抗拉强度;钢材的抗拉、抗压强度都很高。

材料的强度大小往往是通过试验测试得到的,其理论值主要取决于材料的组成和结构,但试验条件等外界因素对材料强度的试验结果也有很大影响,如环境温度、湿度,试件的含水率、形状、尺寸、表面状况及加荷速度等,所以测试材料强度时必须严格遵照试验标准规定进行操作。

2. 强度等级

由于不同土木工程材料的强度差异较大,为了便于合理设计、生产及选用材料,对于以强度为主要指标的材料,通常按材料强度高低划分为若干范围,并称为材料的强度等级。例如:对于钢材,按拉伸试验测得的屈服强度确定其强度等级;对于水泥、砂浆、混凝土等材料,则按抗压强度确定其强度等级。

3. 比强度

比强度是指材料单位质量的强度,常以材料强度与其表观密度的比值表示。比强度是衡量材料是否轻质高强的主要指标,比强度值越大,材料轻质高强的性能越好。这对于土木工程结构保证强度、减轻自重、向空间发展及节约材料具有重要的实际意义。

1.3.2 材料的弹性与塑性

1. 弹性

材料在外力作用下产生变形,当外力作用取消时,可以完全恢复原始形状的性质称为弹性,由此产生的变形称为弹性变形。弹性变形属于可逆变形,明显具有这种特征的材料称为弹性材料。

2. 塑性

材料在外力作用下产生变形,当外力作用取消时,仍然保持其变形后的形状和尺寸,并不产生裂缝的性质称为塑性。这种不可恢复的永久变形称为塑性变形,具有较高塑性变形的材料称为塑性材料。

3. 弹塑性

材料在外力作用下产生变形，当外力作用取消时，受力变形后的形状和尺寸不能完全恢复的性质称为弹塑性，具有此性能特点的材料称为弹塑性材料。弹塑性材料在荷载作用下，会同时产生弹性、塑性两种变形，当荷载取消时，弹性变形可以恢复，但仍会留下部分不能恢复的塑性变形。

材料在弹性范围内，受力后应力的大小与应变的大小成正比，这个比值称为弹性模量。弹性模量是反映材料抵抗变形能力大小的指标，弹性模量值越大，外力作用下材料的变形越小，材料的刚度也越大。

多数的材料变形总是弹性变形伴随塑性变形，例如：建筑钢材，当受力不大时，产生弹性变形，当受力达某一值时，则又主要为塑性变形；混凝土受力后，同时产生弹性变形和塑性变形。

1.3.3　材料的脆性与韧性

1. 脆性

材料在外力作用下没有产生明显的塑性变形便发生突然破坏，这种性质称为材料的脆性，具有此性质的材料称为脆性材料。

脆性材料在荷载作用下变形很小，直到破坏之前都没有明显的变形征兆。其具有较高的抗压强度，但抗拉强度和抗弯强度较低，抗冲击能力和抗震能力较差。无机非金属材料，如砖、石、陶瓷、混凝土和玻璃等都属于典型的脆性材料。

2. 韧性

材料在冲击、动荷载作用下，能吸收大量能量并能承受较大的变形而不突然破坏的性质称为韧性，具有此性质的材料称为韧性材料。

韧性材料破坏时能吸收较大的能量，其主要表现为在荷载作用下能产生较大变形。韧性材料具有较高的抗压强度，抗拉强度接近或高于抗压强度。木材、钢材和橡胶等都属于典型的韧性材料。

1.3.4　材料的硬度与耐磨性

1. 硬度

硬度是指材料表面抵抗硬物压入或刻画的能力。

材料硬度有多种表征和测试方法。无机矿物材料常用莫氏硬度表示，莫氏硬度划分为 10 个等级，由小到大分别为：滑石(1)、石膏(2)、方解石(3)、萤石(4)、磷灰石(5)、正长石(6)、石英(7)、黄玉(8)、刚玉(9)、金刚石(10)。用标准的上述 10 种材料去刻画硬度未知的材料，从受损情况判断待测材料的硬度。金属材料常用洛氏硬度或布氏硬度表征，高分子材料则常用绍氏硬度和巴氏硬度等表征。

2. 耐磨性

材料的耐磨性是指材料表面抵抗磨损的能力。材料耐磨性可用磨损率表示，计算公式如下：

$$K_b = \frac{m_0 - m_1}{A} \tag{1.27}$$

式中 K_b—— 材料的磨损率，kg/m²；

m_0—— 材料磨损前的质量，kg；

m_1—— 材料磨损后的质量，kg；

A—— 材料的磨损面积，m²。

楼房地面、楼梯台阶、道路路面或桥面等部位，均要求材料具有较高的耐磨性。通常来说，强度越高的材料，硬度越大，耐磨性越好。

1.4 材料耐久性

长寿命化是现代土木工程材料重要的发展方向之一，即土木工程材料的生产和应用除了要求具有良好的使用性能外，还应该具备优异的耐久性。耐久性是指材料在使用过程中，经受各种内部和外部因素共同作用而保持原有性质的持久能力。

1.4.1 耐久性的影响因素

材料耐久性的好坏既取决于材料自身的组成和结构，又与使用环境条件密切相关。

材料的组成与结构是决定其耐久性的内部因素。具有密实结构或者含有细小封闭孔结构的材料，外部侵蚀性的介质成分很难进入其内部，相对于开口孔多的材料，其自然会降低介质环境对材料的侵蚀作用程度，材料耐久性好。但是材料若含有易与腐蚀环境介质发生反应而产生破坏性物质的内部组成成分，则其耐久性将会降低。

材料在使用过程中，会受到周围环境和各种自然因素的综合破坏作用，这些作用称为影响耐久性的外部因素，其包括物理作用、化学作用、机械作用和生物作用等。

① 物理作用。物理作用包括环境温度、湿度的交替变化，引起材料热胀冷缩、湿胀干缩、冻融循环，导致材料体积不稳定，产生内应力，如此反复，将使材料被破坏。

② 化学作用。化学作用包括大气、土壤和水中的酸、碱、盐，以及其他有害物质对材料的侵蚀作用，使材料产生质变而被破坏。此外，日光、紫外线对材料也有不利作用。

③ 机械作用。机械作用包括持续荷载作用、交变荷载作用以及撞击引起材料疲劳、变形、磨损、磨耗等损伤。

④ 生物作用。生物作用包括昆虫、菌类等所产生的蛀蚀、腐朽、微生物腐蚀等破坏作用。

1.4.2 耐久性的评价

材料耐久性的好坏除了取决于自身的组成、结构外，还在很大程度上受到其接触的环境气候和使用条件的影响。材料的使用介质条件常常很复杂，因此，耐久性的分析就很复杂。比如在干燥气候条件下耐久的材料，在潮湿条件下不一定耐久；在温暖气候下耐久的材料，在严寒地区不一定耐久。材料种类不同，使用环境不同，材料的具体耐久性破坏形式差异很大，因此，材料耐久性是一个模糊、综合性的概念。

按引起耐久性破坏的主要因素和破坏形式不同，材料耐久性常通过抗冻性、抗碳化性、抗老化性、耐化学腐蚀性、抗溶蚀性、耐热性等性能分析进行评价。

长期以来，人们主要依据结构物要承受的各种力学荷载进行土木工程结构设计和选用材料。事实上，即便材料力学性能和结构承载力满足要求，但越来越多的工程结构还是因材料的某项耐久性不足而过早破坏或失效。耐久性不足成为目前影响结构物破坏的最主要原因。因此，在进行工程结构设计和材料选用时，要同时注重使材料的力学性质和耐久性均达到设计要求。

严格意义上来说，材料的耐久性要根据其在实际使用环境中的各种性质劣化过程进行判断和评价，但这需要很长时间并且会随地域和气候环境变化而不同。因此，为了方便起见，通常在实验室模拟不同环境条件进行材料的耐久性测试与评价，并形成统一的试验规程或标准，对试验环境、测试方法与试件尺寸等做统一规定和要求，如快速冻融试验、硫酸盐侵蚀试验、碳化试验、钢筋锈蚀试验等。实验室评定的材料耐久性参数为结构设计与材料选用提供了重要的参考依据，但是实验室测试结果不能等同于实际使用状态，因而是一种定性判断方法。

1.5　材料环境协调性

随着钢铁、水泥、混凝土等结构材料的广泛应用和化学外加剂、合金、合成高分子材料等新材料的不断涌现，土木工程的发展不断发生翻天覆地的改变，人类生活变得越来越方便、舒适、安全。但是，大量甚至是过度的生产及使用土木工程材料所带来的环境问题也日趋严重。天然资源（矿物、土、林木、水等）、能源（煤炭、原油、天然气等）的大量消耗，废气、废渣、废水等污染物的大量排放，热污染、声污染、光污染等生态问题的不断加剧，对人类生活环境造成的严重破坏，特别是对人类社会发展持续性的不利影响，已经成为全球关注的热点。发展生态材料，重视环境协调性是社会发展的必然。

1.5.1　生态材料及材料的环境协调性

生态材料就是指在材料的原料选择、产品制备及使用和废料处理等环节中，对地球负荷小，有利于人类健康的材料，即赋予传统材料以优异的环境协调性的材料。材料的环境协调性是指材料在生产、使用和废弃全寿命周期中产生较低环境负荷的性质，具体指资源与能源消耗少、环境污染小、材料及废料循环与再生利用率高。例如：利用废料替代石灰石、黏土等生产水泥、陶瓷的传统天然原料资源，采用低温烧结、免烧结等低能耗技术减少传统高温冶炼、烧结等在土木工程材料的生产、加工过程中的能耗，降低粉磨等生产环节产生的噪声及粉尘等污染，提高废弃产品（包括建筑垃圾、废旧塑料等）以及生产、加工过程产生的各种废料（废渣、废灰、废泥凳）的循环再生利用率。

目前,环境协调性已经成为土木工程材料领域的主要发展内容之一,如工业废石膏、尾矿和其他工业废渣在水泥和混凝土生产中的综合利用,土木工程材料生产过程中减量化、无害化及资源化处理技术的研发应用,材料使用中减少对生态和环境的污染,废弃时可再生利用、可降解化或无害化处置等。

1.5.2 材料环境协调性评价

材料的环境协调性评价常表示为LCA(Life Cycle Assessment),即环境协调性评价或生命周期评价、寿命周期评价等。

在环境毒理学与化学学会(SETAC)的定义中,LCA被描述成一种方法:通过确定和量化与评估对象相关的能源、物质消耗、废弃物排放,评估其造成的环境负担;评价这些能源、物质消耗和废弃物排放所造成的环境影响;辨别和评估改善环境(表现)的机会。国际标准化组织(ISO)制定的标准中将LCA的相关概念定义为:LCA是对产品系统在整个寿命周期中的(能量和物质的)输入输出和潜在的环境影响的汇编和评价。从上述定义内容可知,LCA对材料及产品的评估范围,要求覆盖其整个寿命周期,而不只是其寿命的某个或某些阶段。

通过LCA可以完整地评价材料生态的全过程内容。具体来说,实施LCA的主要目的包括:可以帮助提供材料及产品系统与环境之间相互作用的完整关系,促进全面和正确理解材料及产品系统造成的环境影响,提供包括估计可能造成的环境影响、寻找改善环境的途径、为产品和技术选择提供判断依据等信息,为材料生态化改造提供全面的科学依据。

1994年,我国设立中国环境标志产品认证委员会,在土木工程材料中首先对水性涂料实行环境标志,制定环境标志的评定标准。对于土木工程材料的放射性问题,国家标准《建筑材料放射性核素限量》(GB 6566—2001)提出了有关控制要求,并已于2002年1月1日开始实施。另外,国家或行业对于水泥、混凝土等土木工程材料生产过程中的废气、废水、粉尘排放量等也均制定相关控制指标限定,必须进行环境评价审批通过才能投入生产。

1.5.3 材料环境协调性材料及产品的研究与开发

将传统材料和产品设计方法与LCA方法相结合,结合LCA思想,从实际生产过程出发,提出切实可行的生产工艺改进措施和建议,积极开发治理污染的材料和技术,如废弃物的再资源化技术、超长寿命材料制备技术、低环境复合材料制造技术、节约能源和资源技术等。设计、研制与开发如无毒害、无污染涂料(水性涂料、粉末涂料、无溶剂涂料),卫生陶瓷表面杀菌、防霉涂层;利用可燃废料(废轮胎、废塑料)替代部分煤煅烧水泥;研发绿色高性能混凝土(大量利用废渣做掺合料),屏蔽电磁波辐射－吸波材料、反射材料;深化材料的环境协调性评价方法及其应用的研究。

复习思考题

1. 何为材料的化学组成与矿物组成？其相互关系如何？

2. 材料的结构可分为哪几个层次？每个结构层次研究的对象有哪些特点？

3. 晶体与非晶体材料在材料性质方面有哪些明显不同？

4. 何为材料的绝对密度、表观密度和堆积密度？

5. 何为孔隙与空隙？开口孔隙与闭口孔隙如何界定？计算材料的孔隙率与空隙率对评价分析材料的性质有何意义？

6. 何为材料的亲水性与憎水性？评价分析其的意义是什么？

7. 材料吸水性与吸湿性有何区别？如何表征？

8. 何为材料的抗渗性？混凝土的渗透等级(标号)表示的意义是什么？

9. 何为材料的抗冻性？材料抗冻等级 $F_n(D_n)$ 表示的意义是什么？

10. 影响材料抗冻性的因素有哪些？如何改善材料抗冻性？

11. 何为材料导热系数、传热系数和热容量？其评价材料热性能的区别是什么？

12. 何为材料的强度、强度等级和比强度？决定材料强度和测试材料强度的影响因素有哪些区别？

13. 弹性变形、塑性变形及弹塑性变形的区别是什么？

14. 何为材料的脆性与韧性？脆性材料与韧性材料的明显区别是什么？

15. 材料硬度与耐磨性的定义和表征方法各是什么？

16. 材料耐久性的概念是什么？改善材料耐久性应该从哪些方面考虑？

17. 一块外形尺寸为 240 mm × 115 mm × 53 mm 的烧结普通砖，干燥质量为 2 500 g，浸水饱和质量为 2 550 g，孔隙率为 35%。试求该砖的绝干表观密度、绝对密度、吸水率、开口孔隙率和闭口孔隙率。

18. 某种材料的绝对密度为 2.6 g/cm^3，浸水饱和状态下的表观密度为 1 685 kg/m^3，其体积吸水率为 28.5%。试问该材料干燥状态下的表观密度及孔隙率各为多少？

19. 破碎的岩石试样经完全干燥后，其质量为 482 g，将其放入盛有水的量筒中。经一定时间碎石吸水饱和后，量筒中的水面由原来的 452 cm^3 刻度上升至 630 cm^3 刻度。取出碎石，擦干表面水分后称得质量为 487 g。试求该岩石的表观密度及吸水率。

第 2 章　气硬性胶凝材料

工程中将能够把散粒材料或块状材料胶结为整体并具有一定机械强度的材料称为胶凝材料。按化学成分，胶凝材料分为有机胶凝材料和无机胶凝材料两类。常用的有机胶凝材料有各种沥青、树脂、橡胶等。无机胶凝材料按硬化条件分为气硬性胶凝材料和水硬性胶凝材料。气硬性胶凝材料只能在空气中凝结硬化，也只能在空气中保持和发展其强度，即气硬性胶凝材料的耐水性差，常规的气硬性材料不宜用于潮湿环境，如石膏、石灰、水玻璃、菱苦土等，但是在改性之后也可以具有水硬性，可以用于潮湿环境中；水硬性胶凝材料不仅能在空气中硬化，而且能够在潮湿环境及水中更好地硬化，保持和发展其强度，如各种水泥。

本章学习内容及要求：本章介绍气硬性胶凝材料，首先从材料的化学组成入手，介绍其化学组成在煅烧和水化过程中发生的变化，通过了解材料的化学组成与性能之间的关系，达到掌握气硬性胶凝材料性能特点，熟知其技术要求，可根据工程需要选定应用材料及开发材料的目的。

2.1　石　膏

石膏是以硫酸钙为主要成分的气硬性胶凝材料。石膏制品性能优良、制作工艺简单，纸面石膏板、建筑饰面板等石膏制品发展很快，已成为极有发展前途的新型建筑材料之一。

2.1.1　石膏的原料与生产

锻炼生产石膏的原料主要有含硫酸钙的天然石膏（又称生石膏）或含硫酸钙的化工副产品和废渣（如磷石膏、氟石膏、硼石膏等），其化学式为 $CaSO_4 \cdot 2H_2O$，也称二水石膏。

石膏按其生产时煅烧温度不同，分为低温煅烧石膏与高温煅烧石膏。

1. 低温煅烧石膏

低温煅烧石膏是在低温下（107 ～ 170 ℃）煅烧天然石膏或工业副产石膏所获得的产品，主要成分为半水石膏（$CaSO_4 \cdot 1/2H_2O$）。其反应式为

$$CaSO_4 \cdot 2H_2O \xrightarrow{107 \sim 170\ ℃} CaSO_4 \cdot \frac{1}{2}H_2O + \frac{3}{2}H_2O \tag{2.1}$$

低温煅烧石膏产品有建筑石膏、模型石膏和高强度石膏。

(1) 建筑石膏。

将天然二水石膏在石膏炒锅或沸腾炉内煅烧后生成的半水石膏磨细所得的产品称为

建筑石膏。在煅烧时加热设备与大气相通，原料中的水分呈蒸汽排出，因为生产压力低，温度低，所以生成的半水石膏是细小的晶体，称为 β 型半水石膏（$\beta-CaSO_4 \cdot 1/2H_2O$）。建筑石膏呈白色或白灰色粉末，密度为 2.6 ～ 2.75 g/cm^3，堆积密度为 800 ～ 1 000 kg/m^3，多用于建筑抹灰、粉刷、砌筑砂浆以及各种石膏制品，是建筑上应用最多的石膏品种。

(2) 模型石膏。

模型石膏也是 β 型半水石膏，但杂质少、色白。主要用于陶瓷的制坯工艺，少量用于装饰浮雕。

(3) 高强度石膏。

高强度石膏是将二水石膏在 0.13 MPa、124 ℃ 的密闭压蒸釜内蒸炼脱水成为 α 型半水石膏，再经磨细制得。由于制备时温度与压力均比建筑石膏的高，晶粒长大，与 β 型半水石膏相比，α 型半水石膏的晶体粗大且密实，因此达到一定稠度所需的水量小（是石膏干重的35％～45％），只是建筑石膏的一半左右。这种石膏硬化后结构密实、强度较高，硬化 7 d 时的强度可达 15 ～ 40 MPa。

高强度石膏的密度为 2.6 ～ 2.8 g/cm^3，堆积密度为 1 000 ～ 1 200 kg/m^3。由于其生产成本较高，因此主要用于要求较高的抹灰工程、装饰制品和石膏板。掺入防水剂还可制成高强度防水石膏；加入有机材料如聚乙烯醇水溶液、聚醋酸乙烯乳液等，则可配成无收缩的黏结剂。

2. 高温煅烧石膏

天然石膏在 600 ～ 900 ℃ 下煅烧，经磨细所得的产品即为高温煅烧石膏。高温下二水石膏完全脱水为无水硫酸钙，并分解出少量的氧化钙，它是无水石膏与水进行反应的激发剂。无水石膏的凝结硬化慢，耐水性和强度高，用其调制的砂浆或人造大理石可用于地面。

2.1.2　建筑石膏的水化与凝结硬化

建筑石膏与水拌和后，发生水化反应，形成具有可塑性的浆体，随后浆体逐渐失去可塑性，产生强度，即完成了建筑石膏的水化与凝结硬化的过程。

1. 建筑石膏的水化

建筑石膏的水化反应过程为

$$CaSO_4 \cdot \frac{1}{2}H_2O + \frac{3}{2}H_2O \longrightarrow CaSO_4 \cdot 2H_2O \qquad (2.2)$$

建筑石膏加水后，首先溶解于水，发生水化反应，生成二水石膏。二水石膏溶解度较半水石膏的溶解度小很多，容易出现过饱和，因此二水石膏将不断从过饱和溶液中沉淀析出，并促使一批新的半水石膏溶解和水化，直至半水石膏全部转变为二水石膏为止。这一过程进行得较快，只需 7 ～ 12 min。

2. 建筑石膏的凝结硬化

随着水化的不断进行，生成的二水石膏胶体微粒不断增多，这些微粒比原来的半水石膏更加细小，比表面积很大，吸附大量的水分，使水分不断减少。另外由于水化和蒸发，浆体中的自由水不断减少，浆体的稠度不断增加，胶体微粒间的搭接、黏结逐步增加，颗粒间产生摩擦力和黏结力，使浆体逐步失去可塑性，浆体逐渐产生凝结。随着水化的不断进行，二水石膏胶体微粒凝聚并转变为晶体。晶体颗粒逐渐长大，且晶体颗粒间相互搭接、交错、共生（两个以上晶粒生长在一起），使浆体失去可塑性，产生强度，即浆体产生了硬化。这一过程不断进行，直至浆体完全干燥，强度不再增加。

浆体的凝结硬化过程是一个连续进行的过程。从加水拌和一直到浆体刚开始失去可塑性，这个过程称为浆体的初凝，对应的时间称为初凝时间；从加水拌和一直到浆体完全失去可塑性并开始产生强度，这个过程称为浆体的终凝，对应的时间称为终凝时间。

2.1.3 建筑石膏的特性和标准

1. 建筑石膏的特性

（1）凝结硬化快。

建筑石膏在加水拌和后，浆体在几分钟内便开始失去可塑性，30 min 内完全失去可塑性而产生强度。由于初凝时间短，不能满足施工要求，一般在使用时均需加入缓凝剂，如硼砂、柠檬酸、动物胶（需用石灰处理）等，掺量为 0.1% ～ 0.5%。掺缓凝剂后，石膏制品的强度将有所降低，2 h 强度可达 3 ～ 6 MPa。

（2）凝结硬化时体积微膨胀。

石膏浆体在凝结硬化初期会产生微膨胀（大部分胶凝材料产生收缩），体积膨胀率为 0.5% ～ 1.0%。这一性质使石膏制品表面光滑、细腻，尺寸精确、形体饱满、装饰性好，因而特别适合制作建筑装饰制品。

（3）孔隙率大、表观密度小。

建筑石膏在拌和时，为使浆体具有施工要求的可塑性，需加入建筑石膏用量 60% ～ 80% 的水，而建筑石膏水化的理论需水量为 18.6%，所以，大量的自由水蒸发后，建筑石膏制品内部会形成大量的毛细孔隙。其孔隙率达 40% ～ 60%，表观密度为 800 ～ 1 000 kg/m^3，属于轻质材料。因此，石膏制品具有如下特点：

① 保温性和吸声性好。建筑石膏制品的孔隙率大且主要为微细的毛细孔，所以，其导热系数小，一般多为 0.12 ～ 0.20 W/(m·K)。大量的毛细孔隙对吸声有一定的作用，特别是穿孔石膏板（板中贯穿孔的孔径为 6 ～ 12 mm），其对声波的吸收能力非常强。

② 具有一定的调湿性。由于石膏制品内部的大量毛细孔隙对空气中的水蒸气具有较强的吸附能力，在空气湿度大时可以吸收水分，在空气干燥时放出水分，所以对室内的空气湿度有一定的调节作用。

③ 强度较低，塑性变形大。建筑石膏的强度较低，7 d 抗压强度为 8 ～ 12 MPa（接近最高强度）。石膏及其制品有明显的塑性变形性能，尤其是在弯曲荷载作用下，徐变显得更加严重，因此，一般不用于承重构件。

④ 耐水性、抗渗性、抗冻性差。建筑石膏制品孔隙率大，且二水石膏可微溶于水，遇水后强度大大降低，其软化系数只有 0.2 ～ 0.3，若吸水后受冻，将因水分结冰而崩裂，故

耐水性、抗渗性和抗冻性都较差，一般不宜用于室外。为了提高建筑石膏及其制品的耐水性，可以在石膏中掺入适当的防水剂(如有机硅防水剂)，或掺入适量的水泥、粉煤灰、磨细粒化高炉矿渣等，制备出防潮、防水的石膏制品，这也是未来石膏制品的发展方向。

⑤ 防火性好，但耐火性差。建筑石膏制品的导热系数小、传热慢，且二水石膏受热脱水产生的水蒸气能阻碍火势的蔓延，起到一定的防火作用。但二水石膏脱水后强度下降，因而不耐火。

2. 建筑石膏的标准

建筑石膏按原材料种类不同分为三类：天然建筑石膏(代号N)、脱硫建筑石膏(代号S)和磷建筑石膏(代号P)；按2 h抗折强度分为三个等级：3.0、2.0、1.6，各等级的建筑石膏的物理力学性能要求见表2.1。

表2.1 建筑石膏物理性质(GB/T 9776—2008)

等级	细度(0.2 mm方孔筛筛余)/%	凝结时间/min		2 h强度/MPa	
		初凝	终凝	抗折	抗压
3.0	≤10	≥3	≤30	≥3.0	≥6.0
2.0				≥2.0	≥4.0
1.6				≥1.6	≥3.0

注：强度试件尺寸为40 mm×40 mm×160 mm。

2.1.4 建筑石膏的应用

建筑石膏的用途很广，主要用于室内抹灰、粉刷和生产各种石膏板等。

1. 室内抹灰和粉刷

由于建筑石膏具有优良特性，因此其常被用于室内高级抹灰和粉刷。建筑石膏加水、砂及缓凝剂拌和成石膏砂浆，用于室内抹灰。抹灰后的表面光滑、细腻、洁白美观。石膏砂浆可作为油漆等的打底层，也可直接涂刷油漆或粘贴墙布或墙纸等。建筑石膏加水及缓凝剂拌和成石膏浆体，可作为室内粉刷涂料。

2. 生产石膏板

石膏板具有轻质、隔热保温、吸声、防火、尺寸稳定及施工方便等优点，在建筑中得到广泛的应用，是一种很有发展前途的建筑材料。常用石膏板有以下几种。

(1) 纸面石膏板。

纸面石膏板是以建筑石膏为主要原料，掺入适量的纤维材料、缓凝剂等作为芯材，以纸板作为增强护面材料，经搅拌、成型(辊压)、切割、烘干等工序制得。纸面石膏板分为普通(代号P)、耐水(代号S)、耐火(代号H)、耐水耐火(SH)纸面石膏板(见《纸面石膏板》(GB/T 9775—2008))。纸面石膏板的长度为1 500～3 660 mm，宽度为600～1 220 mm，厚度为9.5 mm、12 mm、15 mm、18 mm、21 mm、25 mm，纵向抗折荷载可达400～

850 N。纸面石膏板主要用于室内隔墙、墙面等，其自重仅为砖墙的1/5。耐水纸面石膏板主要用于厨房、卫生间等潮湿环境。耐火纸面石膏板(耐火极限分为30 min、25 min、20 min等)主要用于耐火要求高的室内隔墙、吊顶等。纸面石膏板的生产效率高，但纸板用量大，成本较高。

(2) 纤维石膏板。

以纤维材料(多使用玻璃纤维)为增强材料，将其与建筑石膏、缓凝剂、水等经特殊工艺制成的石膏板称为纤维石膏板。纤维石膏板的强度高于纸面石膏板，规格与其基本相同。纤维石膏板可用于内隔墙、墙面，还可用来代替木材制作家具，纤维石膏板的缺点是生产效率低。

(3) 装饰石膏板。

由建筑石膏、适量纤维材料和水等经搅拌、浇筑、修边、干燥等工艺制得的石膏板称为装饰石膏板。装饰石膏板按表面形状分为干板、多孔板、浮雕板，其规格均为500 mm×500 mm×9 mm、600 mm×600 mm×7 mm，并分为普通板和防潮板(见《装饰纸面石膏板》(JC/T 997—2006))。装饰石膏板造型美观，装饰性强，且具有良好的吸声、防火等功能，主要用于公共建筑的内墙、吊顶等。

(4) 空心石膏板。

空心石膏板以建筑石膏为主，加入适量的轻质多孔材料、纤维材料和水经搅拌、浇筑、振捣成型、抽芯、脱模、干燥而成。空心石膏板的长度为2 500～3 000 mm、宽度为450～600 mm、厚度为60～100 mm。主要用于隔墙、内墙等，使用时不需龙骨。

此外，还有吸声用穿孔石膏板(见《吸声用穿孔石膏板》(JC/T 803—2007))及嵌装式装饰石膏板(见《嵌装式装饰石膏板》(JC/T 800—2007))，后者又分为装饰型和吸声型。

调整石膏板的厚度、孔眼大小、孔距、空气层厚度(即石膏板与墙体的距离)，可构成适应不同频率的吸声结构。

石膏板表面可以贴上各种图案的面纸，如木纹纸等以增加装饰效果。表面贴一层0.1 mm厚的铝箔可使石膏板具有金属光泽，并能起防湿隔热的作用。

建筑石膏在存储中，需要防雨、防潮，存储期一般不宜超过3个月。一般存储3个月后，强度降低30%左右。

2.1.5 石膏的生态化发展途径

石膏的生态化发展将以保护天然石膏矿藏资源为目标，开发以含有石膏原料成分的工业废渣为主的固废的资源化应用途径；采用能产生热值的固废或替代能源进行煅烧，有效控制制备过程产生的粉尘、噪声等污染；制备多功能、安全的石膏产品，并增强废旧石膏产品的循环再利用。

2.2 石　灰

石灰作为一种古老的建筑材料，由于其原料来源广泛，生产工艺简单，成本低廉，至今仍被广泛用于建筑工程中。石灰是将碳酸钙为主要成分的原料经适当煅烧，排出二氧化碳后所得到的成品，其主要成分是氧化钙(CaO)。

2.2.1　石灰的生产

生产石灰所用的原料主要是以碳酸钙($CaCO_3$)为主的天然岩石，常用的是石灰石、白云石质石灰石等。一般将上述原料进行高温(900 ～ 1 100 ℃)煅烧，即得生石灰(CaO)，其反应式为

$$CaCO_3 \xrightarrow{900 \sim 1\,100\ ℃} CaO + CO_2 \uparrow \tag{2.3}$$

石灰石煅烧过程中，碳酸钙分解时要失去大量的CO_2，但是煅烧后石灰的体积比原来石灰石的体积一般缩小10％～15％，得到的石灰具有多孔结构，即内部孔隙率大、晶粒细小、表观密度小，与水反应速度快，因此在使用过程中一般要进行消化。生产时，由于火候或温度控制不均，石灰中常含有欠火石灰或过火石灰。若煅烧温度低或煅烧时间短，则外部为正常煅烧的石灰，内部尚有未分解的石灰石内核，这种石灰称为欠火石灰。在使用过程中，欠火石灰的存在降低了石灰的利用率，但不会危害工程。若煅烧温度过高或煅烧时间过长，则会导致石灰内部晶粒粗大、孔隙率减小、表现密度增大，此时的石灰称为过火石灰。由于原料中混入或夹带的黏土成分在高温下熔融，过火石灰颗粒表面部分会被玻璃状物质(即釉状物)所包覆，因此过火石灰与水的反应速度减慢(需数十天甚至数年)。有时会发生体积安定性不良即由过火石灰的缓慢水化引起的体积不均匀膨胀，导致结构开裂变形等，这对使用非常不利。

2.2.2　石灰的熟化与硬化

1. 石灰的熟化

石灰在使用过程中，首先要进行熟化。石灰的熟化，又称消化或消解，是生石灰(氧化钙 /CaO)与水作用生成熟石灰(氢氧化钙 /$Ca(OH)_2$)的过程，伴随着熟化过程，放出大量的热，并且体积迅速增加 1 ～ 2.5 倍，反应式为

$$CaO + H_2O \longrightarrow Ca(OH)_2 + 64\ kJ \tag{2.4}$$

根据熟化时加水量的不同，石灰的消化方式分为以下两种。

(1) 石灰膏。

在化灰池中向生石灰加大量的水(生石灰的 3 ～ 4 倍)，使其消化成石灰乳，石灰乳经筛网流入储灰池，沉淀除去多余的水分，所得到的膏状物即为石灰膏。石灰膏含水约50％，表观密度为 1 300 ～ 1 400 kg/m^3，1 kg 生石灰可熟化成 2.1 ～ 3 L 石灰膏。

(2) 消石灰粉。

将生石灰块淋适量的水(生石灰量的 60％ ～ 80％)，经消化得到的粉状物称为消石灰粉。加水量以消石灰粉略湿但不成团为宜。

过火石灰在使用后，因吸收空气中的水蒸气而逐步消化膨胀，使已硬化的浆体产生隆起、开裂等破坏。因此，在使用前必须使其消化或将其去除，即采用陈伏的方法。陈伏是为了消除过火石灰的危害，将消化后的石灰乳在储灰坑中存放两周以上，使过火石灰颗粒

充分消化的处理方法。“陈伏”期间，应在石灰膏表面覆盖一层水膜，以隔绝空气，防止碳化。

2. 石灰的硬化

石灰的硬化包括干燥硬化和碳化硬化。

(1) 干燥硬化。

石灰浆体的主要成分为 $Ca(OH)_2$，硬化主要是干燥硬化过程。在干燥过程中，毛细孔隙失水，由于水的表面张力作用，毛细孔隙中的水面呈弯月面，产生毛细管压力，因此氢氧化钙颗粒接触紧密，产生一定的强度。干燥过程中因水分的蒸发，氢氧化钙也会在过饱和溶液中结晶，但结晶数量很少，产生的强度很低。若再遇水，则毛细管压力消失，氢氧化钙颗粒间紧密程度降低，且氢氧化钙微溶于水，强度丧失。由此可知，石灰浆体具有硬化慢、硬化后强度低、不耐水的特点。

(2) 碳化硬化。

氢氧化钙与空气中的二氧化碳化合生成碳酸钙晶体的过程称为碳化硬化。其反应为

$$Ca(OH)_2 + CO_2 + H_2O \longrightarrow CaCO_3 + H_2O \tag{2.5}$$

生成的碳酸钙具有相当高的强度。由于空气中二氧化碳的浓度很低，因此碳化过程极为缓慢。碳化在一定含水量时才会持续进行，当石灰浆体含水量过少或处于干燥状态时，碳化反应几乎停止。石灰浆体含水量多时，孔隙中几乎充满水，二氧化碳气体难以渗透，碳化作用仅在表面进行，生成的碳酸钙达到一定厚度时，阻碍二氧化碳向内渗透和内部水分向外蒸发，从而减慢了碳化速度。因此，在空气中使用时，石灰的碳化硬化速度很慢。从上述硬化过程中可以得出石灰浆体硬化慢、强度低及不耐水的结论。可以采用加大二氧化碳浓度的方式加速碳化过程。

2.2.3 石灰的特性与标准

1. 石灰的特性

石灰与其他胶凝材料相比具有以下特性。

(1) 保水性、可塑性好。

经过熟化生成的氢氧化钙颗粒极其细小，比表面积(材料的总表面积与其质量的比值)很大，有利于氢氧化钙颗粒表面吸附较厚水膜，即石灰的保水性好。由于颗粒间的水膜较厚，颗粒间的滑移较易进行，即可塑性好。这一性质常被用来改善砂浆的保水性，以克服水泥砂浆保水性差的缺点。

(2) 凝结硬化慢、强度低。

石灰的凝结硬化很慢，且硬化后的强度很低。如石灰与砂的质量比为 1∶3 的石灰砂浆，28 d 的抗压强度仅为 0.2 ～ 0.5 MPa。

(3) 耐水性差。

潮湿环境中石灰浆体不会产生凝结硬化。硬化后的石灰浆体的主要成分为氢氧化钙，仅有少量的碳酸钙。由于氢氧化钙微溶于水，所以石灰的耐水性很差，软化系数接近于 0，即在水中浸泡后，强度完全丧失。

(4) 干燥收缩大。

氢氧化钙颗粒吸附的大量水分,在凝结硬化过程中不断蒸发,并产生很大的毛细管压力,使石灰浆体产生很大的收缩而开裂,因此石灰除粉刷外不宜单独使用。

2. 石灰的标准

按石灰中氧化镁的含量,将生石灰分为钙质石灰(MgO ≤ 5%) 和镁质石灰(MgO > 5%);将消石灰分为钙质消石灰(MgO ≤ 5%) 和镁质消石灰(MgO > 5%)。

① 建筑生石灰。依据《建筑生石灰》(JC/T 479—2013),将生石灰按加工情况分为建筑生石灰和建筑生石灰粉;按化学成分(氧化镁(MgO) 的含量) 分为钙质石灰(MgO ≤ 5%) 和镁质石灰(MgO > 5%)。根据生石灰化学成分的含量每类分成各个等级,见表2.2。其中,CL(Calcium Lime) 和 ML(Magnesium Lime) 分别代表钙质石灰和镁质石灰;90 代表 CaO 和 MgO 的百分含量总和为 90% 以上。

表 2.2　建筑生石灰的分类(JC/T 479—2013)

类别	名称	代号
钙质石灰	钙质石灰 90	CL 90
	钙质石灰 85	CL 85
	钙质石灰 75	CL 75
镁质石灰	镁质石灰 85	ML 85
	镁质石灰 80	ML 80

建筑生石灰的技术要求包括对其化学成分(氧化钙、氧化镁、二氧化碳和三氧化硫的含量) 和物理性质(产浆量和细度) 的要求,两者应符合表 2.3 和表 2.4 中的标准。其中,Q 代表生石灰块,QP 代表生石灰粉。

表 2.3　建筑生石灰的化学成分(JC/T 479—2013)　%

名称	(氧化钙 + 氧化镁)(CaO + MgO)	氧化镁(MgO)	二氧化碳(CO_2)	三氧化硫(SO_3)
CL 90 − Q	≥ 90	≤ 5	≤ 4	≤ 2
CL 90 − QP				
CL 85 − Q	≥ 85	≤ 5	≤ 7	≤ 2
CL 85 − QP				
CL 75 − Q	≥ 75	≤ 5	≤ 12	≤ 2
CL 75 − QP				
ML 85 − Q	≥ 85	> 5	≤ 7	≤ 2
ML 85 − QP				
ML 80 − Q	≥ 80	> 5	≤ 7	≤ 2
ML 80 − QP				

表 2.4 建筑生石灰的物理性质(JC/T 479—2013)

名称	产浆量 /($dm^3 \cdot 10\ kg^{-1}$)	细度	
		0.2 mm 筛余量 /%	90 μm 筛余量 /%
CL 90 − Q	≥ 26	—	—
CL 90 − QP	—	≤ 2	≤ 7
CL 85 − Q	≥ 26	—	—
CL 85 − QP	—	≤ 2	≤ 7
CL 75 − Q	≥ 26	—	—
CL 75 − QP	—	≤ 2	≤ 7
ML 85 − Q	—	—	—
ML 85 − QP		≤ 2	≤ 7
ML 80 − Q	—	—	—
ML 80 − QP		≤ 7	≤ 2

注:其他物理特性,根据用户要求,可按照《建筑石灰试验方法 第 1 部分:物理试验方法》(JC/T 478.1—2013)进行测试。

② 建筑消石灰。依据《建筑消石灰》(JC/T 481—2013),建筑消石灰按扣除游离水和结合水后,CaO 和 MgO 的百分含量总和加以分类,见表 2.5。其中代号含义,与表 2.2 同理。

表 2.5 建筑消石灰的分类(JC/T 481—2013)

类别	名称	代号
钙质消石灰	钙质消石灰 90	HCL 90
	钙质消石灰 85	HCL 85
	钙质消石灰 75	HCL 75
镁质消石灰	镁质消石灰 85	HML 85
	镁质消石灰 80	HML 80

建筑消石灰的技术要求包括其化学成分(氧化钙、氧化镁、三氧化硫的含量)应符合表 2.6 和物理性质应满足 JC/T 481—2013 的规定,游离水含量应不大于 2%,0.2 mm 筛余量不大于 2%,90 μm 筛余量不大于 7%,安定性合格。

表 2.6 建筑消石灰的化学成分(JC/T 481—2013) %

名称	(氧化钙+氧化镁)(CaO+MgO)	氧化镁(MgO)	三氧化硫(SO_3)
HCL 90	≥ 90	≤ 5	≤ 2
HCL 85	≥ 85		
HCL 75	≥ 75		
MCL 85	≥ 85	> 5	≤ 2
MCL 80	≥ 80		

注:表中数值以试样扣除游离水和化学结合水后的干基为基准。

2.2.4　石灰的应用

石灰在土木工程中的用途主要有以下几方面。

1. 石灰乳涂料和砂浆

石灰加大量的水所得的稀浆，即为石灰乳。其主要用于要求不高的室内粉刷。利用石灰膏或消石灰粉可配制成石灰砂浆或水泥石灰混合砂浆，用于抹灰和砌筑。利用生石灰粉配制砂浆时，生石灰粉熟化时放出的热可大大加速砂浆的凝结硬化（提高 30 ～ 40 倍），且加水量也较少，硬化后的强度较消石灰配制的砂浆高 2 倍。在磨细过程中，由于过火石灰也被磨成细粉，因而克服了过火石灰熟化慢而造成的体积安定性不良的危害，可不经陈伏直接使用，但用于罩面抹灰时，需要进行陈伏，陈伏时间应大于 3 h。

2. 灰土和三合土

消石灰粉与黏土拌和后称为灰土或石灰土，再加砂或石屑、炉渣等即成三合土。由于消石灰粉的可塑性好，在夯实或压实下，灰土和三合土的密实度增加，并且黏土中含有少量的活性氧化硅和活性氧化铝，与氢氧化钙反应生成了少量的水硬性产物 —— 水化硅酸钙，所以二者的密实程度、强度和耐水性得到改善。因此，灰土和三合土广泛用于建筑物的基础和道路的垫层。

3. 硅酸盐混凝土及其制品

以石灰和硅质材料（如石英砂、粉煤灰、矿渣等）为主要原料，经磨细、配料、拌和、成型、养护（蒸汽养护或蒸压养护）等工序得到的人造石材，其主要产物为水化硅酸钙，所以称为硅酸盐混凝土。常用的硅酸盐混凝土制品有蒸汽养护和蒸压养护的各种粉煤灰砖及砌块、灰砂砖及砌块、加气混凝土等。

4. 碳化石灰板

将磨细生石灰、纤维状填料（如玻璃纤维）或轻质骨料加水搅拌成型为坯体，然后再通入二氧化碳进行人工碳化（12 ～ 24 h）而成的一种轻质板材称为碳化石灰板。为减轻自重，提高碳化效果，其通常制成薄壁或空心制品。碳化石灰板的可加工性能好，适合做非承重的内隔墙板、天花板等。

生石灰块及生石灰粉须在干燥条件下运输和储存，不宜存放太久。原因是存放过程中，生石灰会吸收空气中的水分熟化成消石灰粉，进一步与空气中的二氧化碳作用生成碳酸钙，失去胶结能力。长期存放时应在密闭条件下，且应防潮、防水。

2.2.5　石灰的生态化发展途径

石灰的生态化发展途径包括：以保护天然石灰石资源为目标，开发以 $CaCO_3$ 成分为主的工业废渣等固废为石灰原料的资源化应用途径；采用能产生热值的固废或替代能源进行煅烧，提高燃烧效率，有效降低欠火石灰及过火石灰的产量，控制制备过程产生的

CO_2、粉尘、噪声等污染。

2.3 水玻璃

水玻璃是一种气硬性胶凝材料。在耐酸工程和耐热工程中常用来配制水玻璃胶泥、水玻璃砂浆及水玻璃混凝土；也可单独使用水玻璃或以水玻璃为主要原料配制涂料。

2.3.1 水玻璃的组成及技术要求

水玻璃是一种水溶性硅酸盐。其化学式为 $R_2O \cdot nSiO_2$，式中 R_2O 为碱金属氧化物，n 为二氧化硅与碱金属氧化物物质的量的比值，称为水玻璃的模数。n 值增大，水玻璃的黏度、黏结力、强度及耐酸、耐热性随之增强。但若 n 值过大，水玻璃黏度太高，则不利于施工。工程常用的水玻璃是硅酸钠（$Na_2O \cdot nSiO_2$）的水溶液，要求高时也使用硅酸钾（$K_2O \cdot nSiO_2$）的水溶液。常用水玻璃模数为 2.6 ～ 3.0，密度为 1.3 ～ 1.5 g/cm^3，其他技术性质应满足国家标准的相应规定。

2.3.2 水玻璃的硬化

水玻璃在空气中能与二氧化碳反应，生成无定形的二氧化硅凝胶，凝胶脱水转变成二氧化硅而硬化，其化学反应如下：

$$Na_2O \cdot nSiO_2 + CO_2 + mH_2O \longrightarrow Na_2CO_3 + nSiO_2 \cdot mH_2O$$

由于空气中的二氧化碳含量极少，上述反应极其缓慢，因此水玻璃在使用时常加入促硬剂，以加快其硬化速度，常用的硬化剂为氟硅酸钠（Na_2SiF_6），其化学反应如下：

$$2(Na_2O \cdot nSiO_2) + Na_2SiF_6 + mH_2O \longrightarrow 6NaF + (2n+1)SiO_2 \cdot mH_2O$$

$$(2n+1)SiO_2 \cdot mH_2O \longrightarrow (2n+1)SiO_2 + mH_2O$$

加入氟硅酸钠后，初凝时间可缩短至 30 ～ 60 min。

氟硅酸钠的适宜掺量（全书“掺量”无特殊说明的，均指质量分数），一般为水玻璃的 12% ～ 15%。若掺量少于 12%，则其凝结硬化慢，强度低，并且存在较多没参加反应的水玻璃，当遇水时，残余水玻璃易溶于水，影响硬化后水玻璃的耐水性；若掺量超过 15%，则凝结硬化过快，造成施工困难，且抗渗性和强度降低。

2.3.3 水玻璃的特性与应用

1. 水玻璃的特性

(1) 黏结力强，强度较高。

水玻璃在硬化后，其主要成分为二氧化硅凝胶、氟化钠或碳酸钠，因而具有较高的黏结力和强度。用水玻璃配制的混凝土的抗压强度可达 15 ～ 40 MPa。

(2) 耐酸性好。

由于水玻璃硬化后的主要成分为二氧化硅，其可以抵抗除氢氟酸、过热磷酸以外的几乎所有的无机酸和有机酸，所以用于配制水玻璃耐酸混凝土、耐酸砂浆、耐酸胶泥等。

(3) 耐热性好。

水玻璃硬化后形成的二氧化硅网状骨架在高温下强度下降不大，所以其用于配制水玻璃耐热混凝土、耐热砂浆、耐热胶泥等。

(4) 耐碱性和耐水性差。

水玻璃在加入氟硅酸钠后仍不能完全反应，硬化后的水玻璃中仍含有一定量的 $Na_2O \cdot nSiO_2$。由于 SiO_2 和 $Na_2O \cdot nSiO_2$ 均可溶于碱，且 $Na_2O \cdot nSiO_2$ 可溶于水，所以水玻璃硬化后不耐碱、不耐水。为提高耐水性，常采用中等浓度的酸对已硬化的水玻璃进行酸洗处理。

2. 水玻璃的应用

水玻璃除用于耐热和耐酸材料外，还有以下主要用途。

(1) 涂刷材料表面，提高其抗风化能力。

水玻璃浸渍或涂刷多孔材料表面，可提高材料的密实度、强度、抗渗性、抗冻性及耐水性等。这是因为水玻璃与空气中的二氧化碳反应生成硅酸凝胶，同时水玻璃也与材料中所含的氢氧化钙反应生成硅酸钙凝胶，二者填充材料的孔隙，使材料致密。

(2) 加固土壤。

将水玻璃和氯化钙溶液交替压注到土壤中，生成的硅酸钙凝胶在潮湿环境下因吸收土壤中的水分而处于膨胀状态，使土壤固结。

(3) 配制速凝防水剂。

水玻璃加两种、三种或四种矾，即可配制成二矾、三矾、四矾速凝防水剂。

(4) 修补砖墙裂缝。

将水玻璃、粒化高炉矿渣粉、砂及氟硅酸钠按适当比例拌和后，直接压入砖墙裂缝，可起到黏结和补强作用。

水玻璃应在密闭条件下存放。长时间存放后，水玻璃会产生一定的沉淀，使用时应搅拌均匀。

复习思考题

1. 何为气硬性胶凝材料与水硬性胶凝材料？

2. 一般建筑石膏及其制品为什么适用于室内，而不适用于室外？

3. 为什么称过火石灰、欠火石灰为不合格石灰？

4. 何为石灰陈伏？其主要目的是什么？

5. 为什么灰土或三合土可用于基础的垫层、道路的基层等潮湿部位？

6. 水玻璃的组成及特性是什么？

7. 石膏、石灰作为常用的土木工程材料，其在目前的生产及应用过程中存在着哪些非生态的问题？其解决思路是什么？

8. 如何改善石膏的耐水性能，使其能够用于潮湿环境？

第3章　水　泥

本章学习内容及要求：熟悉通用硅酸盐水泥的性质，以期在工程中能合理选用；掌握硅酸盐水泥熟料矿物的组成及其特性，了解硅酸盐水泥水化产物及其特征，了解水泥石的形成原理；掌握水泥石腐蚀原因及防腐措施；掌握通用硅酸盐水泥的特点、应用及主要技术要求；了解其他特种水泥的主要特点。

本章重点：通用硅酸盐水泥。

本章难点：掌握硅酸盐类水泥的组成、性质和技术要求，能根据工程特点正确选用水泥。

3.1　水泥基本知识

3.1.1　水泥种类及其发展变化

水泥作为胶凝材料，是建造、修复房屋建筑、道路、桥隧等土木工程不可或缺的重要物质。但是，目前从其制造过程来看，无论是大量使用不可再生天然资源的原材料，还是选择高能耗、高污染的煅烧、粉磨等生产工艺过程，都对人类赖以生存的环境造成了极大的破坏，加重了地球的负担。因此，为使人类社会能够持续健康发展，创造生态环保的人类生存环境，水泥材料的发展趋势重点在于：开发利用工农业固体废弃物及城市垃圾替代石灰石、黏土等作为原材料，以达到保护天然资源、变废为宝的目的；开发、改造水泥生产技术与工艺，降低煅烧温度，利用废料做燃料，减少粉尘污染及噪声等，以达到节省能源、保护环境的目的；研发新品种水泥，以满足现代土木工程长寿命、多功能等特殊需要。

水泥是一种在土木工程中应用广泛的水硬性胶凝材料。水泥不仅能在空气中硬化，而且能在水中更好地硬化，保持和继续发展其强度。以水泥、砂、石和水为主要原料配制而成的混凝土是当今世界上用量最大的人造复合材料，混凝土与钢筋混凝土广泛用于建造房屋、桥梁、道路、港口、机场、隧道、水坝、电站、矿山等各类基础设施工程。水泥是混凝土的基础组成材料，水泥水化后形成的水泥石将砂、石等“黏结”在一起，形成具有强度的混凝土。从1824年开始，水泥的发明与使用便开启了建筑业的新纪元，全球的水泥产量从1880年的不足200万t增加到2018年的39.5亿t。其中我国水泥产量近十年变化不大，一直保持在23～24亿t，占全球总产量的一半以上。我国处于基础设施建设快速发展时期，2014年全国亿规模以上水泥产量达到创纪录的24.8亿t，之后随着产业结构调整而略有下降，但一直居世界首位。

水泥的品种很多，按其矿物组成可分为硅酸盐水泥、铝酸盐水泥、硫铝酸盐水泥、铁铝酸盐水泥和氟铝酸盐水泥；按其特性和用途可分为通用水泥、专用水泥和特种水泥。硅酸盐类水泥能满足大部分工程建设的需求，是土木工程中使用最多的水泥，本章内容以通用硅酸盐水泥为主。

3.1.2 硅酸盐水泥原料及生产过程

1. 原料

(1) 生产水泥熟料的原料。

生产通用硅酸盐水泥的主要原料包括石灰质原料和黏土质原料。石灰质原料主要提供氧化钙，如石灰石、白垩等；黏土质原料主要提供氧化硅、氧化铝、氧化铁，如黏土、黄土、页岩等。有时为调整化学成分，还需加入少量铁质和硅质校正原料，如氧化铁粉、铁矿石、砂岩等。

(2) 石膏。

为调整硅酸盐水泥的凝结时间，在生产的最后阶段还要加入适量石膏。

(3) 混合材料。

混合材料是水泥粉磨过程中掺入的矿物质材料。混合材料掺入水泥中的主要作用是扩大水泥使用范围，降低水化热，增加产量，降低成本，进一步改善水泥性能。根据火山灰性或潜在水硬性，可将混合材料分为活性混合材料和非活性混合材料。

① 活性混合材料。活性混合材料是指活性指数(试验水泥与对比水泥的28 d抗压强度比)符合相应标准要求的混合材料(见《水泥的命名原则和术语》(GB/T 4131—2014))。实际是指常温下与石灰和水拌和后能生成具有水硬性产物的混合材料。

活性混合材料主要包括以下几种。

a. 粒化高炉矿渣。粒化高炉矿渣是高炉炼铁的熔融矿渣，经水或水蒸气急速冷却处理所得到的质地疏松、多孔的粒状物，也称水淬矿渣。粒化高炉矿渣在急冷过程中，熔融矿渣的黏度增加很快，来不及结晶，大部分呈玻璃态，储存有潜在的化学能。如果任由熔融矿渣自然冷却，凝固后则呈结晶态，活性很小，属非活性混合材料。粒化高炉矿渣的活性来源于活性氧化硅和活性氧化铝。

在矿渣的化学组成中，CaO、SiO_2 和 Al_2O_3 总质量分数占90%以上，其化学组成与硅酸盐水泥生料类似，只是 CaO 质量分数较低，而 Al_2O_3 质量分数较高，所以，有的粒化高炉矿渣磨细后本身就有微弱水硬性。

b. 火山灰质混合材料。火山灰质混合材料是泛指以活性氧化硅和活性氧化铝为主要成分的活性混合材料。它的应用是从火山灰开始的，故而得名，但其实并不限于天然火山灰，也包括具有火山灰性质的人工火山灰。

火山灰质混合材料按其活性主要来源又分为如下三类：

(a) 含水硅酸质混合材料。其主要有硅藻土、蛋白石、硅质渣等。活性来源为活性氧化硅。

(b) 铝硅玻璃质混合材料。其主要是火山爆发喷出的熔融岩浆在空气中急速冷却所形成的玻璃质的多孔岩石，如火山灰、浮石、凝灰岩等。活性来源为活性氧化硅和活性氧化铝。

(c) 烧黏土质混合材料。其主要包括烧黏土、炉渣、燃烧过的煤矸石等。活性来源为活性氧化铝和活性氧化硅。掺有这种混合材料的水泥水化后水化铝酸钙的含量较高，其抗硫酸盐腐蚀性差。

c. 粉煤灰。粉煤灰是火力发电厂以煤粉为燃料燃烧后从烟气中收集的灰渣经急速冷却而成。粉煤灰多为 1 ～ 50 μm 玻璃态的实心或空心球形颗粒。其活性来源也属于火山灰质混合材料，但它是大宗的工业废料，亟待利用，因此我国水泥标准将其单独列出。

② 非活性混合材料。非活性混合材料是指活性指数低于相应标准要求的混合材料(见《水泥的命名原则和术语》(GB/T 4131—2014))。实际是指常温下不能与石灰和水拌和后生成具有水硬性产物的混合材料。它掺在水泥中主要起填充作用，如扩大水泥强度等级范围、降低水化热、增加产量、降低成本等。常用的非活性混合材料主要有石灰石、石英砂、自然冷却的矿渣等。

2. 生产过程

通用硅酸盐水泥生产流程示意图如图 3.1 所示。首先将原料和校正原料按一定比例混合后在磨机中磨到一定细度，制成生料，然后将生料入窑煅烧。煅烧时，首先将生料在 500 ℃ 以下干燥脱水，然后在 1 300 ～ 1 450 ℃ 的温度下烧制，形成以硅酸钙为主的化合物，最后快速冷却形成硅酸盐水泥熟料矿物。煅烧后获得的黑色球状物即为熟料。熟料与少量石膏或者再加入一定比例的混合材料共同磨细即成通用硅酸盐水泥。硅酸盐水泥生产的主要工艺可概括为“两磨”“一烧”。

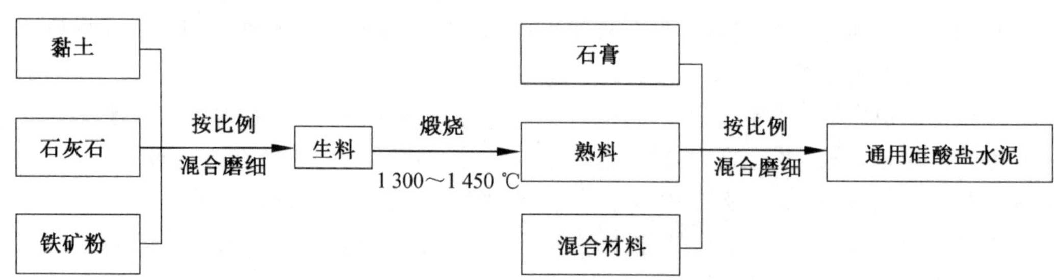

图 3.1 通用硅酸盐水泥生产流程示意图

3.1.3 硅酸盐水泥熟料矿物及水泥石形成

1. 熟料及其性能

熟料是通用硅酸盐水泥的主要组成，熟料的水化、硬化是水泥强度的主要成因。

硅酸盐水泥熟料主要矿物的名称和含量如下：

(1) 硅酸三钙($3CaO \cdot SiO_2$，简称 C_3S)，含量为 37% ～ 60%；

(2) 硅酸二钙($2CaO \cdot SiO_2$，简称 C_2S)，含量为 15% ～ 37%；

(3) 铝酸三钙($3CaO \cdot Al_2O_3$，简称 C_3A)，含量为 7% ～ 15%；

(4) 铁铝酸四钙($4CaO \cdot Al_2O_3 \cdot Fe_2O_3$，简称 C_4AF)，含量为 10% ～ 18%。

前两种统称硅酸钙矿物，一般占总量的 75% ～ 82%。国家标准(《通用硅酸盐水泥》(GB 175—2007))中规定硅酸盐水泥熟料中硅酸钙矿物含量不小于 66%，氧化钙和氧化硅质量比不小于2.0。

通用硅酸盐水泥熟料主要矿物的水化特性见表3.1。水泥熟料中硅酸三钙含量大，水化速度快，28 d内基本水化完毕，硅酸盐水泥的28 d强度主要由硅酸三钙的水化决定。硅酸二钙水化较慢，半年左右才能达到硅酸三钙28 d的强度。铝酸三钙强度低。铁铝酸四钙的强度发展较快，但后期强度较低。

由上述各种熟料矿物的水化特性可见，改变水泥熟料的矿物组成可生产各种性能和用途的水泥。例如，适当提高熟料中C_3S和C_3A的含量，可生产硬化快、强度高的水泥。

表3.1　通用硅酸盐水泥熟料主要矿物的水化特性

矿物名称		硅酸三钙	硅酸二钙	铝酸三钙	铁铝酸四钙
水化特性	水化速度	快	慢	很快	快
	水化热	大	小	很大	中
	早期强度	高	低	低	高
	后期强度	高	高	低	低

注：表中的水化热是指单位质量矿物水化放出的热量。

2. 水泥的水化及凝结硬化

水泥加水搅拌后，水泥颗粒分散于水中形成具有一定可塑性的浆体，同时水泥颗粒中的熟料矿物与水发生化学反应生成水化产物，并同时放出热量。随着水化反应进行，水泥浆在一定时间后逐渐变稠并失去可塑性，这一过程称为凝结；随着时间的继续增长产生强度，形成坚硬的水泥石，这一过程称为硬化。水泥的凝结、硬化是一个连续的、复杂的物理化学过程。

(1) 水泥熟料的水化。

水泥熟料中主要矿物的水化过程及其产物如下：

① 硅酸三钙。在水泥矿物中，硅酸三钙含量最高，水化反应较快，放热量最大，水化产物为水化硅酸钙凝胶(C—S—H)和氢氧化钙晶体(CH)：

$$2(3CaO \cdot SiO_2) + 6H_2O \longrightarrow 3CaO \cdot 2SiO_2 \cdot 3H_2O(\text{水化硅酸钙凝胶}) + 3Ca(OH)_2$$

生成的水化硅酸钙几乎不溶于水，以胶体微粒形式析出并逐渐聚集而成为凝胶，水化硅酸钙凝胶具有很高的强度；水化生成的氢氧化钙很快在溶液中达到饱和并以晶体形式析出，氢氧化钙的强度低，耐水性及耐腐蚀性很差。

② 硅酸二钙。其水化反应较慢，水化放热量小，水化产物与硅酸三钙相同，但数量不同。

$$2(2CaO \cdot SiO_2) + 4H_2O \longrightarrow 3CaO \cdot 2SiO_2 \cdot 3H_2O(\text{水化硅酸钙凝胶}) + Ca(OH)_2$$

③ 铝酸三钙。铝酸三钙水化生成水化铝酸三钙晶体，水化反应速度极快，水化放热量很大，单独水化会引起快凝。

$$3CaO \cdot Al_2O_3 + 6H_2O \longrightarrow 3CaO \cdot Al_2O_3 \cdot 6H_2O$$

水化铝酸钙晶体易溶于水，在氢氧化钙饱和溶液中，能与氢氧化钙进一步反应，生成水化铝酸四钙($4CaO \cdot Al_2O_3 \cdot 13H_2O$)。二者强度都低，且耐硫酸盐腐蚀性很差。

④ 铁铝酸四钙。铁铝酸四钙与水作用反应也较快，水化放热量中等，反应生成水化铝酸三钙晶体及水化铁酸钙凝胶，后者强度也很低。

$$4CaO \cdot Al_2O_3 \cdot Fe_2O_3 + 7H_2O \longrightarrow 3CaO \cdot Al_2O_3 \cdot 6H_2O +$$
$$CaO \cdot Fe_2O_3 \cdot H_2O\text{(水化铁酸钙)}$$

(2) 石膏的作用。

为了调节水泥凝结时间，水泥中掺有适量石膏(一般为水泥质量的3% ～5%)。有石膏存在的条件下，C_3A 会与石膏反应生成三硫型水化硫铝酸钙(也称高硫型水化硫铝酸钙)，又称钙矾石，以 AFt 表示，其反应式为

$$3CaO \cdot Al_2O_3 + 3(CaSO_4 \cdot 2H_2O) + 26H_2O \longrightarrow 3CaO \cdot Al_2O_3 \cdot 3CaSO_4 \cdot 32H_2O$$

或
$$C_3A + 3C\bar{S}H_2 + 26H \longrightarrow C_3A\bar{S}_3H_{32}(AFt)$$

高硫型水化硫铝酸钙是难溶于水的针状晶体，它生成后即包围在熟料颗粒的周围，阻碍其水化的进行，起到缓凝的作用。

当浆体中的石膏被消耗完毕，而水泥中还有未完全水化的 C_3A 时，C_3A 会与三硫型水化硫铝酸钙(AFt) 继续反应生成单硫型水化硫铝酸钙(也称低硫型水化硫铝酸钙)，以 AFm 表示，其反应式为

$$3CaO \cdot Al_2O_3 \cdot 3CaSO_4 \cdot 32H_2O + 2(3CaO \cdot Al_2O_3) + 4H_2O \longrightarrow$$
$$3CaO \cdot Al_2O_3 \cdot CaSO_4 \cdot 12H_2O$$

或
$$C_3A\bar{S}_3H_{32} + 2C_3A + 4H \longrightarrow C_3A\bar{S}H_{12}(AFm)$$

综上所述，如果忽略一些次要的和少量的成分，则硅酸盐水泥与水作用后，生成的主要产物有水化硅酸钙和水化铁酸钙凝胶、氢氧化钙、水化铝酸钙和水化硫铝酸钙晶体。水泥完全水化后，水化硅酸钙约占 70%，氢氧化钙约占 20%，水化硫铝酸钙约占 7%。

(3) 活性混合材料的水化。

磨细的活性混合材料与水拌和后，不会直接发生水化及凝结、硬化(仅某些粒化高炉矿渣有微弱的反应)。但活性混合材料在氢氧化钙饱和溶液中，常温下就会发生明显的水化反应：

$$xCa(OH)_2 + SiO_2 + mH_2O \longrightarrow xCaO \cdot SiO_2 \cdot (x+m)H_2O$$
$$yCa(OH)_2 + Al_2O_3 + nH_2O \longrightarrow yCaO \cdot Al_2O_3 \cdot (y+n)H_2O$$

生成的水化硅酸钙和水化铝酸钙是具有水硬性的水化物(式中的系数 x、y 值与介质的石灰浓度、温度和作用时间有关，约为 1 或略大于 1)。当有石膏存在时，水化铝酸钙还可以和石膏进一步反应生成水硬性产物水化硫铝酸钙。

可以看出，是氢氧化钙和石膏激发了活性混合材料的活性，故称它们为活性混合材料的激发剂。

当掺有活性混合材料的通用硅酸盐水泥与水拌和后，水泥熟料开始水化，生成的氢氧化钙及掺入的石膏作为活性混合材料的激发剂，产生前述的反应(称二次反应)。二次反应的速度较慢，因此可有效降低水化放热速度，适用于大体积混凝土。但在冬季施工时则需注意放热速度降低带来的影响。

(4) 水泥的凝结、硬化过程。

水泥的凝结、硬化是一个复杂而连续的物理化学过程。水泥与水拌和后，水泥颗粒表

面的熟料矿物立即溶于水，并与水发生水化反应，生成水化产物并放热。生成的水化产物溶解度很小，不断有沉淀析出。这个时期水化产物生成的速度很快而来不及扩散，便附着在水泥颗粒的表面形成膜层。膜层是以水化硅酸钙凝胶为主体，其中分布着氢氧化钙等晶体。在这个阶段水泥颗粒呈分散状态，水泥浆的可塑性基本保持不变。

随着水化反应的进一步进行，水化产物不断增多，自由水分不断减少，颗粒间距离逐渐减小，相互接触并形成网状凝聚结构。此时，水泥浆体开始变稠、失去可塑性，表现为初凝。随着水化产物不断增多，水泥之间的空隙逐渐缩小为毛细孔，水化生成物进一步填充毛细孔，毛细孔越来越少，使水泥浆体结构更加紧密，逐渐产生强度，表现为终凝。在适宜的温度和湿度条件下，在若干年内水泥强度有继续增长的可能。

3. 水泥石的构造及其强度的影响因素

(1) 水泥石的构造。

硬化后的水泥浆体称为水泥石。水泥石是由水泥水化产物(凝胶、晶体)、未水化水泥颗粒内核和毛细孔(孔隙)等组成的非均质体，如图 3.2 所示。

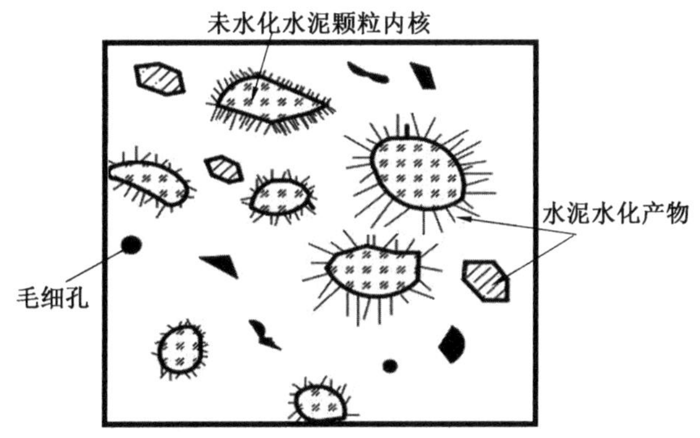

图 3.2　水泥石构造示意图

① 水泥水化产物。水泥水化产物包括凝胶和晶体，其中水化硅酸钙凝胶是水泥石的主要组分，它占水化产物的 70% 左右，对水泥石的强度及其他性质起决定作用。

② 未水化水泥颗粒内核。水泥水化是一个长期的过程，水泥石中经常存在未水化完的水泥颗粒内核。

③ 毛细孔。毛细孔是水泥石中未被水化产物填充的空间，也就是孔隙，对水泥石的强度和耐久性影响较大。

水泥的水化程度越高，则水化产物含量越多，未水化水泥颗粒内核和毛细孔含量越少。

(2) 水泥石强度的影响因素。

① 水灰比。拌和水泥浆时，水与水泥的质量比称为水灰比。水灰比越大，水泥浆体流动性越好，但凝结硬化和强度发展越慢，硬化后的水泥石中毛细孔的含量越多，强度也越低。反之，凝结硬化和强度发展越快，强度越高。因此，在保证成型质量的前提下，应降低水灰比，以提高水泥石的硬化速度和强度。

② 养护时间。水泥的水化程度随养护时间的增加而增加，因此随着养护时间延长，凝胶体的生成数量增加，毛细孔减少，强度不断增长。

③ 温度和湿度。温度升高，水泥水化反应加速，强度增长也快；温度降低，则水化反应减慢，强度增长也趋缓，水完全结冰后水化停止。上述影响主要表现在水化初期，对后期影响不大。水泥的水化及凝结、硬化必须在有足够水分的条件下进行。如环境干燥，水分将很快蒸发，水泥浆体中缺乏水泥水化所需的水分，使水化不能正常进行，强度也不再增长，还可能使水泥石或水泥制品表面产生干缩裂纹。因此水泥水化需采取一定的保湿措施。

3.1.4 水泥石腐蚀及防腐

1. 腐蚀的类型

硅酸盐水泥水化硬化后形成的水泥石在通常情况下具有较高的耐久性，其强度在几年，甚至几十年内仍会随水化的进行而继续增长。但水泥石在腐蚀性液体或气体的作用下，结构会受到破坏，甚至完全破坏，此即水泥石的腐蚀。

下面为几种典型的腐蚀类型。

(1) 软水侵蚀(溶出性侵蚀)。

软水指硬度低的水，如雨水、雪水、冷凝水，含重碳酸盐少的河水和湖水。

当水泥石长期与软水接触时，其中一些水化物将依照溶解度的大小，依次逐渐被溶解。在各种水化物中，氢氧化钙的溶解度最大，所以首先被溶解。如在静水和无水压的情况下，由于周围的水迅速被溶出的氢氧化钙所饱和，溶出作用很快终止，所以溶出仅限于表面，影响不大。但在流动水中，尤其在有压力的水中，或者水泥石渗透性较大的情况下，水流不断将氢氧化钙溶出并带走，降低了周围介质中氢氧化钙的浓度。随着氢氧化钙浓度的降低，其他水化物，如水化硅酸钙、水化铝酸钙，也将发生分解，水泥石结构遭到破坏，强度不断降低，最后引起整个构筑物毁坏。研究发现，当氢氧化钙溶出 5% 时，强度下降 7%；溶出 24% 时，强度下降 29%。

当环境水的水质较硬，即水中的重碳酸盐(以 $Ca(HCO_3)_2$ 为主)含量较高时，它可与水泥石中的氢氧化钙作用，生成几乎不溶于水的碳酸钙：

$$Ca(OH)_2 + Ca(HCO_3)_2 \longrightarrow 2CaCO_3 + 2H_2O$$

生成的碳酸钙积聚在水泥石的孔隙内，形成密实的保护层。所以，水的硬度越高，对水泥石腐蚀性越小，反之，水质越软，侵蚀性越大。对密实度高的混凝土来说，溶出性侵蚀一般发展很慢。

(2) 盐类腐蚀。

① 硫酸盐腐蚀。一般的河水和湖水中，硫酸盐含量不多，而在海水、盐沼水、地下水及某些工业污染水中常含有钠、钾、铵等硫酸盐，它们对水泥石有腐蚀作用。

现以含硫酸钠的水为例，说明其对水泥石的腐蚀。硫酸钠与水泥石中的氢氧化钙作用，生成二水硫酸钙：

$$Ca(OH)_2 + Na_2SO_4 + 10H_2O \longrightarrow CaSO_4 \cdot 2H_2O + 2NaOH + 8H_2O$$

然后，生成的硫酸钙和水化铝酸钙作用，生成高硫型水化硫铝酸钙：

$$3CaO \cdot Al_2O_3 \cdot 6H_2O + 3(CaSO_4 \cdot 2H_2O) + 19H_2O \longrightarrow$$
$$3CaO \cdot Al_2O_3 \cdot 3CaSO_4 \cdot 31H_2O$$

高硫型水化硫铝酸钙含有大量的结晶水，其体积较原来体积增加1.5倍，产生巨大的膨胀力，使水泥石破坏。高硫型水化硫铝酸钙是针状晶体，有人称它为“水泥杆菌”，以形容其对水泥石的危害。

当水中硫酸盐浓度很高时，生成的硫酸钙以二水石膏的形式，在水泥石毛细孔中结晶析出。二水石膏结晶时体积增大，同样也会造成水泥石膨胀破坏。

② 镁盐腐蚀。在海水及地下水中常含有大量镁盐，主要成分是硫酸镁和氯化镁。它们可与水泥石中的氢氧化钙发生置换反应：

$$MgCl_2 + Ca(OH)_2 \longrightarrow CaCl_2 + Mg(OH)_2$$
$$MgSO_4 + Ca(OH)_2 \longrightarrow CaSO_4 + Mg(OH)_2$$

生成的氢氧化镁松软而无胶结能力，生成的硫酸钙又将产生硫酸盐腐蚀。因此，硫酸镁腐蚀属于双重腐蚀，腐蚀特别严重。

(3) 酸类腐蚀。

① 碳酸腐蚀。在某些工业废水和地下水中，常溶有一定量的二氧化碳及其盐类。当水中二氧化碳的浓度较低时，水泥石中的氢氧化钙受其作用，生成碳酸钙：

$$CO_2 + H_2O + Ca(OH)_2 \longrightarrow CaCO_3 + H_2O$$

显然，这一过程不会对水泥石造成腐蚀。但当水中二氧化碳的浓度较高时，它会与生成的碳酸钙进一步反应，生成易溶于水的碳酸氢钙：

$$CO_2 + H_2O + CaCO_3 \rightleftharpoons Ca(HCO_3)_2$$

天然水中常含有一定浓度的碳酸氢钙，所以只有当水中二氧化碳的浓度超过反应平衡浓度时，反应才向右进行，即将水泥石微溶的氢氧化钙转变为易溶的碳酸氢钙，加剧了溶失，孔隙率增加，水泥石受到腐蚀。

② 一般酸腐蚀。在工业废水、地下水、沼泽水中常含有无机酸和有机酸。它们对水泥石有不同程度的腐蚀作用。它们与水泥石中的氢氧化钙反应的生成物，或溶于水，或体积膨胀，使水泥石遭受腐蚀，并且由于氢氧化钙被大量消耗，水泥石碱度降低，从而促使其水化物分解，水泥石进一步腐蚀。腐蚀作用最快的无机酸有盐酸、氢氟酸、硝酸和硫酸，有机酸有醋酸、蚁酸和乳酸。

例如，盐酸与水泥石中氢氧化钙作用：

$$2HCl + Ca(OH)_2 \longrightarrow CaCl_2 + 2H_2O$$

生成的氯化钙易溶于水。

又如，硫酸与水泥石中的氢氧化钙作用：

$$H_2SO_4 + Ca(OH)_2 \longrightarrow CaSO_4 \cdot 2H_2O$$

生成的二水石膏，或直接在水泥石孔隙中结晶产生膨胀，或再与水泥石的水化硫铝酸钙作用生成高硫型水化硫铝酸钙，其破坏作用更大。

2. 腐蚀的原因及防腐措施

(1) 腐蚀原因。

通过上述几种腐蚀类型,可以得出水泥石产生腐蚀的基本原因包括内因与外因两部分。

① 内因:水泥石中存在易产生腐蚀的氢氧化钙、水化铝酸钙等水化物;水泥石不密实,含有大量的毛细孔,外部介质得以进入。

② 外因:接触流动或有压力的软水,盐类、酸类及强碱的介质环境;较高的环境温度、压力,较快的介质流速,适宜的湿度及干湿交替等变化。

(2) 防腐措施。

① 合理选择水泥品种。水泥品种的选择必须根据腐蚀介质的种类来确定。例如,水泥石受软水侵蚀时,可选用水化物中氢氧化钙含量较小的水泥;水泥石处于硫酸盐腐蚀的环境中,可选用铝酸三钙含量较小的抗硫酸盐水泥。

② 提高水泥石的密实度。水泥石越密实抗渗能力越强,侵蚀介质也越难进入。可通过降低水灰比提高水泥石的密实度。有些工程因水泥石不够密实而过早破坏。相反,水泥石密实度很高,即使所用水泥品种不甚理想,也能减轻腐蚀。提高水泥密实度对抵抗软水侵蚀具有更为明显的效果。

③ 设置保护层。当腐蚀作用较强,采用上述措施也难以满足防腐要求时,可在混凝土等水泥制品表面设置保护层。一般可用耐酸石材、耐酸陶瓷、玻璃、塑料、沥青等。

④ 掺加混合材料。可掺加活性矿物掺合料,改善水泥石的孔结构,提高抗渗性。

3.1.5 水泥生态化发展的途径

传统水泥工业主要有三个生态问题:原料消耗巨大、耗能高、污染严重。世界各国在20世纪下半叶纷纷推进水泥生态化研究。我国是世界上水泥产量最高的国家,巨大的产量带来了严重的生态环境问题。因此在倡导绿色经济与可持续发展的背景下,水泥的生态化发展刻不容缓。当前我国的水泥厂中,采用新型干法烧成技术的厂家占比极低,水泥工业的生产结构很不合理。此外,我国在工业废物和城市垃圾的处理上还有待发展。比如北京水泥厂、上海万安水泥有限公司在处理危险废弃物方面取得了成功并实现了批量化,但在利用水泥窑处理生活垃圾方面,还没有做到规模化。

目前,水泥的生态化发展方向主要如下:

(1) 少消耗天然资源(特别是非再生矿产资源),多开发利用可再生资源及各种固废作为友好型原材料,减少水泥生产对生态资源的消耗。

(2) 开发低温烧结技术在内的先进技术,改进生产设备,减少水泥生产过程中的能源消耗(包括电能、燃料等)及有害物质的排放量(废水、废气、废料)。

(3) 开发生态环保、多功能及高性能水泥,实现水泥基产品的循环再利用。

3.2　通用硅酸盐水泥

通用硅酸盐水泥是以硅酸盐水泥熟料和适量的石膏及规定的混合材料混磨制成的水硬性胶凝材料。国家相应标准规定的通用硅酸盐水泥按混合材料的品种和掺量分为硅酸盐水泥、普通硅酸盐水泥、矿渣硅酸盐水泥、火山灰质硅酸盐水泥、粉煤灰硅酸盐水泥和复合硅酸盐水泥，俗称六大品种水泥。

3.2.1　硅酸盐水泥及普通硅酸盐水泥

1. 硅酸盐水泥

(1) 硅酸盐水泥的定义。

凡由硅酸盐水泥熟料、0% ～ 5% 的规定混合材料及适量石膏磨细制成的水硬性胶凝材料称为硅酸盐水泥，也称波特兰水泥。硅酸盐水泥分两种类型：未掺混合材料的称为Ⅰ型硅酸盐水泥（代号 P·Ⅰ）；掺加混合材料不超过 5% 的称为Ⅱ型硅酸盐水泥（代号 P·Ⅱ）。

(2) 硅酸盐水泥的特点及应用。

① 强度等级高，强度发展快。硅酸盐水泥强度等级较高，适用于地上、地下和水中重要结构的高强混凝土和预应力混凝土工程。这种水泥硬化较快，还适用于要求早期强度高和冬期施工的混凝土工程。

② 水化热量高。硅酸盐水泥中含有大量的硅酸三钙和较多的铝酸三钙，其水化放热速度快，放热量高。对于大型基础、大坝、桥墩等大体积混凝土，水化热聚集在内部不易散发，而形成温差应力，可导致混凝土产生裂纹。所以，硅酸盐水泥不得单独直接用于大体积混凝土。

③ 抗冻性好。水泥石抗冻性主要取决于孔隙率和孔隙特征。硅酸盐水泥如采用较小的水灰比，并经充分养护，可获得密实的水泥石。因此，这种水泥适用于严寒地区遭受反复冻融的混凝土工程。

④ 抗碳化性好。水泥石中的氢氧化钙与空气中的二氧化碳作用称为碳化。碳化使水泥的酸碱度（即 pH）降低，引起水泥石收缩和钢筋锈蚀。硅酸盐水泥石中含有较多氢氧化钙，碳化时碱度不易降低。这种水泥制成的混凝土抗碳化性好，适合用于空气中二氧化碳浓度较高的环境，如翻砂、铸造车间。

⑤ 耐腐蚀性差。硅酸盐水泥石中含有较多的易受腐蚀的氢氧化钙和水化铝酸钙，不宜用于受流动的或有压力的软水作用的混凝土工程，也不宜用于受海水及其他腐蚀性介质作用的混凝土工程。

⑥ 耐热性差。水泥石中的水化产物在高温下会脱水和分解，使水泥石遭受破坏。其中，氢氧化钙脱水温度较低，580 ℃ 即可分解成氧化钙和水，若再吸湿或长期放置，氧化钙又会重新熟化，体积膨胀，使水泥石再次受到破坏。可见，硅酸盐水泥是不耐热的，不得用于耐热混凝土工程。但应指出，硅酸盐水泥石在受热温度不高（100 ～ 250 ℃）时，由于内

部存在游离水可使水化继续进行，且凝胶脱水使得水泥石近一步密实，水泥石强度反而提高。当受到短时间火灾时，因混凝土的导热系数相对较小，仅表面受到高温作用，内部温度仍很低，故不致发生破坏。

⑦ 干缩小。硅酸盐水泥硬化时干缩小，不易产生干缩裂纹。可用于干燥环境下的混凝土工程。

⑧ 耐磨性好。硅酸盐水泥的耐磨性好，表面不易起粉，可用于地面和道路工程。硅酸盐水泥的运输储存应按国家标准的规定进行。必须指出，水泥应注意防潮，即使是在良好的储存条件下，水泥也不宜久存。水泥在存放过程中会吸收空气中水蒸气和二氧化碳，发生水化和碳化，使水泥丧失胶结能力，强度下降。一般储存三个月后，水泥的强度降低10% ～ 20%；六个月后降低15% ～ 30%；一年后降低25% ～ 40%。超过三个月的水泥须重新试验，确定其强度等级。

2. 普通硅酸盐水泥

(1) 普通硅酸盐水泥的定义。

凡由硅酸盐水泥熟料、5% ～ 20% 的混合材料、适量石膏磨细制成的水硬性胶凝材料，称为普通硅酸盐水泥(简称普通水泥)，代号P·O。

(2) 普通硅酸盐水泥的特点及应用。

普通硅酸盐水泥中掺入少量混合材料的主要作用是扩大强度等级范围，以利于合理选用。由于普通硅酸盐水泥中混合材料掺量较少，其矿物组成的比例仍在硅酸盐水泥的范围内，所以其性能、应用范围与同强度等级的硅酸盐水泥相近。与硅酸盐水泥比较，普通硅酸盐水泥早期硬化速度稍慢，强度略低；抗冻性、耐磨性及抗碳化性稍差；而耐腐蚀性稍好，水化热略有降低。

3.2.2 矿渣硅酸盐水泥、火山灰质硅酸盐水泥及粉煤灰硅酸盐水泥

1. 矿渣水泥、火山灰质水泥及粉煤灰水泥的定义

① 矿渣硅酸盐水泥。由硅酸盐水泥熟料、20% ～ 70% 的粒化高炉矿渣、适量石膏磨细制成的水硬性胶凝材料称为矿渣硅酸盐水泥(简称矿渣水泥)，代号P·S。水泥中粒化高炉矿渣掺量为20% ～50% 的，为A型矿渣水泥，代号P·S·A；粒化高炉矿渣掺量为50% ～ 70% 的，为B型矿渣水泥，代号P·S·B。

② 火山灰质硅酸盐水泥。由硅酸盐水泥熟料、20% ～ 40% 的火山灰质混合材料、适量石膏磨细制成的水硬性胶凝材料称为火山灰质硅酸盐水泥(简称火山灰水泥)，代号P·P。

③ 粉煤灰硅酸盐水泥。由硅酸盐水泥熟料、20% ～ 40% 的粉煤灰、适量石膏磨细制成的水硬性胶凝材料称为粉煤灰硅酸盐水泥(简称粉煤灰水泥)，代号P·F。

2. 矿渣水泥、火山灰质水泥及粉煤灰水泥的特点及应用

矿渣水泥、火山灰质水泥及粉煤灰水泥的组成及所用混合材料的活性来源基本相同，

所以这三种水泥在性质和应用上有许多相同点，在许多情况下可以互相代替使用。但由于混合材料的活性来源和物理性质（如致密程度、需水量大小等）存在着某些差别，故这三种水泥又各有其特性。

（1）三种水泥的共性特点及应用。

① 强度发展受温度影响较大。矿渣水泥等三种水泥强度发展受温度的影响，较硅酸盐水泥和普通硅酸盐水泥更为敏感。这三种水泥在低温下水化明显减慢，强度较低。采用高温养护时，加大二次反应的速度可提高早期强度，且不影响常温下后期强度的发展。而硅酸盐水泥或普通水泥采用高温养护也可提高早期强度，但其后期强度较一直在常温下养护的强度低。

② 早期强度低，后期强度增进率大。与硅酸盐水泥及普通水泥比较，这三种水泥熟料含量较少，而且二次反应很慢，所以早期强度低。后期由于二次反应不断进行和水泥熟料的水化产物不断增多，因此水泥强度的增进率加大，后期强度可赶上甚至超过同强度等级的硅酸盐水泥（图3.3）。这三种水泥不宜用于早期强度要求高的混凝土，如工期较紧或温度较低时用的混凝土。冬季施工混凝土需进行一定的保温措施。

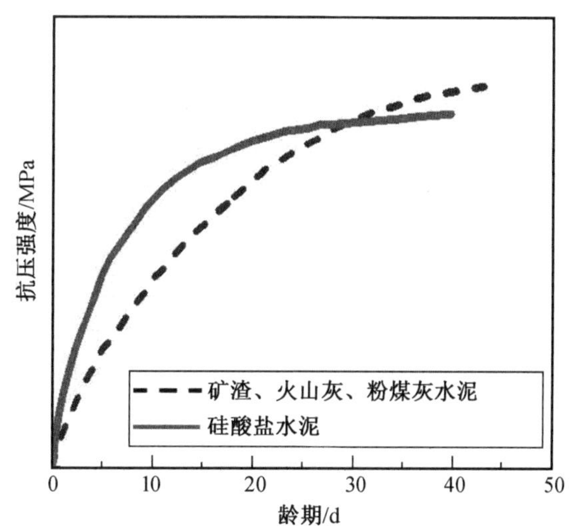

图3.3　矿渣水泥等三种水泥与硅酸盐水泥的强度随龄期发展趋势的比较

③ 水化热少。由于熟料含量少，因此水化放热量少。适用于大体积混凝土工程。

④ 耐腐蚀性好。这三种水泥中熟料数量相对较少，水化生成的氢氧化钙数量也较少，而且还要与活性混合材料进行二次反应，导致水泥石中易受硫酸盐腐蚀的水化铝酸三钙含量也相对较低，因而它们的耐腐蚀性较好。但当采用活性 Al_2O_3 含量较多的混合材料（如烧黏土）时，水化生成较多的水化铝酸钙，因而耐硫酸盐腐蚀性较差。适用于受溶出性侵蚀，以及硫酸盐、镁盐腐蚀的混凝土工程。

⑤ 抗冻性及耐磨性较差。因这三种水泥石的密实性不及硅酸盐水泥和普通硅酸盐水泥，所以抗冻性和耐磨性较差，不宜用于严寒地区水位升降范围内的混凝土工程及有耐磨要求的混凝土工程。

⑥ 抗碳化能力较差。由于水泥石中氢氧化钙的含量较少，所以抵抗碳化的能力差。

不适合处于二氧化碳浓度高的环境(如铸造、翻砂车间)中的混凝土工程。

(2) 三种水泥的异性特点及应用。

① 矿渣水泥。

a. 耐热性好。矿渣水泥硬化后氢氧化钙含量低,矿渣本身又是耐火掺料,当受热温度不高于 200 ℃ 作用时,强度不致显著降低。因此矿渣水泥适用于受热的混凝土工程,若掺入耐火砖粉等材料可制成耐更高温度的混凝土。

b. 泌水性和干缩性较大。由于粒化高炉矿渣系玻璃体,对水的吸附能力差,即保水性差,成型时易泌水而形成毛细通道粗大的水隙。由于泌水性大,增加水分的蒸发,所以其干缩性较大。矿渣混凝土不宜用于要求抗渗和受冻融干湿交替作用的混凝土工程。

在三种水泥中矿渣水泥的活性混合材料的含量最多,耐腐蚀性最好、最稳定。

② 火山灰质水泥。

a. 抗渗性高。水泥中含有大量较细的火山灰,泌水性小,当在潮湿环境下或水中养护时,生成较多的水化硅酸钙凝胶,使水泥石结构致密,因而具有较高的抗渗性。适用于要求抗渗的水中混凝土工程。

b. 干缩大。火山灰水泥在硬化过程中干缩现象较矿渣水泥更显著。若处在干燥的空气中,水泥石中水化硅酸钙会逐渐干燥,产生干缩裂缝。由于空气中二氧化碳的作用,火山灰水泥已硬化的水泥石表面会出现“起粉”的现象。为此施工时应加强养护,保持较长时间潮湿,以免产生干缩裂纹和起粉。所以火山灰水泥不宜用于干燥或干湿交替环境下的混凝土,以及有耐磨要求的混凝土。

③ 粉煤灰水泥。

a. 干缩小,抗裂性高。因粉煤灰吸水能力弱,拌和时需水量较小,所以干缩小、抗裂性高。但球形颗粒保水性差、泌水较快,若养护不当易使混凝土产生失水裂纹。

b. 早期强度低。在三种水泥中,粉煤灰水泥的早期强度更低,这是因为粉煤灰颗粒呈球形,表面致密、不易水化。粉煤灰活性的发挥主要在后期,所以这种水泥早期强度的增进率比矿渣水泥和火山灰水泥更低,但后期可以赶上。

3.2.3 复合硅酸盐水泥

凡由硅酸盐水泥熟料、20% ~ 50% 的两种(或三种(含))以上规定的混合材料、适量石膏磨细而成的水硬性胶凝材料,称为复合硅酸盐水泥(简称复合水泥),代号 P·C。

复合硅酸盐水泥由于掺入两种以上的混合材料,可以取长补短,改善了上述矿渣水泥等三种单一混合材料水泥的性质。其早期强度接近于普通水泥,并且水化热低,耐腐蚀性、抗渗性及抗冻性较好,因而适用范围广。通用硅酸盐水泥的特点及应用范围见表 3.2。

表 3.2 通用硅酸盐水泥的特点及应用范围

<table>
<tr><th colspan="2">项目</th><th>硅酸盐
水泥</th><th>普通硅酸
盐水泥</th><th>矿渣硅酸
盐水泥</th><th>火山灰质
硅酸盐水泥</th><th>粉煤灰
硅酸盐水泥</th><th>复合硅酸
盐水泥</th></tr>
<tr><td colspan="2" rowspan="3">性质</td><td rowspan="3">1.早期、后期强度高；
2.耐腐蚀性差；
3.水化热大；
4.抗碳化性好；
5.抗冻性好；
6.耐磨性好；
7.耐热性差</td><td rowspan="3">1.早期稍低、后期强度高；
2.耐腐蚀性稍好；
3.水化热略小；
4.抗碳化性好；
5.抗冻性好；
6.耐磨性好；
7.耐热性稍好；
8.抗渗性好</td><td colspan="3">早期强度低、后期强度高</td><td>早期强度稍低、后期强度高</td></tr>
<tr><td colspan="4">1.对温度敏感，适合高温养护；2.耐腐蚀性好；3.水化热小，适合大体积混凝土；4.抗冻性较差；5.抗碳化性较差</td></tr>
<tr><td>1.泌水性大、抗渗性差；
2.耐热性较好；
3.干缩较大</td><td>1.保水性好、抗渗性好；
2.干缩大；
3.耐磨性差</td><td>1.泌水性大(快)、易产生失水裂纹、抗渗性差；
2.干缩小、抗裂性好；
3.耐磨性差</td><td>干缩较大</td></tr>
<tr><td rowspan="9">应用</td><td rowspan="2">优先使用</td><td colspan="2">早期强度要求高的混凝土，有耐磨要求的混凝土，冬季施工的混凝土，严寒地区反复遭受冻融作用的混凝土，抗碳化性能要求高的混凝土，掺加矿物掺和料的混凝土</td><td colspan="4">水下混凝土，海港混凝土，大体积混凝土，耐腐蚀性要求较高的混凝土，高温下养护的混凝土</td></tr>
<tr><td>高强度混凝土</td><td>普通气候及干燥环境中的混凝土，有抗渗要求的混凝土，受干湿交替作用的混凝土</td><td>有耐热要求的混凝土</td><td>有抗渗要求的混凝土</td><td>受载较晚的混凝土</td><td>参照普通硅酸盐水泥</td></tr>
<tr><td rowspan="2">可以使用</td><td rowspan="2">一般工程</td><td rowspan="2">高强度混凝土，水下混凝土，高温养护混凝土，耐热混凝土</td><td colspan="4">普通气候环境中的混凝土</td></tr>
<tr><td>—</td><td>—</td><td>—</td><td>早期强度要求较高的混凝土</td></tr>
<tr><td rowspan="5">不宜或不得使用</td><td colspan="2" rowspan="2">大体积混凝土，耐腐蚀性要求高的混凝土</td><td colspan="3">早期强度要求高的混凝土</td><td>—</td></tr>
<tr><td colspan="3">掺加矿物掺和料的混凝土，冬季施工的混凝土，抗冻性要求高的混凝土，抗碳化要求高的混凝土</td><td>—</td></tr>
<tr><td rowspan="2">耐热混凝土，高温养护混凝土</td><td rowspan="2">—</td><td rowspan="2">抗渗性要求高的混凝土</td><td colspan="2">干燥环境中的混凝土，有耐磨要求的混凝土</td><td rowspan="2">—</td></tr>
<tr><td>—</td><td>—</td></tr>
</table>

3.2.4 通用硅酸盐水泥性能检测与评价

通用硅酸盐水泥是决定混凝土性能的主要组成材料，是土木工程的重要物质基础。掌握通用硅酸盐水泥主要性能检测与评价方法，是土木工程相关专业学生学习本课程的重要内容，是其必须实践、掌握的重要试验环节。因此，本阶段只对通用硅酸盐水泥性能检测的主要内容进行概述，其具体测试方法及要求，请参阅通用硅酸盐水泥性能试验 / 检验相关标准。

根据工程实际需要，通用硅酸盐水泥性能检测的主要内容包括细度、凝结时间、体积安定性、氯离子和强度及强度等级等。

1. 细度

细度是指水泥颗粒的粗细程度。细度对水泥性质有很大的影响，水泥颗粒越细，其比表面积(单位质量的表面积) 越大，因而水化较快也较充分，水泥的早期强度和后期强度均较高。但磨制过细将消耗较多的能量，提高成本，而且在空气中硬化时收缩较大，因此水泥的细度要适当。

水泥细度检验方法分为比表面积法和筛析法，比表面积法适合用于硅酸盐水泥和普通硅酸盐水泥，筛析法适合用于其他各种水泥。依据《水泥细度检验方法 筛析法》(GB/T 1345—2005)，筛析法又分为负压筛析法、水筛法和手工筛析法，在检验工作中，负压筛析法、水筛法和手工筛析法测定的结果发生争议时，以负压筛析法为准。

《通用硅酸盐水泥》(GB 175—2020) 规定：硅酸盐水泥和普通硅酸盐水泥的细度以比表面积表示，不低于300 m^2/kg，但不大于400 m^2/kg；普通硅酸盐水泥、矿渣硅酸盐水泥、火山灰质硅酸盐水泥、粉煤灰硅酸盐水泥和复合硅酸盐水泥细度以45 μm 方孔筛筛余表示，不小于5%。

2. 凝结时间

水泥的凝结时间分为初凝时间和终凝时间。自水泥加水拌和起到水泥浆体开始失去可塑性的时间称为初凝时间；自水泥加水拌和起到水泥浆体完全失去可塑性的时间称为终凝时间。

水泥凝结时间在施工中具有重要作用。初凝时间不宜过快，以便有足够的时间对混凝土进行搅拌、运输和浇筑。当浇筑完毕，则要求混凝土尽快凝结硬化，以利于下道工序的进行。为此，终凝时间又不宜过迟。

水泥凝结时间的测定，是以标准稠度的水泥浆体，在规定温度和湿度条件下，用凝结时间测定仪测定的。《通用硅酸盐水泥》(GB 175—2020) 规定：硅酸盐水泥初凝时间不小于45 min，终凝时间不大于390 min；普通硅酸盐水泥、矿渣硅酸盐水泥、火山灰质硅酸盐水泥、粉煤灰硅酸盐水泥和复合硅酸盐水泥初凝时间不小于45 min，终凝时间不大于600 min。

3.体积安定性

水泥体积安定性是指水泥浆体硬化后因体积膨胀不均匀而发生的变形性质，是体积变化的均匀性。如水泥浆体硬化后产生了不均匀的体积变化，即为体积安定性不良。

引起体积安定性不良的原因是水泥中含有过多的游离氧化钙和游离氧化镁。它们是在高温下生成的，水化很慢，在水泥已经凝结硬化后才进行水化发生体积膨胀，破坏已经硬化的水泥石结构，引起龟裂、弯曲、崩溃等现象。

当水泥中石膏掺量过多时，在水泥浆硬化后，石膏还会继续与固态的水化铝酸钙反应生成高硫型水化硫铝酸钙，体积膨胀，引起水泥石开裂。

《通用硅酸盐水泥》(GB 175—2020) 和《水泥标准稠度用水量、凝结时间、安定性检验方法》(GB/T 1346—2011) 规定：水泥的体积安定性用沸煮法(试饼法和雷氏法) 和压蒸法来检验。试饼法是观察水泥标准稠度净浆试饼沸煮后的外形变化，目测试饼未出现裂缝，也没有弯曲，即认为体积安定性合格。雷氏法则是测定水泥标准稠度净浆在雷氏夹中煮沸后的膨胀值，若膨胀值不大于规定值，即认为体积安定性合格。当试饼法与雷氏法所得结论有争议时，以雷氏法为准。

游离氧化镁的水化比游离氧化钙更缓慢，由游离氧化镁引起的体积安定性不良，必须采用压蒸法才能检验出来。由三氧化硫造成的体积安定性不良，则需长期浸泡在常温水中才能发现。由上述原因引起的体积安定性不良不便于检验，故在生产时限制硅酸盐水泥及普通硅酸盐水泥中氧化镁含量$\leqslant 6.0\%$，三氧化硫含量$\leqslant 3.5\%$。矿渣水泥、火山灰水泥、粉煤灰水泥和复合水泥中的氧化镁含量$\leqslant 6.0\%$(P·S·B型无要求)。矿渣水泥中的三氧化硫含量$\leqslant 4.0\%$，火山灰水泥、粉煤灰水泥和复合水泥中的三氧化硫含量$\leqslant 3.5\%$。

4.氯离子

《通用硅酸盐水泥》(GB 175—2020) 规定：水泥中氯离子含量$\leqslant 0.1\%$。

5.强度及强度等级

硅酸盐水泥的强度主要取决于水泥熟料矿物的含量和水泥细度。此外，还与试验方法、养护条件及养护时间(龄期) 有关。

《通用硅酸盐水泥》(GB 175—2020) 和《水泥胶砂强度检验方法》(GB/T 17671—2021) 规定：水泥的强度是由水泥胶砂试件测定的。将水泥、中国ISO标准砂和水按规定的比例和方法拌制成塑性水泥胶砂，并按规定方法成型为40 mm×40 mm×160 mm的试件，在水中养护条件((20±1) ℃的水中)下，养护3 d和28 d，分别测定各龄期的抗折强度和抗压强度。据此将硅酸盐水泥、普通硅酸盐水泥分为42.5、42.5R、52.5、52.5R、62.5、62.5R等六个强度等级，其中R代表早强型；将矿渣硅酸盐水泥、火山灰质硅酸盐水泥、粉煤灰硅酸盐水泥分为32.5、32.5R、42.5、42.5R、52.5、52.5R六个等级强度，其中R代表早强型硅酸盐水泥；将复合硅酸盐水泥分为42.5、42.5R、52.5、52.5R四个强度等级，其中R代表早强型硅酸盐水泥。不同品种、不同强度的通用硅酸盐水泥，其不同龄期的强度应符合表3.3的规定。

表 3.3 通用硅酸盐水泥各强度等级不同龄期的强度值(GB 175—2020) MPa

<table>
<tr><th rowspan="2">品种</th><th rowspan="2">强度等级</th><th colspan="2">抗压强度</th><th colspan="2">抗折强度</th></tr>
<tr><th>3 d</th><th>28 d</th><th>3 d</th><th>28 d</th></tr>
<tr><td rowspan="6">硅酸盐水泥
普通硅酸盐水泥</td><td>42.5</td><td>≥17.0</td><td rowspan="2">≥42.5</td><td>≥4.0</td><td rowspan="2">≥6.5</td></tr>
<tr><td>42.5R</td><td>≥22.0</td><td>≥4.5</td></tr>
<tr><td>52.5</td><td>≥22.0</td><td rowspan="2">≥52.5</td><td>≥4.5</td><td rowspan="2">≥7.0</td></tr>
<tr><td>52.5R</td><td>≥27.0</td><td>≥5.0</td></tr>
<tr><td>62.5</td><td>≥27.0</td><td rowspan="2">≥62.5</td><td>≥5.0</td><td rowspan="2">≥8.0</td></tr>
<tr><td>62.5R</td><td>≥32.0</td><td>≥5.5</td></tr>
<tr><td rowspan="6">矿渣硅酸盐水泥
火山灰质硅酸盐水泥
粉煤灰硅酸盐水泥</td><td>32.5</td><td>≥12.0</td><td rowspan="2">≥32.5</td><td>≥3.0</td><td rowspan="2">≥5.5</td></tr>
<tr><td>32.5R</td><td>≥17.0</td><td>≥4.0</td></tr>
<tr><td>42.5</td><td>≥17.0</td><td rowspan="2">≥42.5</td><td>≥4.0</td><td rowspan="2">≥6.5</td></tr>
<tr><td>42.5R</td><td>≥22.0</td><td>≥4.5</td></tr>
<tr><td>52.5</td><td>≥22.0</td><td rowspan="2">≥52.5</td><td>≥4.5</td><td rowspan="2">≥7.0</td></tr>
<tr><td>52.5R</td><td>≥27.0</td><td>≥5.0</td></tr>
<tr><td rowspan="4">复合硅酸盐水泥</td><td>42.5</td><td>≥17.0</td><td rowspan="2">≥42.5</td><td>≥4.0</td><td rowspan="2">≥6.5</td></tr>
<tr><td>42.5R</td><td>≥22.0</td><td>≥4.5</td></tr>
<tr><td>52.5</td><td>≥22.0</td><td rowspan="2">≥52.5</td><td>≥4.5</td><td rowspan="2">≥7.0</td></tr>
<tr><td>52.5R</td><td>≥27.0</td><td>≥5.0</td></tr>
</table>

3.3 其他水泥

3.3.1 铝酸盐水泥

凡以铝酸钙为主的铝酸盐水泥熟料磨细制成的水硬性胶凝材料称为铝酸盐水泥，代号 CA。这是一种快硬、早强、耐腐蚀、耐热的水泥。

1. 铝酸盐水泥的矿物组成及水化特点

铝酸盐水泥的主要矿物组成是铝酸一钙($CaO \cdot Al_2O_3$,CA)和其他铝酸盐矿物。铝酸一钙具有很高的水化活性，其凝结正常，但硬化迅速，是铝酸盐水泥的强度来源。铝酸一钙的水化反应因温度不同而异：温度低于 20 ℃ 时水化产物为水化铝酸一钙($CaO \cdot Al_2O_3 \cdot 10H_2O$)；温度在 20～30 ℃ 时水化产物为水化铝酸二钙($2CaO \cdot Al_2O_3 \cdot 8H_2O$)；温度高于 30 ℃ 时水化产物为水化铝酸三钙($3CaO \cdot Al_2O_3 \cdot 6H_2O$)。在上述两种水化物生成的同时有氢氧化铝和 $Al_2O_3 \cdot 3H_2O$ 凝胶生成。

水化铝酸一钙和水化铝酸二钙为强度高的片状或针状的结晶连生体，而氢氧化铝凝胶填充于结晶连生体骨架中，形成致密的结构。3～5 d 后水化产物的数量就很少增加了，强度趋于稳定。

水化铝酸一钙和水化铝酸二钙属亚稳定的晶体，随时间的推移将逐渐转化为稳定的水化铝酸三钙，其转化的过程随温度的升高而加剧。晶型转化结果使水泥石的孔隙率增大，耐腐蚀性变差，强度大为降低。一般浇筑五年以上的铝酸盐水泥混凝土，其强度仅为早期的一半，甚至更低。因此，在配制混凝土时必须充分考虑这一因素。

铝酸盐水泥的比表面积不小于 300 m^2/kg 或 45 μm 方孔筛筛余不大于 20%。

铝酸盐水泥按 Al_2O_3 含量分为四类：

①CA50，$50\% \leqslant w(Al_2O_3) < 60\%$。

②CA60，$60\% \leqslant w(Al_2O_3) < 68\%$。

③CA70，$68\% \leqslant w(Al_2O_3) < 77\%$。

④CA80，$w(Al_2O_3) \geqslant 77\%$。

铝酸盐水泥强度发展很快，四类水泥各龄期强度应符合表 3.4 中的规定。

表 3.4　铝酸盐水泥胶砂各龄期强度值(GB/T 201—2015)　MPa

类型		抗压强度				抗折强度			
		6 h	1 d	3 d	28 d	6 h	1 d	3 d	28 d
CA50	CA50－Ⅰ	≥20[a]	≥40	≥50	—	≥3.0[a]	≥5.5	≥6.5	—
	CA50－Ⅱ		≥50	≥60	—		≥6.5	≥7.5	—
	CA50－Ⅲ		≥60	≥70	—		≥7.5	≥8.5	—
	CA50－Ⅳ		≥70	≥80	—		≥8.5	≥9.5	—
CA60	CA60－Ⅰ	—	≥65	≥85	—	—	≥7.0	≥10.0	—
	CA60－Ⅱ	—	≥30	≥45	≥85	—	≥2.5	≥5.0	≥10.0
CA70		—	≥30	≥40	—	—	≥5.0	≥6.0	—
CA80		—	≥25	≥30	—	—	≥4.0	≥5.0	—

注：a 用户要求时，生产厂家应提供试验结果。

2. 铝酸盐水泥的特点及应用

铝酸盐水泥与硅酸盐水泥相比有如下特点：

(1) 早期强度增长快，1 d强度即可达 3 d强度的 80% 以上，属快硬型水泥。适用于紧急抢修工程和早期强度要求高的特殊工程，但必须考虑其后期强度的降低。使用铝酸盐水泥应严格控制其养护温度，一般不得超过 25 ℃，最宜为 15 ℃ 左右。

(2) 水化放热量大而且集中，因此不宜用于大体积混凝土工程。

(3) 耐热性高，铝酸盐水泥在高温下仍能保持较高的强度，甚至高达 1 300 ℃ 时尚有 50% 的强度。因此可作为耐热混凝土的胶结材料。

(4) 抗硫酸盐腐蚀性强，由于水化时不生成氢氧化钙，且水泥石结构致密，因此具有较好的抗硫酸盐及镁盐腐蚀的作用。铝酸盐水泥对碱的腐蚀无抵抗能力。

(5) 铝酸盐水泥如用于钢筋混凝土，保护层厚度不应小于 60 mm。

铝酸盐水泥应避免与硅酸盐水泥混杂使用，以免降低强度和缩短凝结时间。

3.3.2 硫铝酸盐水泥

硫铝酸盐水泥是以铝矾土和石膏、石灰石按适当比例混合磨细后，经煅烧得到以无水硫铝酸钙为主要矿物的熟料，加入适量石膏再经磨细而成的水硬性胶凝材料称为快硬硫铝酸盐水泥。

以硫铝酸盐水泥为基础，再加入不同数量的二水石膏，随石膏量的增加，水泥膨胀量递增，而成为微膨胀硫铝酸盐水泥、膨胀硫铝酸盐水泥和自应力硫铝酸盐水泥。

硫铝酸盐水泥水化反应生成的钙矾石(高硫型水化硫铝酸钙)，大部分均在水泥尚未失去可塑性时形成，迅速构成晶体骨架。

快硬硫铝酸盐水泥以3 d抗压强度表示，分为42.5、52.5、62.5、72.5四个强度等级。这是一种早期强度很高的水泥，其12 h强度即可达3 d强度的60% ～ 70%。适用于要求早强、抢修、堵漏和抗硫酸盐腐蚀的混凝土。由于它的碱度较低，用于玻璃纤维增强水泥制品时可防止玻璃纤维腐蚀。

低碱度硫铝酸盐水泥以7 d抗压强度表示，分为42.5、52.5两个强度等级。这是一种具有低碱度的水硬性胶凝材料，可用于制作玻璃纤维增强水泥制品。

自应力硫铝酸盐水泥根据7 d、28 d自应力值分为30、40、45三个级别。所有自应力等级的水泥抗压强度7 d不小于32.5，28 d不小于42.5。用这种水泥配制的混凝土，当膨胀时受钢筋的束缚，混凝土便产生压应力，即自应力。用它可配制自应力混凝土，如钢筋混凝土压力管。

硫铝酸盐水泥有如下特点，使用时必须注意：① 硫铝酸盐系列水泥不能与其他品种水泥混合使用；② 硫铝酸盐系列水泥泌水性大，黏聚性差，避免用水量大；③ 硫铝酸盐水泥耐高温性能差，一般应在常温下使用；④ 硫铝酸盐水泥对钢筋的保护作用较弱，混凝土保护层薄时则加重钢筋腐蚀，在潮湿环境中使用时必须采取相应措施。

3.3.3 白色硅酸盐水泥及彩色硅酸盐水泥

1. 白色硅酸盐水泥

由白色硅酸盐水泥熟料加入适量石膏和混合材料共同磨细制成的水硬性胶凝材料，称为白色硅酸盐水泥(简称白水泥)。

依据《白色硅酸盐水泥》(GB/T 2015—2017)，白色硅酸盐水泥熟料和石膏共占70% ～ 100%，石灰岩、白云质石灰岩和石英砂等天然矿物作为混合材料占0% ～ 30%。白色硅酸盐水泥熟料以硅酸钙为主要成分，含少量氧化铁，氧化镁的含量限制在5% 以下。

白水泥的初凝时间应不早于45 min，终凝时间应不迟于600 min。

白度是白水泥的主要技术指标之一，白水泥按照白度分为1级和2级，代号分别为P·W－1和P·W－2。

白水泥按3 d、28 d的强度划分32.5、42.5、52.5三个强度等级，各强度等级的强度应符合表3.5的规定。

表 3.5　白水泥各强度等级各龄期的强度值(GB/T 2015—2005)　MPa

强度等级	抗折强度		抗压强度	
	3 d	28 d	3 d	28 d
32.5	3.0	6.0	12.0	32.5
42.5	3.5	6.5	17.0	42.5
52.5	4.0	7.0	22.0	52.5

2. 彩色硅酸盐水泥

白色硅酸盐水泥熟料与适量的石膏和耐碱矿物颜料共同磨细即成彩色硅酸盐水泥(简称彩色水泥)。常用耐碱矿物颜料有氧化铁(红、黄、褐、黑等色)、氧化锰(黑、褐色)、氧化铬(绿色)等。

彩色水泥也可通过在白色水泥生料中加入不同金属氧化物,直接烧成熟料,然后加入适量石膏共同磨细制得。

白色及彩色水泥主要用于建筑装修砂浆、混凝土,如人造大理石、水磨石、斩假石等。

3.3.4　快硬硅酸盐水泥

快硬硅酸盐水泥的原料及生产过程与硅酸盐水泥基本相同,只是为了快硬和早强,生产时会适当提高熟料中硅酸三钙和铝酸三钙的含量,适当增强石膏的产量(达 8%)和粉磨的细度。

快硬硅酸盐水泥的早期、后期强度均高,抗渗性和抗冻性也高,水化热大,耐腐蚀性差,适用于早强、高强混凝土工程,以及紧急抢修工程和冬期施工工程。快硬硅酸盐水泥不得用于大体积混凝土工程和与腐蚀介质接触的混凝土工程。

快硬硅酸盐水泥易吸收空气中的水蒸气,存放时应特别注意防潮,且存放期一般不得超过一个月。

3.3.5　道路硅酸盐水泥

依据国家标准《道路硅酸盐水泥》(GB/T 13693—2017),由道路硅酸盐水泥熟料与适量石膏(含量为 90% ~ 100%),加入本标准规定的混合材料(含量为 0 ~ 10%),磨细制成的水硬性胶凝材料,称为道路硅酸盐水泥(简称道路水泥),代号 P·R。它是在硅酸盐水泥基础上,通过对水泥熟料矿物组成的调整及合理煅烧、磨粉,使之达到增加抗折强度及增韧、阻裂、抗冲击、抗冻和抗疲劳等性能。为此,对水泥熟料的组成做如下的限制:C_3A 含量不应大于 5.0%,C_4AF 含量不应小于 15%。

道路水泥的初凝时间应不早于 1.5 h,终凝时间不得迟于 720 min。

道路水泥按其 28 d 的抗折强度分为 7.5、8.5 两个强度等级,各强度等级相应龄期的强度应符合表 3.6 中的规定。

表 3.6 道路水泥各强度等级各龄期的强度值(GB/T 13693—2017) MPa

强度等级	抗折强度		抗压强度	
	3 d	28 d	3 d	28 d
7.5	≥4.0	≥7.5	≥21.0	≥42.5
8.5	≥5.0	≥8.5	≥26.0	≥52.5

从表 3.6 中可以看出，道路水泥的抗折强度比同强度等级的硅酸盐水泥高，特别是 28 d的抗折强度。道路水泥的高强度可提高其耐磨性和抗冻性；道路水泥的高抗折强度，可使板状混凝土路面在承受车轮之间荷载时，具有更高的抗弯强度。道路水泥对初凝时间的规定较长(≥ 1.5 h) 是考虑混凝土的运输浇筑需较长的时间。道路水泥的干缩性和耐磨性要求如下：28 d 干缩率不大于 0.10%；28 d 磨耗量不大于 3.00 kg/m^2。混凝土路面的破坏往往是从产生裂缝开始的，干缩率小可减少产生裂缝的概率。限制磨耗量也是提高路面抗破坏能力的一个重要方面。

3.3.6 膨胀水泥及自应力水泥

硅酸盐类水泥在空气中硬化时，通常都表现为收缩，从而导致混凝土内部产生微裂缝，降低了混凝土的耐久性。在浇筑构件的节点、堵塞孔洞或修补缝隙时，由于水泥石干缩，也不能达到预期效果。采用膨胀水泥配制混凝土，可以解决由收缩带来的不利后果。

膨胀水泥按膨胀值不同，分为膨胀水泥和自应力水泥。膨胀水泥的线膨胀率一般在 1% 以下，相当或稍大于一般水泥的收缩率，可以补偿收缩，所以又称补偿收缩水泥或无收缩水泥。自应力水泥的线膨胀率一般为 1% ～ 3%，膨胀值较大，在限制的条件(如配有钢筋) 下，可以使混凝土受到压应力，从而达到预应力的目的。

膨胀水泥是由强度组分和膨胀组分组成的。强度组分主要起保证水泥强度的作用；膨胀组分是在水泥水化过程中形成膨胀物质，导致体积稍有膨胀。由于膨胀的发生是在水泥浆体完全硬化之前，所以能使水泥石的结构密实而不致引起破坏。目前应用较多的膨胀组分是在水泥水化过程中形成的钙矾石。

膨胀水泥及自应力水泥按其强度组分的类型可分为如下几种。

1. 硅酸盐膨胀水泥

硅酸盐膨胀水泥是以硅酸盐水泥为主要组分，外加铝酸盐水泥和石膏配制而成的膨胀水泥。其膨胀作用是由于铝酸盐水泥中的铝酸盐矿物和石膏遇水后生成具有膨胀性的钙矾石晶体，膨胀值的大小可通过改变铝酸盐水泥和石膏的含量来调节。

硅酸盐膨胀水泥中的铝酸盐水泥如用明矾石取代，则称为明矾石膨胀水泥。明矾石的主要成分是[$K_2SO_4 \cdot Al_2(SO_4)_3 \cdot 4Al(OH)_3$]，它能生成钙矾石。这种水泥被认为是目前使用效果较好的膨胀水泥。

除了膨胀水泥外，我国还生产膨胀剂，如明矾石膨胀剂、铝酸盐膨胀剂等，将它们掺入硅酸盐水泥中也可产生膨胀，获得与膨胀水泥类似的效果。

2. 铝酸盐膨胀水泥

铝酸盐膨胀水泥是由铝酸盐水泥和二水石膏混合磨细或分别磨细后混合而成。

3. 硫铝酸盐膨胀水泥

硫铝酸盐膨胀水泥是以含有适量无水硫铝酸钙的熟料,加入较多石膏磨细而成。

复习思考题

1. 何为硅酸盐水泥？其熟料矿物水化特点及其对水泥性质影响如何？

2. 为什么生产硅酸盐水泥要掺入石膏？其水化反应的产物是什么？石膏掺量是否需要控制？为什么？

3. 何为水泥混合材料？其主要作用是什么？分几类？

4. 水泥活性混合材料与非活性混合材料的区别是什么？常用的活性混合材料有哪些？混合材料具有活性的组成及结构特征是什么？

5. 水泥水化、凝结硬化过程的特点及主要机理是什么？

6. 何为水泥石？其主要构成有哪些？影响水泥石强度发展的因素是什么？

7. 水泥石产生软水腐蚀的条件是什么？腐蚀特征及结果是什么？

8. 什么是水泥石的硫酸盐腐蚀和镁盐腐蚀？为什么硫酸镁腐蚀被称为双重腐蚀？

9. 碳酸腐蚀的条件及特征是什么？

10. 水泥石腐蚀的原因及防腐措施有哪些？

11. 掺加混合材料的硅酸盐水泥,其水化特点及条件如何？

12. 矿渣水泥、火山灰水泥及粉煤灰水泥的组成如何？这三种水泥特点及应用的共同点以及不同点(与硅酸盐水泥比较)有哪些？

13. 国家标准对通用硅酸盐水泥的细度、凝结时间、氯离子含量有什么要求？

14. 何谓水泥石的体积安定性？体积安定性不良的原因和危害是什么？如何评定？

15. 硅酸盐水泥的强度等级是如何评定的？通用硅酸盐水泥有哪些强度等级？

16. 下列工程应用条件下的混凝土中,应优先选用哪种水泥？不宜选用哪种水泥？

(1) 干燥环境;(2) 湿热养护;(3) 厚大体积;(4) 水下;(5)C60 及以上强度等级;(6) 热工窑炉基础;(7) 路面;(8) 冬季施工;(9) 严寒地区水位升降范围内;(10) 水库闸门等有抗渗要求;(11) 与流动软水接触;(12) 受硫酸盐腐蚀;(13) 紧急抢修;(14) 修补建筑物裂缝。

17. 铝酸盐水泥的矿物组成及性能特点如何？

18. 硫铝酸盐水泥、白色及彩色水泥、快硬水泥、道路水泥、膨胀水泥的组成及特性是什么？分别如何应用合适？

19. 目前的水泥生产及应用过程中存在着哪些非生态的问题？其解决思路是什么？

第 4 章　混 凝 土

本章学习内容及要求：了解混凝土的主要分类及特点，掌握评定混凝土的基本性能指标。通过了解混凝土组成、结构特点及其对混凝土性能的影响，掌握混凝土原材料的基本性能和要求，特别要掌握混凝土主要技术性质的内涵、评价方法、影响因素及改善措施。重点掌握普通混凝土配合比设计的原则、方法与要求。了解发展轻质混凝土的重要意义，目前轻质混凝土的组成、结构、性能特点及存在的主要问题。了解其他功能混凝土的基本组成与性能特点及混凝土生态化发展的方向。

4.1　混凝土基本知识

混凝土是由胶凝材料将散粒材料（又称骨料或集料）胶结而成的多组分、多相复合材料，旧称为砼。“砼”字是由我国著名结构工程专家蔡方荫教授于 1953 年创造提出的，其构形会意为“人工合成的石头，混凝土坚硬如石”。根据所用胶凝材料不同，混凝土可分为水泥混凝土、石膏混凝土、聚合物混凝土、沥青混凝土等，其中土木工程中用量最大、应用范围最广的是水泥混凝土。因此，在没有特别定义条件下，“混凝土”均指水泥混凝土。

4.1.1　水泥混凝土的分类

水泥混凝土按其表观密度分为以下三种。

① 重混凝土。重混凝土是指表观密度大于 2 800 kg/m^3 的混凝土，采用表观密度大的骨料（如重晶石、铁矿石、铁屑等）配制而成。该混凝土具有良好的防 X 射线或 γ 射线功能，故称为防辐射混凝土。主要用于核反应堆及其他防射线工程中。

② 普通混凝土。普通混凝土是指表观密度为 2 000～2 800 kg/m^3 的混凝土，其主要以普通天然砂、石为骨料配制而成。广泛用于建筑、桥梁、道路、水利、码头、海洋等工程，是各种工程中用量最大的混凝土，故简称为混凝土。

③ 轻混凝土。轻混凝土是指表观密度小于 1 950 kg/m^3 的混凝土，其采用多孔轻质骨料配制而成（轻骨料混凝土），也可通过在混凝土内部产生大量孔隙，形成多孔结构制成（多孔混凝土等）。由于其轻质、保温性较好，主要用于保温、结构保温或结构材料。

混凝土还可按其主要功能或结构特征、施工特点来分类，如防水混凝土、耐热混凝土、高强混凝土、泵送混凝土、流态混凝土、喷射混凝土、纤维混凝土、透水混凝土、滑模混凝土、自密实或自流平混凝土等。

本章主要介绍以水泥为胶凝材料的普通混凝土。

4.1.2　混凝土的组成及其作用

普通混凝土主要是由水泥、细骨料（砂）、粗骨料（石）和水组成的多相复合材料。硬化前的混凝土称为新拌混凝土(又称混凝土拌合物),其凝结硬化后,形成了以水泥石、骨料为主的人造石材,即混凝土。水泥浆和砂浆在新拌混凝土中主要起到润滑砂、石的作用,以使混凝土具有施工要求的流动性,在混凝土硬化后,水泥石主要起将砂、石牢固地胶结为一个整体的作用,使混凝土具有所需的强度、耐久性等性能。砂、石在混凝土中由于起到了骨架的作用,故称为骨料。骨料主要对混凝土有限制收缩、减少水泥用量和水化热、降低成本、提高混凝土强度和耐久性的作用。

混凝土的组成中,骨料一般占混凝土总体积的70% ~ 80%,水泥石占20% ~ 30%。此外,还含有少量的气孔。

除上述四种材料外,混凝土中还常加入化学外加剂及矿物掺合料以改善其某些性能。

4.1.3　混凝土的基本要求

土木工程上使用的普通混凝土一般须满足以下四项基本要求。

(1) 新拌混凝土的和易性。

新拌混凝土的和易性也称工作性,是指新拌混凝土易于施工,并能获得均匀密实结构的性质。为保证混凝土的质量,新拌混凝土必须具有与施工条件相适应的和易性。

(2) 混凝土的设计强度。

混凝土在28 d时的强度或规定龄期时的强度应满足结构设计的要求。

(3) 混凝土的耐久性。

混凝土应具有与环境相适应的耐久性,以保证混凝土结构的使用寿命。

(4) 混凝土的经济性。

在满足上述三项要求的前提下,混凝土中的各组成材料应经济合理,即应节约水泥用量,以降低成本。

4.2　普通混凝土组成材料

4.2.1　水泥

水泥的品种应根据混凝土工程的性质和混凝土工程所处的环境条件来确定。通用水泥的特点及应用范围见表3.2。

水泥强度等级的选择应根据混凝土的强度等级来确定。用高强度等级水泥配制低强度等级的混凝土时,理论上较少的水泥用量即可满足混凝土的强度,但水泥用量过少,实际会严重影响新拌混凝土的和易性及混凝土的耐久性;用低强度等级水泥配制高强混凝土时,会造成水泥用量过大,不够经济,而且对新拌混凝土的流动性、水化热、强度及其变形均会产生不利的影响。在不考虑外加剂及矿物掺合料时,对C30及其以下的混凝土,水泥强度等级一般应为混凝土强度等级的1.5 ~ 2.0倍;对C30 ~ C50的混凝土,水泥强度等级一般应为混凝土强度等级的1.1 ~ 1.5倍;对C60以上的混凝土,水泥强度等级与混凝土强度等级的比值可小于1.0,但不宜低于0.7。如今,在外加剂及各种矿物掺合料普及的情况下,可以不受上述条件的限制,例如用42.5级的水泥可以制备等级为C100甚至更高强度的混凝土。

4.2.2 骨料

粒径为0.15～4.75 mm的骨料称为细骨料，简称砂。混凝土用砂按产源分为天然砂和机制砂。工程中一般采用天然砂，其是自然生成，后经人工开采和筛分而形成的岩石颗粒，包括河砂、湖砂、山砂和淡化海砂，但不包括软质、风化的岩石颗粒；机制砂也称人工砂，是经除土处理，由机械破碎、筛分制成的岩石、矿山尾矿或工业废渣颗粒，但不包括软质、风化的岩石颗粒。山砂表面粗糙、有棱角，含泥量和有机杂质较多；河砂表面圆滑，比较洁净，来源广；海砂具有河砂的表面特征，但常混有贝壳碎片和较多盐分。

粒径大于4.75 mm的骨料称为粗骨料，简称为石子。混凝土用石按表面特征分为碎石和卵石。碎石是由天然岩石、大卵石等经机械破碎、筛分而成的岩石颗粒，其表面粗糙、有棱角，与水泥石的黏结力强；卵石是天然岩石由于自然风化、水流搬运和分选、堆积而成的岩石颗粒，其表面光滑、少棱角，有机杂质含量较多。

1. 质量要求

(1) 泥和泥块。

泥是骨料中粒径小于0.075 mm的颗粒物。泥块是细骨料中原粒径大于1.18 mm，经水洗、手捏后变成小于0.60 mm的颗粒；在粗骨料中则是原粒径大于4.75 mm，经水洗、手捏后变成小于2.36 mm的颗粒。

泥常包覆在骨料表面，会降低骨料与水泥石间的黏结力，使混凝土的强度降低，还会降低新拌混凝土的流动性，或增加拌和用水量和水泥用量以及增大混凝土的干缩与徐变，并使混凝土的耐久性降低。泥块对混凝土性质的影响与泥基本相同，但由于泥块颗粒较大，在混凝土搅拌时不易散开，因此对混凝土的不利影响更大。天然砂的泥和泥块含量要求见表4.1，粗骨料中泥和泥块含量要求见表4.2。

表4.1 天然砂含泥量和泥块含量(GB/T 14684—2011)

类别	Ⅰ	Ⅱ	Ⅲ
含泥量(按质量计)/%	≤1.0	≤3.0	≤5.0
泥块含量(按质量计)/%	0	≤1.0	≤2.0

表4.2 卵石、碎石含泥量和泥块含量(GB/T 14685—2011)

类别	Ⅰ	Ⅱ	Ⅲ
含泥量(按质量计)/%	≤0.5	≤1.0	≤1.5
泥块含量(按质量计)/%	0	≤0.2	≤0.5

(2) 有害物质。

骨料中的有害物质包括云母、轻物质、有机物、硫化物及硫酸盐、氯盐和贝壳等。云母及轻物质(密度小于2.0 g/cm^{3}的物质)本身强度低，与水泥石的黏结力差，会降低混凝土的强度和耐久性。硫酸盐、硫化物及有机物对水泥石有腐蚀作用。氯盐对钢筋有锈蚀作用。砂中有害物质的含量要求见表4.3，粗骨料中有害物质的含量要求见表4.4。

表 4.3　砂中有害物质的含量要求(GB/T **14684—2011**)

项目	指标		
	Ⅰ类	Ⅱ类	Ⅲ类
云母(按质量计)/%	≤1.0	≤2.0	≤2.0
轻物质(按质量计)/%	≤1.0	≤1.0	≤1.0
有机物(比色法)	合格	合格	合格
硫化物及硫酸盐(按 SO_3 质量计)/%	≤0.5	≤0.5	≤0.5
氯化物(以氯离子质量计)/%	≤0.01	≤0.02	≤0.06
贝壳(按质量计)/%*	≤3.0	≤5.0	≤8.0

注：* 该指标仅适用于海砂，其他砂种不做要求。

表 4.4　粗骨料中有害物质的含量要求(GB/T **14685—2011**)

类别	Ⅰ	Ⅱ	Ⅲ
有机物	合格	合格	合格
硫化物及硫酸盐(按 SO_3 质量计)/%	≤0.5	≤1.0	≤1.0

用矿山废石生产的碎石，其有害物质除应符合表 4.4 的规定外，还应符合我国环保和安全相关的标准和规范的要求，不应对人体、生物、环境及混凝土性能产生有害影响。卵石、碎石的放射性应符合《建筑材料放射性核素限量》(GB 6566—2010) 的规定。

(3) 碱活性矿物。

砂中含有以活性氧化硅为代表的碱活性矿物时，其与水泥、外加剂等混凝土组成物及环境中的碱在潮湿环境下缓慢发生的膨胀反应，称为碱－骨料反应。碱－骨料反应会生成导致混凝土膨胀开裂的产物，因而会使混凝土耐久性降低。

2. 颗粒形状

骨料由于形成及加工条件不同，可呈现不同的颗粒形状，有球状、块状、柱状、片状、针状等。粗骨料的粒型对混凝土性质影响尤为显著，其中，以球状为代表的三维长度接近的骨料粒型最为合理，其无论是对新拌混凝土的施工和易性，还是对混凝土强度、耐久性都非常有利。相反，以针状及片状为代表的骨料粒型为不合理粒型。针状骨料是其颗粒长度大于该颗粒所属相应粒级平均粒径 2.4 倍的骨料，片状骨料是其颗粒厚度小于平均粒径 0.4 倍的骨料。由于针、片状骨料的比表面积与空隙率较大，且受力时易折断，所以，含量高时会增加混凝土的用水量、水泥用量及混凝土的收缩，降低新拌混凝土的流动性及混凝土的强度与耐久性。粗骨料卵石、碎石中针、片状颗粒含量的要求见表 4.5。

表 4.5　粗骨料卵石、碎石中针、片状颗粒含量的要求(GB/T **14685—2011**)

类别	Ⅰ	Ⅱ	Ⅲ
针、片状颗粒总含量(按质量计)/%	≤5	≤10	≤15

3. 粗细与级配

骨料粗细是指其粒径大小，级配是指不同粒径骨料的搭配程度。

(1) 砂的粗细与级配。

砂的粗细是指不同粒径的砂粒混合后的平均粗细程度。砂的粒径越大，其比表面积越小，包裹其表面所需的水量和水泥浆用量就越少。因此，采用粗砂配制混凝土，可减少拌和用水量，节约水泥用量，并可降低水化热，减小混凝土的干缩与徐变；若保证用水量不变，则可提高新拌混凝土的流动性；若保证新拌混凝土的流动性和水泥用量不变，则可减少用水量，从而提高混凝土的强度。但砂过粗时，由于粗颗粒砂与石子的黏聚力较低，因此新拌混凝土产生离析、泌水现象。

评定砂的粗细，通常采用筛分析法。该法采用一套孔径为 9.50、4.75、2.36、1.18、0.60、0.30、0.15(mm) 的标准筛，将 500 g 干砂由粗到细依次筛分，然后称量每一个筛上的筛余量(G_i)，并计算出各筛的分计筛余百分比 a_i(即各筛上的筛余量 G_i 占干砂试样总质量 G_0 的百分比) 和各筛的累计筛余百分比 A_i(即该筛上的分计筛余百分比与比该筛粗的各筛上的分计筛余百分比之和)，筛余量、分计筛余、累计筛余的关系见表 4.6。

表 4.6　筛余量、分计筛余与累计筛余的关系

筛孔尺寸 /mm	筛余量 /g	分级筛余 /%	累计筛余 /%
4.75	G_1	$a_1 = G_1/G_0$	$A_1 = a_1$
2.36	G_2	$a_2 = G_2/G_0$	$A_2 = A_1 + a_2$
1.18	G_3	$a_3 = G_3/G_0$	$A_3 = A_2 + a_3$
0.60	G_4	$a_4 = G_4/G_0$	$A_4 = A_3 + a_4$
0.30	G_5	$a_5 = G_5/G_0$	$A_5 = A_4 + a_5$
0.15	G_6	$a_6 = G_6/G_0$	$A_6 = A_5 + a_6$

砂的粗细程度用细度模数 M_x 表示，计算式如下：

$$M_x = \frac{(A_2 + A_3 + A_4 + A_5 + A_6) - 5A_1}{100 - A_1} \tag{4.1}$$

细度模数越大，表示砂越粗。标准规定 $M_x = 3.7 \sim 3.1$ 为粗砂，$M_x = 3.0 \sim 2.3$ 为中砂，$M_x = 2.2 \sim 1.6$ 为细砂，工程中应优先选用粗砂或中砂。

颗粒大小均匀的骨料搭配并非为级配好的特征(图 4.1(a) 和(b))，级配好的骨料应使较粗骨料的空隙被较细骨料所填充，而较细骨料的空隙被更细的骨料所填充，使骨料间的空隙率尽可能最小(图 4.1(c))。级配良好的砂可减少新拌混凝土的水泥浆用量，节约水泥，提高新拌混凝土的流动性和黏聚性，并可提高混凝土的密实度、强度和耐久性。

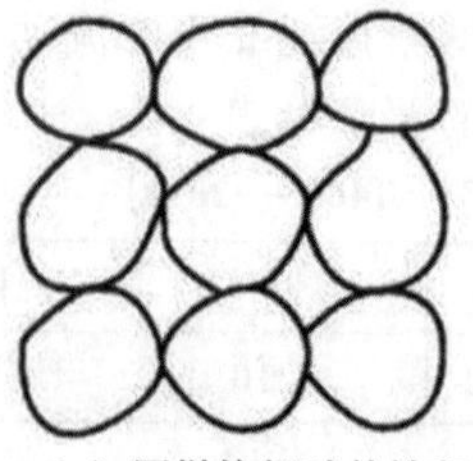

(a) 同样粒径砂的堆积

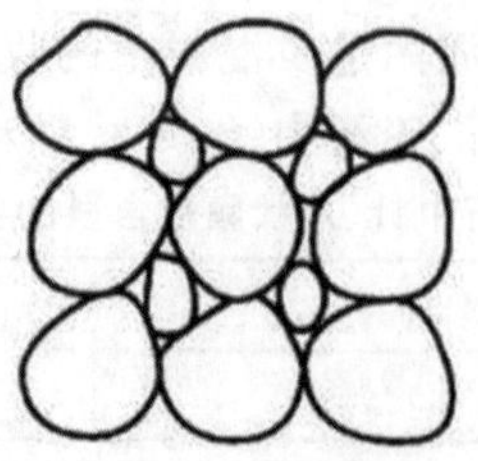

(b) 两种粒径砂的搭配

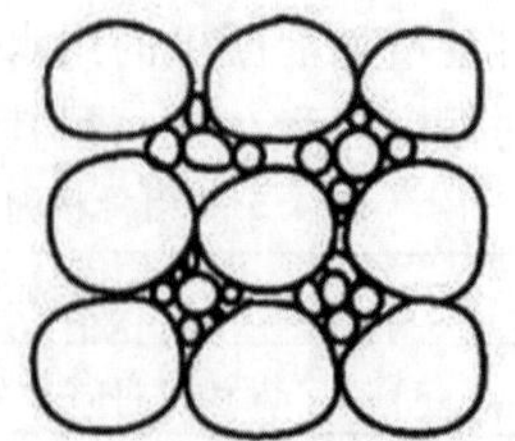

(c) 三种粒径砂的搭配

图 4.1　骨料的颗粒级配

标准规定，砂的级配用级配区来表示。砂的级配区主要以 0.60 mm 筛的累计筛余百分率来划分，并分为三个级配区，各级配区的要求见表 4.7。混凝土用砂的颗粒级配应处于三个级配区中任何一个之内。除 0.60 mm 和 4.75 mm 筛的累计筛余外，其他筛的累计筛余允许稍微超出分界线，但其超出总量百分比不得大于 5%，否则视为级配不合格。

表 4.7　砂的颗粒级配区范围(GB/T 14684—2011)

砂的分类	天然砂			机制砂		
级配区	1 区	2 区	3 区	1 区	2 区	3 区
方筛孔	累计筛余 /%					
4.75 mm	10 ～ 0	10 ～ 0	10 ～ 0	10 ～ 0	10 ～ 0	10 ～ 0
2.36 mm	35 ～ 5	25 ～ 0	15 ～ 0	35 ～ 5	25 ～ 0	15 ～ 0
1.18 mm	65 ～ 35	50 ～ 10	25 ～ 0	65 ～ 35	50 ～ 10	25 ～ 0
600 μm	85 ～ 71	70 ～ 41	40 ～ 16	85 ～ 71	70 ～ 41	40 ～ 16
300 μm	95 ～ 80	92 ～ 70	85 ～ 55	95 ～ 80	92 ～ 70	85 ～ 55
150 μm	100 ～ 90	100 ～ 90	100 ～ 90	97 ～ 85	94 ～ 80	94 ～ 75

为方便使用，以累计筛余百分比为纵坐标，筛孔尺寸为横坐标，将表 4.7 中的数值绘制成混凝土用砂的级配曲线，如图 4.2 所示。

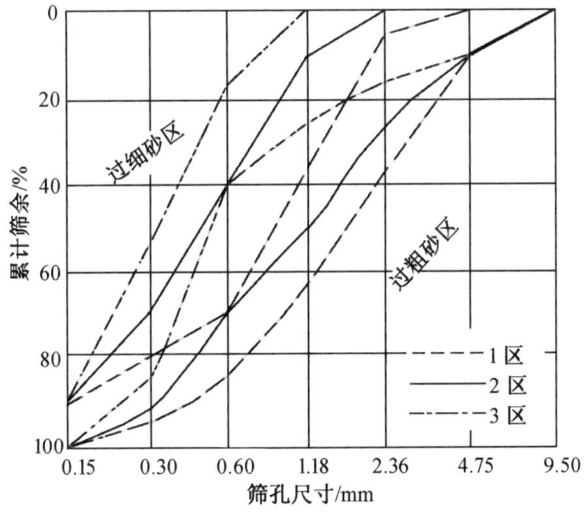

图 4.2　混凝土用砂的级配曲线

混凝土用砂的颗粒级配曲线应处于图 4.2 中三个级配区中的任意一个级配区围成的区域内。若砂的自然级配不符合级配区的要求，应进行调整，直至合格。

(2) 石的粗细与级配。

石的粗细程度用其最大粒径表示，粗骨料公称粒级的上限称为该粒级的最大粒径。石的级配是指不同粒径石子的搭配程度。

粗骨料的粒径对混凝土性质的影响与细骨料相同，但影响程度更大。粗骨料最大粒径增大，骨料总表面积减小，因此，其配制的混凝土可减少水泥浆用量，不仅节约水泥，降低混凝土的水化热，而且可以增大混凝土结构密实度、减小混凝土的干缩与徐变、提高混凝土的强度与耐久性。因此，对于混凝土结构，应尽量选择最大粒径较大的粗骨料，《混凝土质量控制标准》(GB 50164—2011) 规定，粗骨料最大粒径不得大于结构最小截面尺寸的 1/4，且不得大于钢筋净距的 3/4。对混凝土实心板，骨料的最大公称粒径不宜大于板厚的 1/3，且不得大于 40 mm；对于大体积混凝土，粗骨料的最大公称粒径不宜小于 31.5 mm。

粗骨料的级配对混凝土性质的影响与细骨料相同。由于粗骨料是混凝土组成中所占比例最多的骨架物质，因此，其对混凝土的强度、变形、耐久性及经济性影响程度更大，对高强混凝土尤为重要。石的级配也采用筛分析法来确定，通过各筛上的累计筛余百分比评价级配，各级配的累计筛余百分比要求见表 4.8。

表 4.8 卵石、碎石的颗粒级配范围(GB/T 14685—2011)

公称粒级/mm		累计筛余/%											
		方孔筛/mm											
		2.36	4.75	9.50	16.0	19.0	26.5	31.5	37.5	53.0	63.0	75.0	90
连续粒级	5～16	95～100	85～100	30～60	0～10	0							
	5～20	95～100	90～100	40～80	—	0～10	0						
	5～25	95～100	90～100	—	30～70	—	0～5	0					
	5～31.5	95～100	90～100	70～90	—	15～45	—	0～5	0				
	5～40	—	95～100	70～90	—	30～65	—	—	0～5	0			
单粒粒级	5～10	95～100	80～100	0～15	0								
	10～16		95～100	80～100	0～15								
	10～20		95～100	85～100		0～15	0						
	16～25			95～100	55～70	25～40	0～10						
	16～31.5		95～100		85～100			0～10	0				
	20～40			95～100		80～100			0～10	0			
	40～80					95～100			70～00		30～60	0～10	0

注：表中“—”表示累计筛余百分率不做要求。

粗骨料的级配分为连续级配和间断级配两种。连续级配(连续粒级)是指颗粒由小到大,每一级粗骨料都占有一定的比例。连续级配的空隙率较小,适合配制各种混凝土,尤其适合配制流动性大的混凝土。连续级配在工程中的应用最多。间断级配是指骨料粒径不连续,即中间缺少 1 ～ 2 级颗粒的粒径搭配。间断级配的空隙率最小,有利于节约水泥用量,但由于骨料粒径相差较大,新拌混凝土易产生离析、分层,施工困难,因此仅适合配制流动性小的混凝土,或半干硬性及干硬性混凝土,或富混凝土(即水泥用量多的混凝土),且宜在预制厂使用,而不宜在工地现场使用。

单粒级是主要由一个粒级组成的骨料颗粒搭配,由于其空隙率最大,一般不宜单独使用。单粒级主要用来配制有级配要求的连续级配和间断级配。

4. 强度

为保证混凝土的强度,粗骨料必须具有足够的强度。碎石的强度用岩石的抗压强度和碎石的压碎指标值来表示,卵石的强度用压碎指标值来表示。工程上可采用压碎指标值来进行质量控制。

岩石的抗压强度是用 50 mm×50 mm×50 mm 的立方体试件或 ϕ50 mm×50 mm 的圆柱体试件,在吸水饱和状态下测定的抗压强度值。压碎指标值的测定,是将一定质量(G_1)气干状态下粒径为 10 ～ 20 mm 的粗骨料装入压碎指标测定仪(钢制的圆筒)内,放好压头,在试验机上经 3 ～ 5 min 均匀加荷至 200 kN,卸荷后用 2.5 mm 筛筛除被压碎的细粒,之后称量筛上的筛余量 G_2,则压碎指标 Q_e 为

$$Q_e = \frac{G_1 - G_2}{G_1} \times 100\% \tag{4.2}$$

压碎指标值越大表示粗骨料的强度越小。粗骨料的压碎指标值要求见表 4.9。

表 4.9　粗骨料的压碎指标(GB/T 14685—2011)

类别	Ⅰ	Ⅱ	Ⅲ
碎石压碎指标 /%	≤ 10	≤ 20	≤ 30
卵石压碎指标 /%	≤ 12	≤ 14	≤ 16

5. 坚固性

骨料在自然风化或外界物理化学因素作用下抵抗破裂的能力称为坚固性。其采用硫酸钠溶液法进行测试(GB/T 14684—2011、GB/T 14685—2011),通过骨料试验前质量 G_1 与试验后其筛余量 G_2 算得的质量损失百分比 P 来评价。砂、石的质量损失要求见表4.10和表 4.11。

表 4.10　砂的坚固性指标(GB/T 14684—2011)

类别	Ⅰ	Ⅱ	Ⅲ
质量损失 /%	≤ 8		≤ 10

表 4.11 粗骨料卵石、碎石的坚固性指标(GB/T 14685—2011)

类别	Ⅰ	Ⅱ	Ⅲ
质量损失 /%	≤5	≤8	≤12

GB 50164—2011 还规定,对于有抗渗、抗冻或其他特殊要求的混凝土,砂坚固性检验的质量损失不应大于 8%;对于有抗渗、抗冻、抗腐蚀、耐磨或其他特殊要求的混凝土,粗骨料坚固性检验的质量损失不应大于 8%。

4.2.3 混凝土拌和与养护用水

凡是能饮用的自来水及清洁的天然水都可用于拌制和养护混凝土。污水、pH 小于 4 的酸性水、含硫酸盐(按 SO_3 计) 超过水量 1% 的水及其他含有影响水泥正常凝结硬化或腐蚀混凝土结构等有害物质的水不得使用。对于野外水等不明水质或对其有疑问的水,在实验室做强度对比(与洁净水分对比) 试验后,确定是否适用于混凝土。未经处理的海水严禁用于钢筋混凝土或预应力混凝土(GB 50164—2011),因为海水中的氯盐、镁盐、硫酸盐会导致水泥石和钢筋被侵蚀。

4.2.4 混凝土外加剂

混凝土外加剂是指在混凝土拌制过程中掺入的,可以改善新拌混凝土和(或) 硬化后混凝土性能的物质。随着建筑工程的快速发展,特别是建筑功能的不断丰富,外加剂已成为现代混凝土中除水泥、细骨料、粗骨料和水以外,不可或缺的第五种重要的基本组成。

外加剂按其主要功能分四类,每种外加剂按其具有的主要功能命名:

(1) 改善新拌混凝土流变性能的外加剂,包括减水剂、引气剂和泵送剂等。

(2) 调节混凝土凝结时间、硬化性能的外加剂,包括缓凝剂、早强剂和速凝剂等。

(3) 改善混凝土耐久性的外加剂,包括引气剂、防水剂和阻锈剂等。

(4) 改善混凝土其他性能的外加剂,包括加气剂、膨胀剂和防冻剂等。

外加剂品种很多,按化学成分分为无机化合物和有机化合物。无机化合物多为电解质盐类,有机化合物多为表面活性剂。

实践证明,在混凝土中使用少量外加剂来改善性能,往往比采用特种水泥更加方便、灵活和有效。

1. 减水剂

减水剂是在保持新拌混凝土流动性不变情况下,能减少拌和用水量的外加剂,也称塑化剂。其是混凝土所有外加剂中使用最广泛、能改善混凝土多种性能的外加剂。

混凝土用减水剂大都是表面活性剂。

(1) 表面活性剂。

表面活性剂是可溶于水并定向排列于液体表面或两相界面上,从而显著降低表面张力或界面张力的物质。

表面活性剂具有由憎水基和亲水基两个基团组成的非对称结构特点(图 4.3),其在液体、固体或气体界面具有定向吸附的特点，即憎水基指向非极性液体、固体或气体，亲水基指向水，因而使界面张力显著降低。如：在表面活性剂－水泥－水的体系中，如图4.4所示，表面活性剂分子大多吸附在水－气界面上，亲水基指向水，憎水基指向空气，呈定向单分子层排列；或吸附在水－水泥颗粒界面上，亲水基指向水，憎水基指向水泥颗粒，呈定向单分子层排列，使水－气界面或水－水泥颗粒界面的界面能降低。

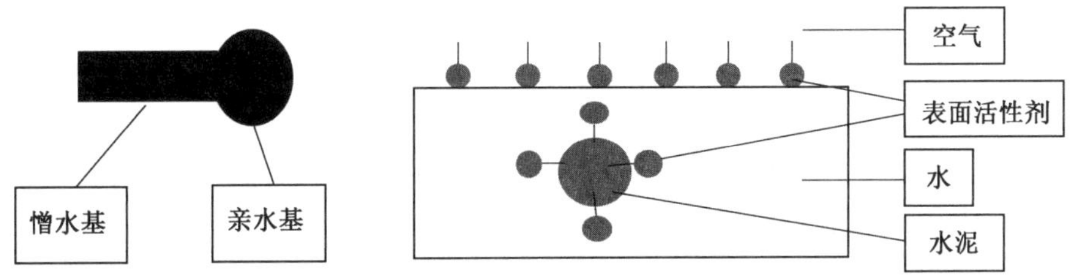

图4.3　表面活性剂分子模型　　图4.4　表面活性剂分子定向吸附示意图

表面活性剂根据亲水基在水中是否电离，分为离子型表面活性剂与非离子型（分子型）表面活性剂。如果亲水基能电离出正离子，本身带负电荷，称为阴离子型表面活性剂；反之，称为阳离子型表面活性剂。如果亲水基既能电离出正离子，又能电离出负离子，则称为两性表面活性剂。

常用减水剂多为阴离子型表面活性剂。

(2) 减水剂的作用机理与主要经济技术效果。

① 减水剂的作用机理。水泥加水拌和后，由于水泥颗粒及水化产物间的吸附作用，会形成絮凝结构（图4.5），其中包裹着部分拌和水。

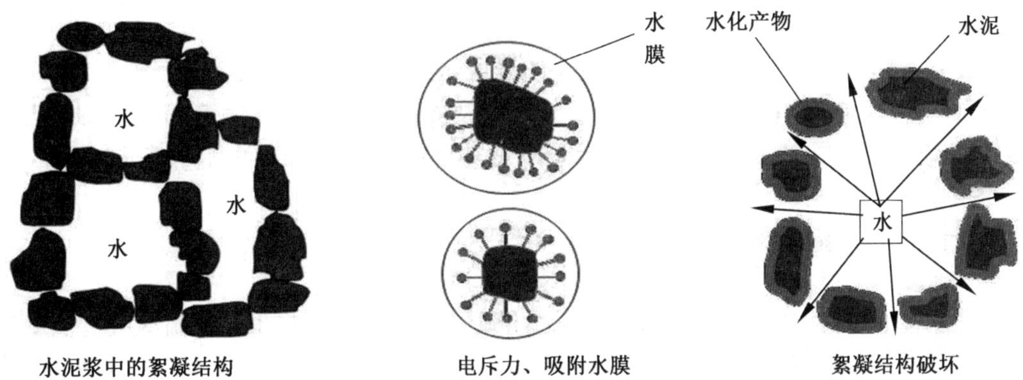

图4.5　减水剂的减水机理示意图

加入减水剂后，减水剂定向吸附在水泥颗粒表面，形成单分子吸附膜，减小了水泥颗粒的表面能，从而降低了水泥颗粒的粘连能力；水泥颗粒表面带有同性电荷，产生静电斥力，使水泥颗粒分开，破坏了水泥浆中的絮凝结构，释放出被包裹着的水（图4.5）；减水剂亲水基端吸附水膜，起到了湿润、润滑等综合作用，在不增加用水量的条件下，新拌混凝土流动性得到了提高；或在不影响新拌混凝土流动性的情况下，可大大降低拌和用水量，且能提高混凝土的强度，这就是减水剂起到的作用。

② 减水剂的主要经济技术效果。在不减少水泥用量、用水量的情况下，可提高新拌

混凝土的流动性；在保持新拌混凝土流动性的条件下，可减少水泥用量和用水量，提高混凝土的强度；在保持混凝土强度的条件下，可减少水泥用量，节约水泥；改善新拌混凝土的可泵性及混凝土的其他物理力学性能（如：减少离析、泌水，减缓或降低水泥水化放热等）。

(3) 常用品种与效果。

混凝土用减水剂品种很多：按其减水效果及对混凝土性质的作用分为普通减水剂、高效减水剂、早强减水剂、缓凝减水剂和引气减水剂；按其化学成分分为木质素磺酸盐系、萘系、三聚氰胺系、氨基磺酸盐系、聚羧酸盐系等。

① 木质素磺酸盐系减水剂。木质素磺酸钙是木质素磺酸盐系减水剂的主要品种，使用普遍，而木质素磺酸钠、木质素磺酸镁等使用较少。

木质素磺酸钙又称 M 型减水剂，简称木钙或 M 剂，它是由生产纸浆或纤维浆的木质废液经处理而得到的一种棕黄色粉末。主要成分为木质素磺酸钙，含固量 60% 以上，属阴离子型表面活性剂。

木钙属于缓凝引气型减水剂，掺量一般为 0.2% ～ 0.3%。在新拌混凝土流动性和水泥用量不变的情况下，可减少 10% 的用水量，28 d 强度提高 10% ～ 20%，并可以使混凝土的抗冻性、抗渗性等耐久性有明显提高；在用水量不变时，可提高坍落度 50 ～ 100 mm；在新拌混凝土流动性和混凝土强度不变时，可节省 10% 的水泥用量；延缓凝结时间 1 ～ 3 h；使混凝土含气量由不掺时的 2% 增至 3.6%；并且对钢筋无锈蚀作用。

木钙的生产设备简单，利用工业废物，原料广，成本低，广泛应用于一般混凝土工程，特别是有缓凝要求的混凝土（大体积混凝土、夏季施工混凝土、滑模施工混凝土等）；不宜用于低温季节（低于 5 ℃）施工或蒸汽养护。

使用木钙时，应严格控制掺量，掺量过多会导致缓凝严重，甚至几天也不硬化，且含气量增加，强度下降；冬季施工时或气温低于 5 ℃ 时，要与早强剂复合使用，不宜单独使用；若采用蒸汽养护，应适当延长静停时间，或采用复合早强剂，以及减少木钙掺量，否则，会出现强度下降、结构疏松等现象。

② 萘系减水剂。萘系减水剂是以萘及萘的同系物经磺化与甲醛缩合而成的。主要成分为聚烷基芳基磺酸盐，属于阴离子型表面活性剂。

萘系减水剂对水泥的分散、减水、早强、增强作用均优于木钙，属高效减水剂。这类减水剂多为非引气型，且对混凝土凝结时间基本无影响。目前，国内品种已达几十种，常用牌号有 FDN、UNF、NF、NNO、MF、建 Ⅰ、JN、AF、HN 等。

萘系减水剂适宜掺量为 0.2% ～ 1.0%，常用掺量为 0.5% ～ 0.75%，减水率达 12% ～25%，1 ～ 3 d 强度提高 50% 左右，28 d 强度提高 10% ～ 30%，抗折、抗拉及后期强度有所提高，抗冻性、抗渗性等耐久性也有明显的改善，还可以节省水泥用量 12% ～ 20%，坍落度提高 100 ～ 150 mm，且对钢筋无锈蚀作用。若掺引气型的萘系减水剂，混凝土含气量为 3% ～ 6%。

萘系减水剂的价格较为昂贵，故一般主要适用于配制高强混凝土、流态混凝土、泵送混凝土、早强混凝土、冬季施工混凝土、蒸汽养护混凝土及防水混凝土等。

在使用引气型萘系减水剂用于增强时，应与消泡剂复合作用，或采用高频振捣，效果更好。

③ 三聚氰胺系减水剂(俗称密胺减水剂)。主要成分为三聚氰胺甲醛树脂磺酸盐,这类减水剂属非引气型早强高效减水剂。

三聚氰胺系减水剂具有无毒、高效(分散、减水、增强)的特点,其使用效果比萘系减水剂好,但价格昂贵。我国常用的SM剂,适宜掺量为0.5% ~ 2.0%,可减水20% ~ 27%,1 d强度提高30% ~ 100%,7 d强度提高30% ~ 70%(可达基准28 d强度),28 d强度提高30% ~ 60%,可节省水泥25%左右,对钢筋无锈蚀作用。

三聚氰胺系减水剂特别适用于高强、超高强混凝土及以蒸养工艺成型的混凝土构件。

④ 氨基磺酸盐系减水剂。氨基磺酸盐系减水剂是一种非引气可溶性树脂减水剂。其生产工艺较萘系减水剂简单,减水率高,坍落度损失较小,对混凝土抗渗、耐久性改善效果好。但其对水泥较敏感,过量时易引发泌水,其与萘系减水剂复合使用效果较好,特别对防止混凝土坍落度损失过快具有显著效果。

⑤ 聚羧酸盐系减水剂。聚羧酸盐系减水剂可由带羧酸盐基、磺酸盐基聚氧化乙烯侧链基的烯类单体按一定比例在水溶液中共聚而成,其特点是在主链上带有多个极性较强的活性基团,同时侧链上则带有较多的分子链较长的亲水性活性基团。因此,聚羧酸盐系减水剂具有以下特点:掺量低(0.2% ~ 0.5%),分散性好,坍落度损失小;相同流动度下,可延缓水泥的凝结;与水泥及其他混凝土外加剂相容性好;可提高矿物掺合料对水泥的取代率;环保性好;等等。

聚羧酸盐系减水剂宜用于高强混凝土、自密实混凝土、泵送混凝土、清水混凝土、预制构件混凝土、钢管混凝土,以及具有高体积稳定性、高耐久性及高和易性要求的混凝土。

2.早强剂

早强剂是指能加速混凝土早期强度发展的外加剂。由于早强剂的主要功能是提高混凝土早期强度,因此其主要适用于有早强要求、冬季施工、有防冻要求或蒸汽养护混凝土。

(1) 早强剂的早强机理。

绝大多数早强剂由于参与水泥的水化反应,可快速生成大量难溶性复盐,且促使水泥自身水化加速,复盐的生成及水化产物的增多,使水泥浆中固体物质的比例增大,加速了水泥石结构的形成,因而凝结硬化速度快,早期强度高。

(2) 常用品种与效果。

目前,普遍使用的早强剂有氯盐系、硫酸盐系、硝酸盐系、碳酸盐系等无机盐类,三乙醇胺等有机化合物类。

① 氯盐系早强剂。氯盐系早强剂主要有氯化钙($CaCl_2$)和氯化钠(NaCl),其中氯化钙是国内外使用最早、应用最为广泛的一种早强剂。

氯化钙具有早强作用的主要原因是参与了水泥的水化反应,生成了不溶于水及氯化钙溶液的水化氯铝酸钙($C_3A \cdot CaCl_2 \cdot 10H_2O$)和氧氯化钙($CaCl_2 \cdot 3Ca(OH)_2 \cdot 12H_2O$),复盐的生成及水化产物的增多,使水泥浆中固体物质的比例增大,加速了水泥石结构的形成。

氯化钙除了具有促凝、早强作用外，还具有降低冰点的作用。在混凝土中掺入适量的氯化钙，可使 1 d 强度提高 70% ～ 140%，3 d 强度提高 40% ～ 70%，对后期强度影响较小，且可提高防冻性。但是，因其含有氯离子(Cl^-)，能引起钢筋锈蚀，故掺量必须严格控制。《混凝土结构工程施工质量验收规范》(GB 50204—2015) 中规定，在钢筋混凝土结构中，当使用含氯化物的外加剂时，混凝土中氯化物的总含量应符合现行国家标准《混凝土质量控制标准》(GB 50164—2011) 的规定。预应力混凝土结构中，严禁使用含氯化物的外加剂。

氯化钙主要适宜于冬季施工混凝土、早强混凝土，不适宜于蒸汽养护混凝土。

氯化钠的掺量、作用及应用同氯化钙基本相似，但作用效果稍差。

② 硫酸盐系早强剂。硫酸钠是硫酸盐系早强剂之一，是应用较多的一种早强剂。

硫酸钠(Na_2SO_4)，又称元明粉，具有缓凝、早强作用。硫酸钠掺入混凝土中，能与水泥的水化产物 $Ca(OH)_2$ 发生反应：

$$Na_2SO_4 + Ca(OH)_2 + 2H_2O \longrightarrow CaSO_4 \cdot 2H_2O + 2NaOH$$

生成的 $CaSO_4 \cdot 2H_2O$ 晶粒细小，比直接掺入石膏粉分散度大、活性高，因而与 C_3A 的水化反应速度加快；同时，能迅速生成水化硫铝酸钙，大大加快了硬化速度；而且 $Ca(OH)_2$ 被消耗后，又促进 C_3S 的水化，使水化产物增多，因而提高了水泥石的密实度，起到早强作用。

硫酸钠的掺量一般为 0.5% ～ 2.0%，可使 3 d 强度提高 20% ～ 40%，28 d 后的强度基本无差别，抗冻性及抗渗性有所提高，对钢筋无锈蚀作用。掺量应严格控制，掺量较大时，易发生碱－骨料反应。当骨料中含有活性 SiO_2 时(如蛋白石、磷石英及玉髓等骨料)，不能掺加硫酸钠，以防止碱－骨料反应的发生。掺量过多时，会引起硫酸盐腐蚀。

硫酸钠的应用范围较氯盐系早强剂更广。

③ 三乙醇胺。三乙醇胺为无色或淡黄色油状液体，无毒，呈碱性，属非离子型表面活性剂。

三乙醇胺的早强作用机理与前两种早强剂不同，它不参与水化反应，不改变水泥的水化产物。它是一种表面活性剂，能降低水溶液的表面张力，使水泥颗粒更易于润湿，并且可以增大水泥颗粒的分散程度，因而加快了水泥的水化速度，对水泥的水化起到催化作用。水化产物增多，使水泥石的早期强度提高。

三乙醇胺掺量一般为 0.02% ～ 0.05%，可使 3 d 强度提高 20% ～ 40%，对后期强度影响较小，抗冻、抗渗等性能有所提高，对钢筋无锈蚀作用，但会增大干缩。

上述三种早强剂在使用时，通常复合使用效果更佳。氯化钙(或氯化钠)、硫酸钠、二水石膏、亚硝酸钠、三乙醇胺、重铬酸钠等复合制成二元、三元或四元的复合早强剂，以提高早强效果。复合组成中，按有无氯盐，相应地分为“甲型”和“乙型”两种，甲型适用于一般混凝土和钢筋混凝土，乙型适用于蒸汽养护混凝土、预应力混凝土及不允许掺加氯盐的钢筋混凝土。此外，掺早强剂，混凝土早期强度提高幅度很大，但后期强度提高幅度很小，甚至稍有下降。若将早强剂与减水剂复合使用，既可进一步提高早期强度，又可使后期强度增长，还可改善混凝土的施工质量。因此，早强剂与减水剂的复合使用，特别是无氯盐早强剂与减水剂的复合早强减水剂发展迅速。如硫酸钠与木钙、糖钙及高效减水剂等的复合早强减水剂得到广泛应用。

3.引气剂

引气剂是在搅拌混凝土过程中，能引入大量均匀分布、稳定而封闭的微小气泡的外加剂。引气剂的主要功能是改善新拌混凝土和易性，减少新拌混凝土泌水、离析，提高混凝土抗渗耐久性。主要适用于有抗冻、抗渗要求的混凝土，抗盐类结晶破坏及抗碱腐蚀的混凝土，泵送及大流动度混凝土，骨料质量较差及轻骨料混凝土。

引气剂的作用机理是：引气剂属憎水性表面活性剂，由于它具有表面活性，能定向吸附在水一气界面上，且显著降低水的表面张力，因此水溶液易形成众多的新的表面（即水在搅拌下易产生气泡）；同时，引气剂分子定向排列在气泡上，形成单分子吸附膜，使液膜坚固而不易破裂；此外，水泥中的微细颗粒以及氢氧化钙与引气剂反应生成的钙皂，被吸附在气泡膜壁上，使气泡的稳定性进一步提高，因此可在混凝土中形成稳定的封闭球型气泡，其直径为 0.05 ～ 1.0 mm。

常用引气剂品种为松香热聚物和松香皂，此外还使用烷基苯磺酸钠、脂肪醇硫酸钠等。

新拌混凝土中，气泡的存在增加了水泥浆的体积，相当于增加了水泥浆量；同时，形成的封闭、球型气泡有“滚珠轴承”的润滑作用，可提高新拌混凝土的流动性，或可减水。在混凝土硬化后，这些微小气泡具有缓解水分结冰产生的膨胀压力的作用，以及阻塞混凝土中毛细管渗水通路的作用，因此可以提高混凝土的抗冻性和抗渗性。由于气泡的弹性变形，因此混凝土弹性模量降低。气泡的存在减小了混凝土承载面积，使强度下降。如保持新拌混凝土流动性不变，由于减水作用，可补偿一部分由于承载面积减小而产生的强度损失。

引气剂掺量很小，通常为 0.005％ ～ 0.015％（以引气剂干物质计算），可使混凝土的含气量达到3％ ～ 6％，并可显著改善新拌混凝土的黏聚性和保水性，减水 8％ ～ 10％，提高抗冻性 1 ～ 6 倍，提高抗渗性 1 倍。含气量每增加 1％，混凝土强度下降 3％ ～ 5％。

引气剂适宜于配制抗冻混凝土、泵送混凝土、港口混凝土、防水混凝土、轻骨料混凝土以及骨料质量差、泌水严重的混凝土，不适宜于蒸汽养护混凝土。

使用引气剂时，含气量宜控制在 3％ ～ 6％。如果含气量太小，对混凝土耐久性改善不大；如果含气量太大，会使混凝土强度下降过多。

4.缓凝剂

能延缓混凝土凝结时间，并对混凝土后期强度发展无不利影响的外加剂，称为缓凝剂。其质量应满足《混凝土外加剂》(GB 8076—2008) 的规定。

高温季节施工的混凝土、泵送混凝土、滑模施工混凝土及远距离运输的商品混凝土，为保持新拌混凝土具有良好的和易性，要求延缓混凝土的凝结时间；大体积混凝土工程，需延长放热时间，以减少混凝土结构内部的温度裂缝；分层浇筑的混凝土，为消除冷接缝，常须在混凝土中掺入缓凝剂。

缓凝剂的品种繁多，常采用木钙、糖钙及柠檬酸等表面活性剂。这些表面活性剂吸附在水泥颗粒表面，并在水泥颗粒表面形成一层较厚的溶剂化水膜，因此起到缓凝作用。特别是含糖分较多的缓凝剂，糖分的亲水性很强，溶剂化水膜厚，缓凝性更强，故糖钙缓凝效果更好。

缓凝剂掺量一般为0.1%～0.3%，可延缓凝结时间1～5 h，并且降低水泥水化初期的水化放热。

缓凝剂适宜于配制大体积混凝土、水工混凝土、夏季施工混凝土、远距离运输的新拌混凝土及夏季滑模施工混凝土。

5. 防冻剂

防冻剂是能使混凝土在负温下硬化，并在规定养护条件下达到预期性能的外加剂。其质量应满足《混凝土防冻剂》(JC 475—2004) 的规定。

在我国北方，冬季施工混凝土为防止早期受冻，常掺加防冻剂。防冻剂能降低水的冰点，使水泥在负温下仍能继续水化，提高混凝土早期强度，以削弱水结冰产生的膨胀压力，起到防冻作用。

常用防冻剂有亚硝酸钠、亚硝酸钙、氯化钙、氯化钠、氯化铵、碳酸钾及尿素等。亚硝酸钠和亚硝酸钙的适宜掺量为1.0%～8.0%，具有降低冰点、阻锈、早强作用。氯化钙和氯化钠的适宜掺量为0.5%～1.0%，具有早强、降低冰点的作用，但对钢筋有锈蚀作用。

防冻剂主要用于冬季施工(5 ℃ 以下)。为提高防冻剂的防冻效果，防冻剂多与减水剂、早强剂及引气剂等复合使用，使其具有更好的防冻性。目前，工程上使用的都是复合型防冻剂。

此外，混凝土外加剂还包括阻锈剂、膨胀剂、防水剂、泵送剂等。

4.2.5 混凝土掺合料

配制混凝土时，掺加到混凝土中的磨细混合材料称为混凝土掺合料。通常使用具有活性的掺合料，如粉煤灰、硅灰、磨细粒化高炉矿渣、磨细自燃煤矸石及其他工业废渣，有时也使用磨细沸石粉、磨细硅质页岩粉等天然矿物材料。

混凝土掺合料的作用包括：取代部分水泥，减少水泥用量，降低水化热及混凝土成本，改善新拌混凝土和易性，降低混凝土温升，提高混凝土后期强度，减小混凝土干缩，改善其耐久性等。但也存在混凝土需要加强养护(特别是早期养护)、混凝土碱度及抗碳化性降低等问题。

1. 粉煤灰

(1) 粉煤灰的技术要求。

根据燃煤品种分为F类粉煤灰(由无烟煤或烟煤煅烧收集而成的粉煤灰)、C类粉煤灰(由褐煤或次烟煤煅烧收集而成的粉煤灰，氧化钙含量一般大于等于10%)。根据用途分为拌制砂浆和混凝土用粉煤灰、水泥活性混合材料用粉煤灰。拌制砂浆和混凝土用粉煤灰分 Ⅰ、Ⅱ、Ⅲ 三个等级(《用于水泥和混凝土中的粉煤灰》(GB/T 1596—2017))。

(2) 粉煤灰在混凝土中的作用及粉煤灰的掺量与掺用方法。

粉煤灰属于活性混合材料，因而对混凝土的强度有增进作用，特别是对后期强度有较大的增进作用。粉煤灰为球状玻璃体微珠，掺入到混凝土中可减少用水量或可提高新拌混凝土的和易性，特别是新拌混凝土的流动性。粉煤灰微珠还可填充水泥石中的孔隙与毛细孔，改善混凝土的孔结构和增大混凝土的密实度，提高混凝土的耐久性。

掺粉煤灰的混凝土简称为粉煤灰混凝土。粉煤灰的掺量过多时，混凝土的抗碳化性变差，对钢筋的保护力降低，所以，粉煤灰取代水泥的最大限量须满足国家相应标准规定。

混凝土中掺用粉煤灰可采用以下三种方法：

① 等量取代法。以粉煤灰取代混凝土中的等量(以质量计) 水泥。当配制超强较大混凝土或大体积混凝土时，可采用此法。

② 超量取代法。粉煤灰掺量超过取代的水泥量，超量的粉煤灰取代部分细骨料。超量取代的目的是增加混凝土中胶凝材料的数量，以补偿由粉煤灰取代水泥而造成的混凝土强度降低。超量取代法可使粉煤灰混凝土的强度达到不掺粉煤灰混凝土的强度。

③ 外加法。水泥用量不变的情况下，掺入一定数量粉煤灰，主要用于改善新拌混凝土的和易性。

(3) 粉煤灰应用范围。

粉煤灰掺合料适合用于普通工业与民用建筑结构用的混凝土，尤其适用于配制泵送混凝土、大体积混凝土、抗渗混凝土、抗硫酸盐与抗软水侵蚀的混凝土、蒸养混凝土、轻骨料混凝土、地下与水下工程混凝土、压浆混凝土及碾压混凝土。

2. 硅灰

硅灰又称硅粉，为电弧炉冶炼硅铁合金等时的副产品，是石英在 2 000 ℃ 的高温下被还原成 Si、SiO 气体，冷却过程中又被氧化成 SiO_2 的极微细颗粒。硅灰中 SiO_2 的含量达 90% 以上，主要是非晶态的 SiO_2。硅灰颗粒的平均粒径为 0.1 ～ 0.2 μm，比表面积为 20 000 ～25 000 m^2/kg，因而具有极高的活性。

硅灰取代水泥的效果远远高于粉煤灰，它可大幅度提高混凝土的强度、抗冻性、抗渗性、抗侵蚀性，并可明显抑制碱 - 骨料反应，降低水化热。由于硅灰的活性极高，即使在早期也会与氢氧化钙发生水化反应，所以利用硅灰取代水泥后还可提高混凝土的早期强度。

硅灰的取代水泥量一般为 5% ～ 15%，当超过 20% 时新拌混凝土的流动性明显降低。由于硅灰的比表面积巨大，为降低用水量，取得良好的效果，必须同时掺加减水剂。同时掺用硅灰和高效减水剂可配制出 100 MPa 的高强混凝土。但由于硅灰的价格很高，因此一般只用于高强或超高强混凝土、高耐久性的混凝土以及其他高性能的混凝土。

3. 其他掺合料

① 磨细粒化高炉矿渣。其活性、效果与掺量均高于粉煤灰。

② 磨细沸石粉。磨细沸石粉由天然沸石磨细而成，有时还掺入少量的其他无机矿物

材料，又称F矿粉。磨细沸石粉具有较高的活性，其效果优于粉煤灰，掺量一般为10%～20%，掺量大时流动性显著降低。

③ 磨细硅质页岩。磨细硅质页岩由天然硅质页岩磨细而成，具有较高的活性，其效果优于粉煤灰，掺量一般为10%～20%，掺量大时将显著降低流动性。

④ 磨细自燃煤矸石。磨细自燃煤矸石由自燃煤矸石磨细而成，具有一定的活性。其活性、使用效果与掺量均低于粉煤灰。

4.3 混凝土主要技术性质

混凝土的技术性质主要包括新拌混凝土性质和硬化混凝土性质两大部分。新拌混凝土性质主要是指新拌混凝土的和易性，用以评价混凝土对施工及后期质量的影响；硬化混凝土性质主要是指混凝土凝结硬化后的性质，主要包括混凝土强度、变形和耐久性等。

4.3.1 新拌混凝土和易性

1. 和易性含义

新拌混凝土的和易性也称工作性或工作度，是指新拌混凝土易于施工，并能获得均匀密实结构的性质。为保证混凝土的质量，新拌混凝土必须具有与施工条件相适应的和易性。新拌混凝土的和易性包括以下三方面含义。

(1) 流动性。

流动性指新拌混凝土在自重力或机械振捣作用下，能均匀密实流满模板的性能。一定的流动性可以保证混凝土构件或结构的形状与尺寸以及混凝土结构的密实性。流动性过小，不利于施工，并难以密实成型，易在混凝土内部形成孔隙或孔洞，影响混凝土的质量；流动性过大，虽然成型方便，但水泥浆用量大，不经济，且可能会造成新拌混凝土产生离析和分层，影响混凝土的均质性。流动性是和易性中最重要的性质，对混凝土的强度及其他性质都有较大的影响。

(2) 黏聚性。

黏聚性是指新拌混凝土在施工过程中，不出现分层和离析现象，其组成材料之间保持结合的性能。黏聚性差的混凝土在运输、浇筑、成型等过程中，易产生离析、分层现象，造成混凝土内部结构不均匀。黏聚性对混凝土的强度及耐久性有较大的影响。

(3) 保水性。

保水性是指新拌混凝土在施工过程中保持水分的性能。良好的保水性可以保证新拌混凝土在运输、成型和凝结硬化过程中不会发生较大程度或者严重的泌水现象。混凝土泌水是指混凝土在运输、振捣、泵送的过程中出现的粗骨料下沉，水分上浮的现象。泌水会在混凝土内部产生大量的连通毛细孔隙，成为混凝土内部的渗水通道。一部分上浮水会通过渗水通道聚集在钢筋和石子的下部，增加了石子和钢筋下部水泥浆的水灰比，形成薄弱层，即界面过渡层，严重时会在石子和钢筋的下部形成水隙或水囊，即孔隙或裂纹，从而严重影响它们与水泥石之间的界面黏结力。另一部分上浮水会聚集到混凝土表面，极大地增加了表层混凝土的水灰比，造成混凝土表面疏松，若继续浇筑混凝土，则会在混凝土内部形成薄弱夹层进而对混凝土的强度和耐久性产生影响。

2. 和易性的测定与选择

(1) 和易性的测定。

新拌混凝土的和易性是一项综合性质，目前还没有一种能够全面反映和易性的测定方法。通常是通过测定新拌混凝土的流动性来表征，而黏聚性和保水性则凭经验目测评定。新拌混凝土的流动性(稠度) 通常采用坍落度法、维勃稠度法及坍落流动度法测试。

① 坍落度法。坍落度法是用来测定新拌混凝土在自重力作用下的流动性的，适用于流动性较大的新拌混凝土。测试时，将新拌混凝土按规范方法装入混凝土坍落度筒内，刮平后将坍落度筒垂直向上提起，新拌混凝土因自重力作用而产生坍落，坍落的高度(以 mm 计) 称为坍落度，如图 4.6 所示。坍落度法测试所需主要仪器设备包括：标准坍落度筒，截头圆锥形，由薄钢板或其他金属板制成(图 4.6(a))；捣棒，端部应磨圆，直径 16 mm，长度650 mm；刚性不吸水平板、装料漏斗、钢直尺等。将按要求取得的混凝土试样分三层装入预先湿润好的坍落度筒内，每层均匀插捣 25 次(图 4.6 (b))。装满抹平后，垂直平稳迅速地提起坍落度筒(图 4.6 (c))。混凝土混合料在自重作用下产生坍落现象，测量筒高与坍落后混合料试体最高点之间的高度差(图 4.6 (d))，以单位 mm 表示，即为该混凝土拌和料的坍落度值，精确至 1 mm，结果修约至 5 mm。如混凝土发生崩塌或一边剪坏(图 4.6 (e)、(f))，重新取样试验后仍出现同样现象，则表示该混凝土的工作性不好。

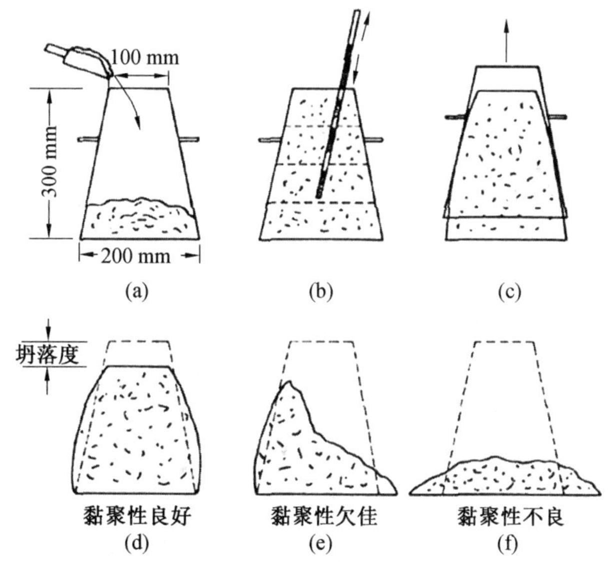

图 4.6　混凝土工作性测试(坍落度法)

坍落度越大，则新拌混凝土的流动性越大。该方法操作简便快捷，实用性强，在工程中应用普遍，适用于坍落度大于等于 10 mm，且最大粒径小于 40 mm 的新拌混凝土。

评定新拌混凝土黏聚性的方法是用插捣棒轻轻敲击已坍落的新拌混凝土锥体的侧面，如新拌混凝土锥体保持整体缓慢、均匀下沉，则表明黏聚性良好，如新拌混凝土锥体突然发生崩塌或出现石子离析,则表明黏聚性差。

评定保水性的方法是观察新拌混凝土锥体的底部,如有较多的稀水泥浆或水析出,或因失浆而使骨料外露,则说明保水性差;如新拌混凝土锥体的底部没有或仅有少量的水泥浆析出,则说明保水性良好。

② 维勃稠度法。维勃稠度法用来测定新拌混凝土在机械振动力作用下的流动性,适用于流动性较小的新拌混凝土。测定时,将新拌混凝土按规定方法装入坍落度筒内,并将坍落度筒垂直提起,之后将规定的透明有机玻璃圆盘放在新拌混凝土锥体的顶面上(图4.7),然后开启振动台,记录当透明圆盘的底面刚刚被水泥浆布满时所经历的时间(以 s 计),称为维勃稠度。维勃稠度越大,则新拌混凝土的流动性越小。该法适用于维勃稠度在 5 ~ 30 s,且最大粒径小于 40 mm 的新拌混凝土。

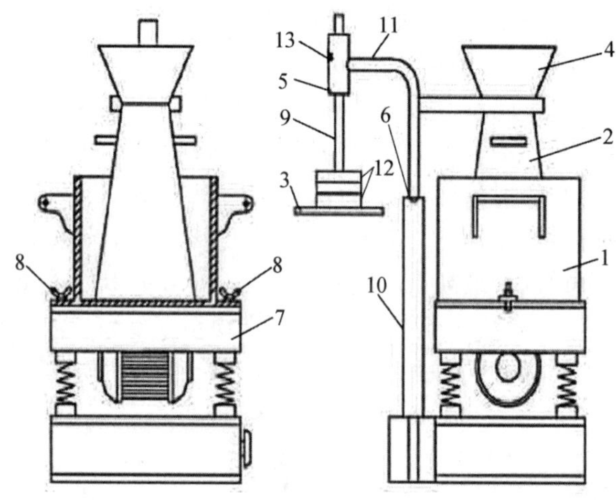

图 4.7　维勃稠度试验仪

1— 容器;2— 坍落度筒;3— 圆盘;4— 漏斗;5— 套筒;6— 定位器;7— 振动台;8— 固定螺栓;9— 测杆;10— 支柱;11— 旋转架;12— 荷重块;13— 测杆螺丝

③ 坍落流动度法。坍落流动度法广泛用于自密实混凝土和水下不分散混凝土的和易性测试,适用于流动度较大的新拌混凝土。测定时,在刚性、不吸水的地板上放置坍落度筒,将新拌混凝土按规范方法装入坍落度筒内,提筒后,混凝土自由坍落,测试混凝土水平扩展值和混凝土扩展到直径 500 mm 时的时间,用 T50 表示。

(2) 流动性(坍落度) 的选择。

工程中是根据混凝土构件截面尺寸、钢筋疏密及捣实方法确定低塑性或塑性新拌混凝土坍落度的,具体选择可参考表 4.12。

表 4.12　不同混凝土结构对新拌混凝土坍落度的要求　　mm

结构	坍落度
基础或地面等的垫层,无配筋的大体积结构或配筋稀疏的结构	10 ~ 30
梁、板或大、中型截面的柱子等	30 ~ 50
配筋密列的结构	50 ~ 70
配筋特密的结构	70 ~ 90

注:① 本表是指采用机构振捣时的坍落度,当采用人工插捣时可适当增大选值。

② 轻骨料新拌混凝土,坍落度选择宜较表中数值减少 10 ~ 20 mm。

3. 影响和易性的因素

(1) 用水量与水灰比。

在水灰比不变的情况下，新拌混凝土的用水量(1 m^3 混凝土的用水量)越多，则水泥浆量越多，包裹在砂、石表面的水泥浆层越厚，对砂、石的润滑作用越好，因而新拌混凝土的流动性越大。但用水量过多(即水泥浆量过多)，会产生流浆、泌水、离析和分层等现象，使得新拌混凝土的黏聚性和保水性变差，进而影响混凝土的强度和耐久性，并引起混凝土的干缩与徐变增加，同时也增加了水泥用量和水化热。用水量过少(即水泥浆量过少)，则不能填满砂、石骨料的空隙，且水泥浆量不足以包裹住砂、石的表面，润滑效果和黏聚力均较差，因而新拌混凝土的流动性、黏聚性均降低，易产生崩塌现象，使混凝土的强度、耐久性降低。因此新拌混凝土的用水量(或水泥浆量)不能过多，也不宜过少，应以满足流动性条件为准。

水灰比越大，则水泥浆的稠度越小，新拌混凝土的流动性越大、黏聚性与保水性越差，混凝土的强度与耐久性降低，混凝土的干缩与徐变增加。水灰比过大时，则水泥浆过稀，会使新拌混凝土的黏聚性与保水性显著降低，并产生流浆、泌水、离析和分层等现象，从而使混凝土的强度和耐久性大大降低，而混凝土的干缩和徐变也显著增加。水灰比过小时，则水泥浆的稠度过大，使新拌混凝土的流动性显著降低，并使黏聚性也因新拌混凝土发涩而变差，且在一定施工条件下难以成型或不能保证混凝土密实成型。故新拌混凝土的水灰比应以满足混凝土的强度和耐久性条件为宜，并且在满足强度和耐久性的前提下，选择较大的水灰比，以节约水泥用量。

实践证明，当砂、石的品种和用量一定时，新拌混凝土的流动性主要取决于新拌混凝土用水量的多少。新拌混凝土的用水量一定时，即使水泥用量有所变动(增减50～100 kg/m^3)，新拌混凝土的流动性也基本上保持不变。这种关系称为混凝土的恒定用水量法则。由此可知，在用水量相同的情况下，采用不同的水灰比可以配制出流动性相同而强度不同的混凝土。这一法则给混凝土配合比设计带来了很大的方便。混凝土的用水量可通过试验来确定或根据施工要求的流动性及骨料的品种与规格来选择。缺乏经验时选择见表4.13和表4.14。

表4.13　干硬性混凝土的用水量(JGJ 55—2011)　kg/m^3

拌和物稠度		卵石最大公称粒径 /mm			碎石最大公称粒径 /mm		
项目	指标	10.0	20.0	40.0	16.0	20.0	40.0
维勃稠度 /s	16～20	175	160	145	180	170	155
	11～15	180	165	150	185	175	160
	5～10	185	170	155	190	180	165

表 4.14 塑性混凝土的用水量(JGJ 55—2011) kg/m³

拌和物稠度		卵石最大粒径 /mm				碎石最大粒径 /mm			
项目	指标	10.0	20.0	31.5	40.0	16.0	20.0	31.5	40.0
坍落度/mm	10 ~ 30	190	170	160	150	200	185	175	165
	35 ~ 50	200	180	170	160	210	195	185	175
	55 ~ 70	210	190	180	170	220	205	195	185
	75 ~ 90	215	195	185	175	230	215	205	195

注:① 本表用水量为采用中砂时的取值。采用细砂时每立方米混凝土用水量可增加 5 ~ 10 kg;采用粗砂时,可减少 5 ~ 10 kg。

② 掺用矿物掺合料和外加剂时,用水量应相应调整。调整坍落度时,一般每增减坍落度值 10 mm,需相应增减用水量 2% 左右。

(2) 骨料的品种、规格与质量。

骨料的品种、规格与质量对新拌混凝土的和易性有较大的影响。

卵石和河砂表面光滑,因而采用卵石、河砂配制混凝土时,新拌混凝土的流动性大于用碎石、山砂和破碎砂配制的混凝土。采用粒径粗大、级配良好的粗、细骨料时,由于骨料的比表面积和空隙率较小,因此新拌混凝土的流动性大,黏聚性及保水性好,但细骨料过粗时,会引起黏聚性和保水性下降。采用含泥量,泥块含量,云母含量及针、片状颗粒含量较少的粗、细骨料时,新拌混凝土的流动性较大。

(3) 砂率。

砂率(β_s)是指砂用量(m_s)与砂、石(m_g)总用量的质量百分比,即

$$\beta_s = \frac{m_s}{m_s + m_g} \times 100\% \tag{4.3}$$

砂率表示混凝土中砂、石的组合或配合程度。砂率对粗、细骨料总的比表面积和空隙有很大的影响。砂率越大,则粗、细骨料总的比表面积和空隙率越大,在水泥浆数量一定的前提下,减薄了具有润滑骨料作用的水泥浆层的厚度,使新拌混凝土的流动性减小。若砂率过小,则粗、细骨料总的空隙率大,新拌混凝土中砂浆量不足,包裹在粗骨料表面的砂浆层的厚度过薄,对粗骨料的润滑程度和黏聚力不够,甚至不能填满粗骨料的空隙,因而砂率过小会降低新拌混凝土的流动性(图 4.8)。而新拌混凝土的黏聚性及保水性大大降低,易产生离析、分层、流浆及泌水等现象,进而影响混凝土的其他性能。若要保持新拌混凝土的流动性不变,则须增加水泥浆的数量,即增加水泥用量及用水量,同时对混凝土的其他性质也会造成不利的影响(图 4.9)。从图 4.8 与图 4.9 可以看出,砂率既不能过大,又不能过小,中间存在一个合理砂率。合理砂率应是砂子体积填满石子的空隙后略有富余,以起到较好的填充、润滑、保水及黏聚石子的作用。因此,合理砂率是指在用水量及水泥用量一定的情况下,使新拌混凝土获得最大的流动性及良好的黏聚性与保水性时的砂率值;或是指在保证新拌混凝土具有所要求的流动性及良好的黏聚性与保水性条件下,使水泥用量最少的砂率值。

确定或选择砂率的原则是,在保证新拌混凝土的黏聚性及保水性的前提下,应尽量使用较小的砂率,以节约水泥用量,同时提高新拌混凝土的流动性。对于混凝土用量大的工

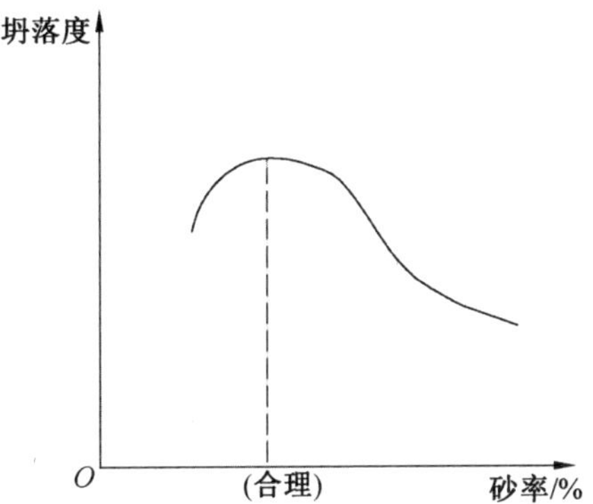

图 4.8　砂率与坍落度的关系
（水与水泥用量一定）

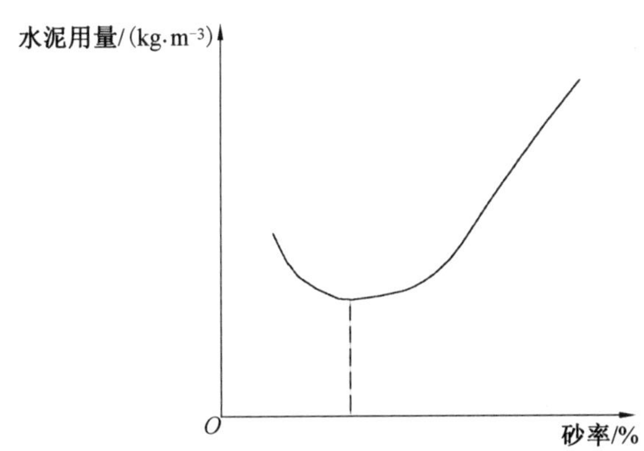

图 4.9　砂率与水泥用量的关系（达到相同坍落度）

程，应通过试验确定合理砂率。当混凝土用量较小，或缺乏经验与缺乏试验条件时，可根据骨料的品种（碎石、卵石）、骨料的规格（最大粒径与细度模数）及所采用的水灰比，通过查表确定砂率，见表 4.15。

表 4.15　混凝土砂率选用表(JGJ **55—2011**)　%

水灰比 (W/C)	卵石最大粒径 /mm			碎石最大粒径 /mm		
	10	20	40	16	20	40
0.40	26 ～ 32	25 ～ 31	24 ～ 30	30 ～ 35	29 ～ 34	27 ～ 32
0.50	30 ～ 35	29 ～ 34	28 ～ 33	33 ～ 38	32 ～ 37	30 ～ 35
0.60	33 ～ 38	32 ～ 37	31 ～ 36	36 ～ 41	35 ～ 40	33 ～ 38
0.70	36 ～ 41	35 ～ 40	34 ～ 39	39 ～ 44	38 ～ 43	36 ～ 41

注：① 表中数值为中砂的选用砂率。对细砂或粗砂，可相应地减小或增加砂率。

② 本砂率适用于坍落度为 10 ～ 60 mm 的混凝土。坍落度大于 60 mm 或小于 10 mm 时，应相应地增加或减少砂率。

③ 只用一个单粒级粗骨料配制混凝土时，砂率值应适当增加。

④ 掺有各种外加剂或掺合料时，其合理砂率应经试验或参照其他有关规定选用。

(4) 外加剂。

新拌混凝土中掺入减水剂时，可明显提高其流动性。掺入引气剂时，可显著提高新拌混凝土的黏聚性和保水性，且流动性也有一定的改善。

(5) 其他影响因素。

在配合比一定的情况下，用火山灰质硅酸盐水泥拌制的新拌混凝土的流动性较小，而用矿渣硅酸盐水泥拌制的新拌混凝土的保水性较差。

掺加粉煤灰等掺合料，可提高新拌混凝土的黏聚性和保水性，特别是在水灰比和流动性较大时，对流动性也有一定的改善。

由于水分的蒸发、骨料的吸水及水泥的水化与凝结等作用，新拌混凝土随时间的延长而变得干稠，流动性逐渐降低。温度越高，流动性损失越大，且温度每升高 10 ℃，坍落度下降 20～40 mm。掺加减水剂时，流动性的损失较大。施工时应考虑到流动性损失这一因素。拌制好的新拌混凝土一般应在 45 min 内成型完毕。

4. 改善和易性的措施

调整新拌混凝土和易性时，一般应先调整黏聚性和保水性，然后调整流动性，且调整流动性时，须保证黏聚性和保水性不受到较大损害，并且不损害混凝土强度和耐久性。

(1) 改善黏聚性和保水性的措施。

改善新拌混凝土黏聚性和保水性的措施主要有以下几点：

① 选用级配良好的粗、细骨料，并选用连续级配。

② 适当限制粗骨料的最大粒径，避免选用过粗的细骨料。

③ 适当增大砂率或掺加粉煤灰等掺合料。

④ 掺加减水剂和引气剂。

(2) 改善流动性的措施。

改善新拌混凝土流动性的措施主要有以下几点：

① 尽可能选用较粗大的粗、细骨料。

② 采用泥及泥块等杂质含量少，级配好的粗、细骨料。

③ 尽量降低砂率。

④ 在上述基础上，保持水灰比不变，适当增加水泥用量和用水量；如流动性太大，则保持砂率不变，适当增加砂、石用量。

⑤ 掺加减水剂。

4.3.2 混凝土强度

1. 混凝土的抗压强度与强度等级

(1) 混凝土的立方体抗压强度。

《普通混凝土力学性能试验方法标准》(GB/T 50081—2002) 规定，将混凝土制作成边长为 150 mm 的立方体试件，在标准养护条件(温度为(20±2) ℃，相对湿度为 95% 以上或温度为(20±2) ℃ 的静置 $Ca(OH)_2$ 饱和溶液中) 下，养护到 28 d 龄期，测得的抗压强度值称为混凝土标准立方体抗压强度，简称混凝土抗压强度。测定混凝土的抗压强度时，也可采用非标准尺寸的试件，但应乘以换算系数，以换算成标准尺寸试件的强度值。对于强度等级低于 C60 的混凝土，边长为 100 mm、200 mm 的非标准立方体试件的换算系数分别为0.95、1.05；当混凝土强度等级不低于 C60 时，宜采用标准尺寸试件，而当使用非标准尺寸试件时，尺寸折算系数应由试验确定。

工程中常将混凝土试件放在与该工程中混凝土构件相同的养护条件下进行养护，如常用的自然养护（须采取一定的保温与保湿措施）、蒸汽养护等。自然养护、蒸汽养护条件下测得的抗压强度，分别称为自然养护抗压强度和蒸汽养护抗压强度，但确定混凝土强度等级或进行材料性能研究时，必须采用标准养护。

(2) 混凝土的强度等级。

《混凝土强度检验评定标准》(GB/T 50107—2010) 规定，混凝土的强度等级按立方体抗压强度标准值划分。混凝土的立方体抗压强度标准值（简称抗压强度标准值）是测得的抗压强度总体分布中的一个值，强度低于该值的百分率不超过 5%，或具有 95% 强度保证率的抗压强度值。混凝土的强度等级用符号 C 和立方体抗压强度标准值来表示，普通混凝土划分为 C15、C20、C25、C30、C35、C40、C45、C50、C55、C60、C65、C70、C75、C80 十四个等级（依据《混凝土结构设计规范》(GB 50010—2010)(2015 年版)）。

(3) 混凝土其他强度。

混凝土的轴心抗压强度又称棱柱体抗压强度，是以 150 mm×150 mm×300 mm 的试件在标准养护条件下，养护至 28 d 龄期，测得的抗压强度值。

与立方体抗压强度相比，混凝土的轴心抗压强度能更好地反映混凝土在受压构件中的实际情况。混凝土结构设计中计算轴心受压构件时，以混凝土的轴心抗压强度为设计取值。试验结果表明，轴心抗压强度与立方体抗压强度的比值为 0.7 ～ 0.8。

混凝土属于脆性材料，抗拉强度只有抗压强度的 1/10 ～ 1/20，且比值随混凝土抗压强度的提高而减少。在混凝土结构设计中，通常不考虑混凝土承受拉力，但混凝土抗拉强度与混凝土构件裂缝有着密切的关系，是混凝土结构设计中确定混凝土抗裂性的重要依据。

2. 普通混凝土的受压破坏特点

由于水化热、干燥收缩及泌水等，混凝土在受力前就在水泥石中存在有微裂纹，特别是在骨料的表面处存在有部分界面微裂纹。当混凝土受力后，在微裂纹处产生应力集中，使这些微裂纹不断扩展、数量不断增多，并逐渐汇合连通，最终形成若干条可见的裂缝而使得混凝土破坏。

当荷载达到“比例极限”（约为极限荷载的 30%）以前，混凝土的应力较小，界面微裂纹无明显的变化；荷载超过“比例极限”后，界面微裂纹的数量、宽度和长度逐渐增大，但尚无明显的砂浆裂纹出现。当荷载超过“临界荷载”（为极限荷载的 70% ～ 90%）时，界面裂纹继续产生与扩展，同时开始出现砂浆裂纹，部分界面裂纹汇合，此时变形速度明显加快，荷载与变形曲线明显弯曲，达到极限荷载后，裂纹急剧扩展、汇合，并贯通成若干条宽度很大的裂纹，同时混凝土的承载力下降，变形急剧增大，直至混凝土破坏。

由此可见，混凝土的受力变形与破坏是混凝土内部微裂纹产生、扩展、汇合的结果，且只有当微裂纹的数量、长度与宽度达到一定程度时，混凝土才会完全破坏。

3. 影响混凝土强度的因素

(1) 水泥强度等级与水灰比。

从混凝土的结构与混凝土的受力破坏过程可知，混凝土的强度主要取决于水泥石的强度和界面黏结强度。普通混凝土的强度主要取决于水泥强度等级与水灰比。水泥强度等级越高，水泥石的强度越高，对骨料的黏结作用也越强。水灰比越大，在水泥石内造成的孔隙越多，混凝土的强度越小。在能保证混凝土密实成型的前提下，混凝土的水灰比越小，混凝土的强度越高。当水灰比过小时，水泥浆稠度过大，新拌混凝土的流动性过小，在一定的施工成型工艺条件下，混凝土不能密实成型，反而导致强度严重降低，如图 4.10 所示。

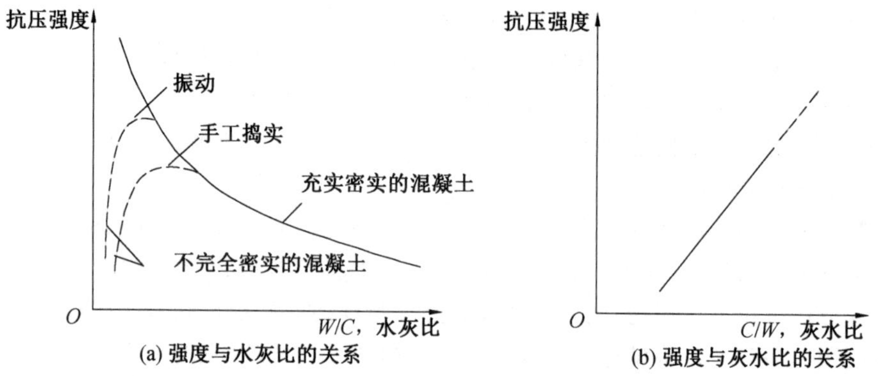

图 4.10　混凝土强度与水灰比及灰水比的关系

大量试验表明，在材料相同的条件下，混凝土的抗压强度随水灰比的增加而有规律地降低，且两者近似呈双曲线关系，如图 4.10 所示。

而混凝土的强度与灰水比(C/W) 近似呈直线关系，这种关系可用下式表示：

$$f_{cu,0}=\alpha_a f_{ce}\left(\frac{C}{W}-\alpha_b\right) \tag{4.4}$$

式中　$f_{cu,0}$—— 混凝土 28 d 龄期的抗压强度，MPa。

f_{ce}—— 水泥的实际强度，MPa。在无法取得水泥的实际强度时，可按 $f_{ce}=\gamma_c f_{ce,g}$ 确定，γ_c 为水泥强度等级的富余系数，该值应按各地区的统计资料确定，无统计资料时，对于强度等级为 32.5、42.5 和 52.5 的水泥，可分别按 1.12、1.16 和 1.10 选取(《普通混凝土配合比设计规程》(JGJ 55—2011))。$f_{ce,g}$ 为水泥强度等级，MPa。

α_a、α_b—— 回归系数，与骨料和水泥的品种及工艺条件等有关。该值应通过试验确定。无统计资料时，可按《普通混凝土配合比设计规程》(JGJ 55—2011) 提供的选取(碎石 $\alpha_a=0.53$，$\alpha_b=0.20$；卵石 $\alpha_a=0.49$，$\alpha_b=0.13$)。

式(4.4) 称为混凝土的强度公式，又称保罗米公式。该式适用于流动性较大的混凝土，即适用于低塑性与塑性混凝土，不适用于干硬性混凝土。

利用该公式,可根据所用水泥的强度和水灰比来估计混凝土的强度。

(2) 骨料的品种、规格与质量。

在水泥强度等级与水灰比相同的条件下,碎石混凝土的强度往往高于卵石混凝土,特别是在水灰比较小时。如水灰比低于0.40时,碎石混凝土较卵石混凝土的强度高20%～38%,而当水灰比大于0.65时,二者的强度不再显示差异。其原因是水灰比小时,界面黏结是主要矛盾,而水灰比大时,水泥石强度成为主要矛盾。

泥及泥块等杂质含量少、级配好的骨料,有利于骨料与水泥石间的黏结,充分发挥骨料的骨架作用,并可降低用水量及水灰比,因而有利于强度。二者对高强混凝土尤为重要。

粒径粗大的骨料,可降低用水量及水灰比,有利于提高混凝土的强度。对高强混凝土,较小粒径的粗骨料可明显改善粗骨料与水泥石的界面黏结强度,可提高混凝土的强度。

(3) 养护温度、湿度。

养护温度高,水泥的水化速度快,早期强度高,但28 d及28 d以后的强度与水泥的品种有关。普通硅酸盐水泥混凝土与硅酸盐水泥混凝土在高温养护后,再转入常温养护至28 d,其强度较一直在常温或标准养护温度下养护至28 d的强度低10%～15%;而矿渣硅酸盐水泥以及其他掺活性混合材料多的硅酸盐水泥混凝土,或掺活性掺合料的混凝土经高温养护后,28 d强度可提高10%～40%。当温度低于0 ℃时,水泥水化停止后,混凝土强度停止发展,同时还会受到冻胀破坏作用,严重影响混凝土的早期强度和后期强度。受冻越早,冻胀破坏作用越大,强度损失越大(图4.11),因此,应注意防止混凝土早期受冻。所以,混凝土冬季施工的基本原则就是使混凝土受冻前达到一定强度,即临界强度,其具体规定应按混凝土冬季施工规范相应规定进行。

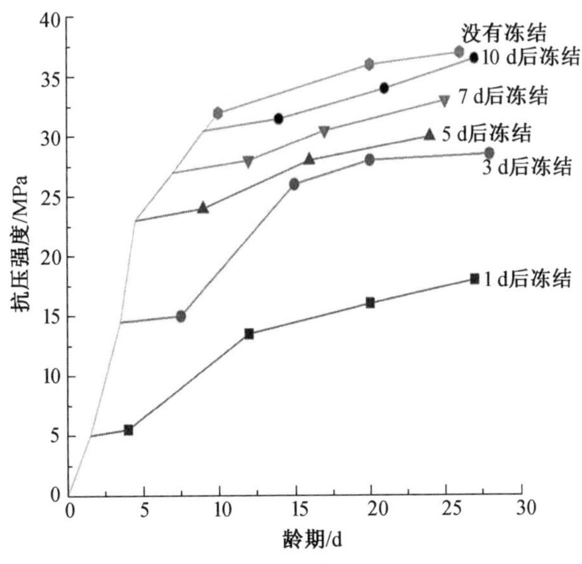

图4.11　不同初始冻结时间点下混凝土强度与龄期的关系

环境湿度越高,混凝土的水化程度越高,混凝土的强度越高。如环境湿度低,则由于水分大量蒸发,使混凝土不能正常水化,严重影响混凝土的强度。受干燥作用的时间越早，造成的干缩开裂越严重(因早期混凝土的强度较低)，结构越疏松，混凝土的强度损失越大(图 4.12)。GB 50204—2015 规定，混凝土在浇筑后的 12 h 内，加以覆盖，并保湿养护；并应按规定进行浇水养护，使用硅酸盐水泥、普通硅酸盐水泥、矿渣硅酸盐水泥时，保湿时间不得少于 7 d；对掺用缓凝型外加剂或有抗渗性要求的混凝土，不得少于 14 d。高强混凝土则在成型后须立即覆盖或采取保湿措施。

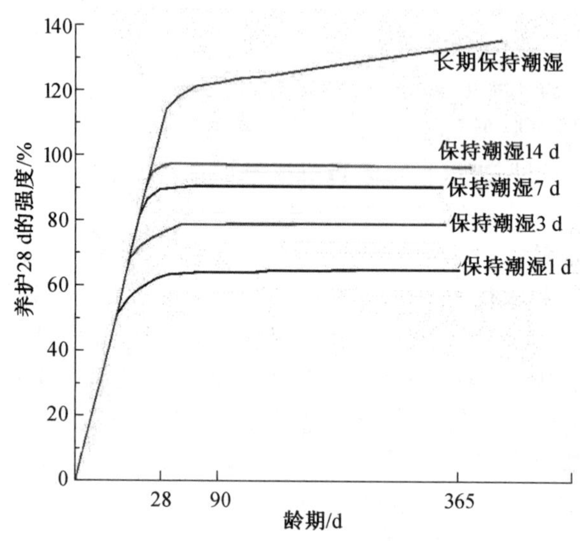

图 4.12 不同保湿时间混凝土强度与龄期的关系

(4) 龄期。

在正常养护条件下，混凝土强度随龄期的增加而增大，最初 7 d 内强度增长较快，28 d 以后增长缓慢。

用中等强度等级普通硅酸盐水泥(非 R 型) 配制的混凝土，在标准养护条件下，其强度与龄期($n \geqslant 3$ d) 的对数成正比，其关系为

$$\frac{f_{cu}}{f_n}=\frac{\lg 28}{\lg n} \tag{4.5}$$

式中 f_{cu}—— 龄期为 28 d 时混凝土的抗压强度，MPa；

f_n—— 龄期为 n d 时混凝土的抗压强度，MPa；

n—— 养护龄期，d。

式(4.5) 可用于估算混凝土的强度，但由于影响混凝土强度的因素很多，因此结果只作参考。掺加粉煤灰等掺合料时，混凝土的早期强度可能有所降低，但后期强度增长大。

(5) 施工方法、施工质量及其控制。

采用机械搅拌可使拌和物的质量更加均匀，特别是对水灰比较小的新拌混凝土。在其他条件相同时，采用机械搅拌的混凝土与采用人工搅拌的混凝土相比，强度可提高约 10%。采用机械振动成型时，机械振动作用可暂时破坏水泥浆的凝聚结构，降低水泥浆的黏度，从而提高新拌混凝土的流动性，有利于获得致密结构，这对水灰比小的混凝土或流动性小的混凝土尤为显著。

此外，计量的准确性、搅拌时的投料次序与搅拌制度、新拌混凝土的运输与浇灌方式

（不正确的运输与浇灌方式会造成离析、分层）对混凝土的强度也有一定的影响。

4. 提高混凝土强度的措施

（1）采用高强度等级水泥或快硬早强型水泥。

采用高强度等级水泥可提高混凝土 28 d 龄期的强度；采用快硬早强水泥可提高混凝土的早期强度，即 3 d 或 7 d 龄期的强度。

（2）采用干硬性混凝土或较小的水灰比。

干硬性混凝土的用水量小，即水灰比小，因而硬化后混凝土的密实度高，故可显著提高混凝土的强度。但干硬性混凝土在成型时需要较大、较强的振动设备，适合在预制厂使用，在现浇混凝土工程中一般无法使用。

（3）采用级配好、质量高、粒径适宜的骨料。

采用级配好，泥、泥块等有害杂质少以及针、片状颗粒含量较少的粗、细骨料，可提高混凝土的强度。对中低强度的混凝土，应采用最大粒径较大的粗骨料；对于高强混凝土，则应采用最大粒径较小的粗骨料，同时应采用较粗的细骨料。

（4）采用机械搅拌和机械振动成型。

采用机械搅拌和机械振动成型可进一步降低水灰比，并能保证混凝土密实成型。在低水灰比情况下，效果尤为显著。

（5）加强养护。

混凝土在成型后应及时进行养护以保证水泥正常水化与凝结硬化。对自然养护的混凝土应保证一定的温度与湿度，同时应特别注意混凝土的早期养护，即在养护初期必须保证有较高的湿度，并应防止混凝土早期受冻。采用湿热处理，可提高混凝土的早期强度，可根据水泥品种对高温养护的适应性和对早期强度的不同要求，选择适宜的高温养护温度。

（6）掺加外加剂。

掺加减水剂，特别是高效减水剂，可大幅度降低用水量和水灰比，使混凝土的强度显著提高。掺加高效减水剂是配制高强混凝土的主要措施之一。掺加早强剂可显著提高混凝土的早期强度。

（7）掺加混凝土掺合料。

掺加比表面积大的活性掺合料，如硅灰、磨细粉煤灰、沸石粉、硅质页岩粉等可提高混凝土的强度，特别是硅灰可大幅度提高混凝土的强度。

特殊情况下，掺加合成树脂或合成树脂乳液，对提高混凝土的强度及其他性能也十分有利。

4.3.3　混凝土变形

混凝土在硬化和使用过程中，由于受物理、化学及其他因素的作用，会产生各种变形，这些变形是导致混凝土产生裂纹的主要原因之一，进而影响混凝土的强度和耐久性。

1. 非荷载作用下的混凝土变形

(1) 化学变形。

混凝土在硬化过程中，由于水泥水化产物的体积小于反应物（水泥与水）的体积，因此混凝土在硬化时产生收缩，称为化学收缩。化学收缩只有一小部分表现为宏观体积的减小，大部分的体积收缩表现为在水泥石内部产生了孔隙。混凝土的化学收缩是不可恢复的，收缩量随混凝土的硬化龄期的延长而增加，一般在 40 d 内逐渐趋向稳定。宏观表现的化学收缩值很小，一般对混凝土的结构没有破坏作用。需指出的是，虽然系统的体积减小了，但水泥水化产物的体积大于反应物水泥的体积，即随反应的进行，固相体积增加，密实度提高。

(2) 塑性变形。

在混凝土浇筑后而尚未硬化前，颗粒间的空间完全充满着水，当受外界影响水分从浆体中移出，在混凝土表面蒸发而引起的收缩，称为塑性收缩。高风速、高相对湿度、高气温和高的混凝土温度等组合作用可加剧开裂情况。这些情况在夏季最为普遍，且在任何时候都可能发生。塑性收缩开裂在路面和平板状表面最普遍，水分极易快速蒸发，导致裂缝出现从而破坏混凝土表面完整性并降低其耐久性。

(3) 干湿变形。

混凝土在环境中会产生干缩湿胀变形。水泥石内吸附水和毛细孔水蒸发时，会引起凝胶体紧缩和毛细孔负压，从而使混凝土产生收缩。当混凝土吸湿时，因毛细孔负压减小或消失而产生膨胀。

混凝土在水中硬化时，由于凝胶体中胶体粒子表面的水膜增厚，因此胶体粒子间的距离增大，混凝土产生微小的膨胀，此种膨胀对混凝土一般没有危害。混凝土在空气中硬化时，首先失去毛细孔水。继续干燥时，则失去吸附水，引起凝胶体紧缩（此部分变形不可恢复）。干缩后的混凝土再次遇到水分时，混凝土的大部分干缩变形可恢复，但有 30% ～50% 不可恢复。混凝土的湿胀变形很小，一般无破坏作用。混凝土的干缩变形对混凝土的危害较大。干缩可使混凝土的表面产生较大的拉应力而引起开裂，从而使混凝土的抗渗性、抗冻性、抗侵蚀性等降低。

影响混凝土干缩变形的因素主要有以下几方面：

① 水泥用量、细度、品种。水泥用量越多，水泥石含量越多，干燥收缩越大。水泥的细度越大，混凝土的用水量越多，干燥收缩越大。高强度等级水泥的细度往往较大。故使用高强度等级水泥的混凝土干燥收缩较大。使用火山灰质硅酸盐水泥时，混凝土的干燥收缩较大；使用粉煤灰硅酸盐水泥时，混凝土的干燥收缩较小。

② 水灰比。水灰比越大，混凝土内的毛细孔隙数量越多，混凝土的干燥收缩越大。一般用水量每增加 1%，混凝土的干缩率增加 2% ～ 3%。

③ 骨料的规格与质量。骨料的粒径越大，级配越好，水与水泥用量越少，混凝土的干燥收缩越小。骨料的含泥量及泥块含量越少，水与水泥用量越少，混凝土的干燥收缩越小。针、片状骨料含量越少，混凝土的干燥收缩越小。

④ 养护条件。养护湿度高，养护的时间长，有助于推迟混凝土干燥收缩的产生与发

展，可避免混凝土在早期产生较多的干缩裂纹，但对混凝土的最终干缩率没有显著的影响。采用湿热养护时可降低混凝土的干缩率。

(4) 自收缩。

混凝土在养护期间，由于水泥水化消耗水分，原本被水填充的空间形成孔隙，因此孔隙水出现弯液面，且气相的相对湿度降低。相对湿度越低，对应的弯液面曲率半径越小。弯液面产生毛细管附加压力，曲率半径越小，附加压力越大。在附加压力作用下混凝土体积减小引起的收缩，称为自收缩。自收缩是在与外界无物质交换前提下的收缩行为，无失水或养护补水。混凝土被密封或在密实的混凝土中(如低水灰比和掺有硅灰) 发生的收缩即属此类。

(5) 温度变形。

对大体积混凝土工程，在凝结硬化初期，由于水泥水化放出的水化热不易散发而聚集在内部，因此混凝土内外温差很大，有时可达 40 ～ 50 ℃；由于内部混凝土因升温膨胀量大，而表层混凝土温升小膨胀量小，因此混凝土表面开裂。为降低混凝土内部的温度，应采用水化热较低的水泥和最大粒径较大的粗骨料，并尽量降低水泥用量，也可通过缓凝剂或采取人工降温等措施缓解。

混凝土在正常使用条件下也会随温度的变化而产生热胀冷缩变形。混凝土的热膨胀系数与混凝土的组成材料及用量有关，但影响较小。混凝土的热膨胀系数一般为$(0.6 \sim 1.3) \times 10^{-5}$ ℃$^{-1}$，即温度每升降 1 ℃，1 m 混凝土的胀缩约为 0.01 mm。温度变形对大体积混凝土工程、大面积混凝土及纵长的混凝土结构等极为不利，易使混凝土产生温度裂纹。因此，对纵长型混凝土结构及大面积的混凝土工程，应每隔一段长度设置一道温度伸缩缝。

2. 荷载作用下混凝土的变形

(1) 混凝土在短期荷载作用下的变形。

① 混凝土的弹塑性变形。混凝土是一种非均质材料，属于弹塑性体。在外力作用下，既产生弹性变形，又产生塑性变形，即混凝土的应力与应变的关系不是直线而是曲线关系，如图 4.13(a) 所示。应力越高，混凝土的塑性变形越大，应力与应变曲线的弯曲程度越大，即应力与应变的比值越小。混凝土的塑性变形是内部微裂纹产生、增多、扩展与汇合等的结果。

② 混凝土的弹性模量。混凝土的应力与应变的比值随应力的增大而降低，即弹性模量随应力增大而降低。试验结果表明，混凝土以 40% ～ 50% 的轴心抗压强度 f_a 为荷载值，经 3 次以上循环加荷、卸荷的重复作用后，应力与应变关系基本上变成直线关系，如图 4.13(b) 所示。严格来说，测得的弹性模量为割线 $A'C'$ 的弹性模量，故又称割线弹性模量。

混凝土的弹性模量在结构设计中主要用于结构的变形与受力分析。对于 C10 ～ C60 的混凝土，其弹性模量为$(1.75 \sim 3.60) \times 10^4$ MPa。

③ 影响混凝土弹性模量的主要因素。

a. 混凝土的强度。混凝土的强度越高，则其弹性模量越高。

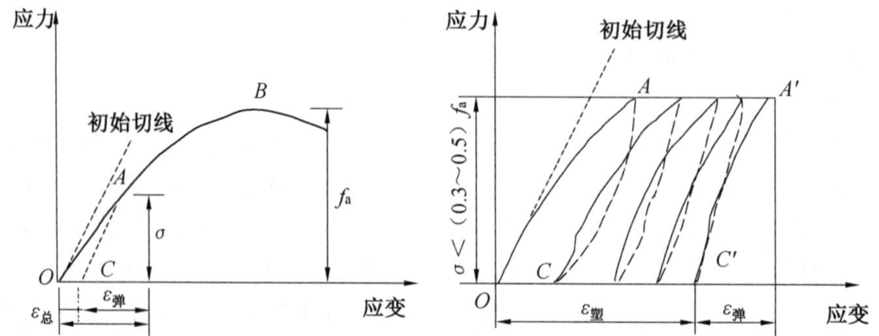

图 4.13　混凝土在应力作用下的应力－应变曲线图

b. 混凝土水泥用量与水灰比。混凝土的水泥用量越少，水灰比越小，粗细骨料的用量越多，则混凝土的弹性模量越大。

c. 骨料的弹性模量－骨料的质量。骨料的弹性模量越大，则混凝土的弹性模量越大。骨料泥及泥块等杂质含量越少，级配越好，则混凝土的弹性模量越高。

d. 养护和测试时的湿度。混凝土养护和测试时的湿度越高，则测得的弹性模量越高。湿热处理混凝土的弹性模量高于标准养护混凝土的弹性模量。

e. 引气混凝土的弹性模量较非引气的混凝土低 20% ～ 30%。

(2) 混凝土在长期荷载作用下的变形 —— 徐变。

混凝土在长期荷载作用下，沿作用力方向随时间而产生的塑性变形称为混凝土的徐变。混凝土的变形与荷载作用时间的关系如图 4.14 所示。随着载荷时间的延长，混凝土又产生变形，即徐变变形。徐变变形在受力初期增长较快，之后逐渐减慢，2 ～ 3 年时才趋于稳定。徐变变形可达瞬时变形的 2 ～ 4 倍。普通混凝土的最终徐变为$(3\sim15)\times10^{-4}$。卸除荷载后，部分变形瞬时恢复，还有部分变形在卸荷一段时间后逐渐恢复，称为徐变恢复。最后残留下的不能恢复的变形称为残余变形。

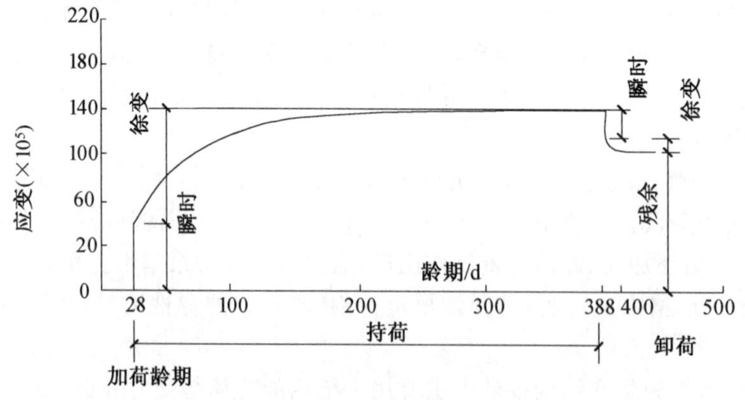

图 4.14　混凝土的徐变与恢复

① 徐变产生的原因。徐变的产生是水泥石中凝胶的黏性流动，并向毛细孔中移动的结果，以及凝胶体内的吸附水在荷载作用下向毛细孔迁移的结果。

② 影响混凝土徐变的主要因素。

a. 水泥用量与水灰比。水泥用量越多,水灰比越大,则混凝土中的水泥石含量及毛细孔数量越多,混凝土的徐变越大。

b. 骨料的弹性模量与骨料的规格与质量。骨料的弹性模量越大,混凝土的徐变越小。骨料的级配越好,粒径越大,泥及泥块的含量越少,则混凝土的徐变越小。

c. 养护湿度。养护湿度越高,混凝土的徐变越小。

d. 养护龄期。混凝土受荷载作用时间越早,徐变越大。

③ 徐变的作用。

a. 徐变可消除混凝土、钢筋混凝土中的应力集中程度,使应力重分配,从而使混凝土结构中局部应力集中得到缓和。

b. 对大体积混凝土工程,徐变可降低或消除一部分由于温度变形所产生的破坏应力。

c. 在预应力混凝土中,徐变将会使钢筋的预应力受到损失。

4.3.4　混凝土耐久性

1. 混凝土耐久性的含义

混凝土结构及其构件在自然环境、使用环境及材料内部因素的作用下,在设计要求的目标使用期内,不需要花费大量资金加固处理而能够长期维持其所需功能的能力称为混凝土耐久性。环境作用下影响混凝土结构耐久性的材料劣化现象主要是钢筋锈蚀和混凝土腐蚀,所以,评价混凝土耐久性应该从混凝土本身的组成(抗侵蚀性、抗碳化性、碱－骨料反应等)与结构(抗渗性、抗冻性等)两方面综合分析。

(1) 抗渗性。

抗渗性是混凝土的一项重要性质,它还直接影响混凝土的抗冻性及抗侵蚀性等。

混凝土抗渗性用抗渗等级 P_n 表示。《普通混凝土长期性能和耐久性能试验方法标准》(GB/T 50082—2009)规定,在标准试验条件下,以 6 个标准试件(厚度为 150 mm)中 4 个试件未出现渗水时,试件所能承受的最大水压力来确定和表示,分为 P6、P8、P10、P12 等级别,分别表示混凝土可抵抗 0.6 MPa、0.8 MPa、1.0 MPa、1.2 MPa 的水压力。对于抗渗性高的混凝土,目前采用电通量法、快速氯离子迁移系数法,通过评价抗氯离子渗透性能进行分析。

混凝土的抗渗性主要与水泥品种和混凝土的孔隙率,特别是开口孔隙率以及成型时造成的蜂窝、孔洞等结构有关。混凝土的抗渗性与水灰比有着密切的关系。水灰比大于 0.60 时,混凝土的渗透系数急剧增加,即抗渗性急剧下降。因而配制有抗渗性要求的混凝土时,水灰比必须小于 0.60。为提高混凝土的抗渗性应采用级配好、泥及泥块等杂质含量少的骨料,并应加强振捣成型和养护。掺加引气剂、减水剂、防水剂、膨胀剂等可大幅度提高混凝土的抗渗性。

地下工程及有防水或抗渗要求的工程应考虑混凝土的抗渗性。

(2) 抗冻性。

混凝土的抗冻性是指混凝土在吸水饱和状态下，抵抗冻融循环的能力。混凝土抗冻性用抗冻等级表示，其可分别通过快冻法或慢冻法测得。混凝土快冻法的抗冻等级用Fn表示，其是指吸水饱和状态下的混凝土，在规定的试验条件下，相对动弹性模量不小于60%，且质量损失不大于5%时，所能承受的最多冻融循环次数为n次；混凝土慢冻法的抗冻等级用Dn表示，其是指吸水饱和状态下的混凝土，在规定的试验条件下，抗压强度损失不超过25%，并且质量损失不超过5%时，所能承受的最多冻融循环次数为n次。其中n可包括15、25、50、100、150、200、250、300等。

混凝土的抗冻性主要与水泥品种、骨料的坚固性和混凝土内部的孔隙率有关。提高混凝土的抗渗性可显著提高其抗冻性。采用较低的水灰比，级配好、泥及泥块含量少的骨料，可提高混凝土的抗冻性。加强振捣成型和养护，掺加减水剂，特别是掺加引气剂可显著提高混凝土的抗冻性。

处于受冻环境，特别是处于水位变化区的受冻混凝土，应考虑混凝土的抗冻性。

(3) 抗侵蚀性。

混凝土所处的环境含有侵蚀介质时，则对混凝土必须具备抗侵蚀性要求。混凝土的抗侵蚀性主要取决于水泥的品种与混凝土的密实度。特殊情况下，混凝土的抗侵蚀性也与骨料的性质有关：如环境中含有酸性物质时，应采用耐酸性高的骨料(石英岩、花岗岩、安山岩、铸石等)；如环境中含有强碱性的物质时，应采用耐碱性高的骨料(石灰岩、白云岩、花岗岩等)。

(4) 碳化。

空气中的二氧化碳与水泥石中的氢氧化钙作用，生成碳酸钙和水的过程称为碳化，又称中性化。

未碳化的混凝土内含有大量的氢氧化钙，毛细孔内氢氧化钙水溶液的pH可达到12.6～13，这种强碱性环境能在钢筋表面形成一层钝化膜，因而对钢筋具有良好的保护能力。碳化使混凝土的碱度降低，当碳化深度超过钢筋的保护层时，由于混凝土的中性化，钢筋表面的钝化膜被破坏，钢筋产生锈蚀。钢筋锈蚀还会引起体积膨胀，使混凝土保护层开裂或剥落。混凝土的开裂和剥落又会加速混凝土的碳化和钢筋的锈蚀。因此碳化作用的最大危害是降低了对钢筋的保护作用，使钢筋更容易锈蚀。

碳化还会引起混凝土表面产生微裂纹，从而降低混凝土的抗拉强度、抗折强度及抗渗性等。但碳化产生的碳酸钙使混凝土的表面更加致密，因而对混凝土的抗压强度有利。总体来讲，碳化对混凝土的弊大于利。

混凝土的碳化过程是由表及里逐渐进行的过程。混凝土的碳化深度D(mm)随时间t(d)的延长而增大，在正常大气中，二者的关系为

$$D=a\sqrt{t} \tag{4.6}$$

式中 a—— 碳化速度系数，与混凝土的组成材料及混凝土的密实程度等有关。

影响混凝土碳化速度的因素有以下几点：

① 二氧化碳的浓度。二氧化碳的浓度高，则混凝土的碳化速度快。如室内混凝土的碳化较室外快，翻砂及铸造车间混凝土的碳化则更快。

② 湿度。湿度为50%～70%时，混凝土的碳化速度最快。湿度过小时，由于缺乏水分而停止碳化；湿度过大时，由于孔隙中充满了水分，不利于二氧化碳向内扩散。

③ 水泥品种。掺入混合料多的硅酸盐水泥，碱度低，因而抗碳化能力低于不掺或少掺混合材料的硅酸盐水泥，即硅酸盐水泥和普通硅酸盐水泥混凝土的抗碳化能力高。

④ 水灰比。水灰比越大，毛细孔越多，碳化速度越快。

⑤ 骨料的质量。骨料的级配越好，泥及泥块含量越少，混凝土的水灰比越小，抗碳化能力越高。

⑥ 养护。混凝土的养护越充分，抗碳化能力越好。采用湿热处理的混凝土，其碳化速度较标准养护时的碳化速度快。

⑦ 外加剂。掺加减水剂和引气剂时，可明显降低混凝土的碳化速度。

对普通工业与民用建筑中的钢筋混凝土，不论使用何种水泥，不论配合比如何，只要混凝土的成型质量较好，钢筋外部的20～30 mm的混凝土保护层完全可以保证钢筋在使用期限内(约50年)不发生锈蚀。但对薄壁钢筋混凝土结构，或二氧化碳浓度较高环境中的钢筋混凝土结构，须特别考虑混凝土的抗碳化性。

(5) 碱－骨料反应。

碱－骨料反应是指混凝土内水泥石或外加剂中的碱(Na_2O、K_2O)与骨料中活性氧化硅间的反应，该反应的产物为碱－硅酸凝胶，吸水后会产生巨大的体积膨胀而使混凝土开裂。碱－骨料反应破坏的特点是，混凝土表面产生网状裂纹，活性骨料周围出现反应环，裂纹及附近孔隙中常含有碱－硅酸凝胶等。碱－骨料反应的速度极慢，其危害需几年或十几年时间才逐渐表现出来。

碱－骨料反应只有在水泥中的碱含量大于0.60%(以Na_2O计)的情况下，骨料中含有活性氧化硅时，并且在有水存在或潮湿环境中才能进行。

含活性氧化硅的有蛋白石、玉髓、鳞石英等，这些矿物常存在于流纹岩、安山岩、凝灰岩等天然岩石中。当骨料中含有活性氧化硅，而又必须使用时，应采取以下措施：

① 使用碱含量小于0.60%的水泥。

② 掺加磨细的活性掺合料。利用活性掺合料，特别是硅灰与火山灰质混合材料可吸收和消耗水泥中的碱，使碱－骨料反应的产物均匀分布于混凝土中，而不致集中于骨料的周围，以降低膨胀应力。

③ 掺加引气剂。利用引气剂在混凝土内产生的微小气泡，使碱－骨料反应的产物能分散嵌入到这些微小的气泡内，以降低膨胀应力。

2.提高混凝土耐久性的措施

尽管引起混凝土抗冻性、抗渗性、抗侵蚀性、抗碳化性等耐久性下降的因素或破坏介质不同，但均与混凝土所用水泥、骨料等组成质量以及混凝土孔隙率、孔隙特征等结构有关。因而可采取以下措施来提高混凝土的耐久性：

① 选择适宜的水泥品种和水泥强度等级(表4.16)。也可根据使用环境条件，掺加适量的活性掺合料。

表 4.16　设计使用年限为 50 年的混凝土结构的耐久性基本要求 (GB 50010—2010)

<table>
<tr><th>环境类别</th><th>环境条件</th><th>最大水胶比</th><th>最低强度等级</th><th>最大氯离子含量 /%</th><th>碱质量浓度 /(kg·m⁻³)</th></tr>
<tr><td>一</td><td>干燥环境、无侵蚀性静水浸没环境</td><td>0.60</td><td>C20</td><td>0.30</td><td>不限制</td></tr>
<tr><td>二 a</td><td>室内潮湿环境、非严寒和非寒冷地区的露天环境、非严寒和非严寒冷地区与无侵蚀性的水或土壤直接接触的环境、严寒和寒冷地区的冰冻线以下与无侵蚀性的水或土壤直接接触的环境</td><td>0.55</td><td>C25</td><td>0.20</td><td rowspan="6">3.0</td></tr>
<tr><td>二 b</td><td>干湿交替环境、水位频繁交换环境、严寒和寒冷地区的露天环境、严寒和寒冷地区冰冻线以上与无侵蚀性的水或土壤直接接触的环境</td><td>0.50
(0.55)</td><td>C30
(C25)</td><td>0.15</td></tr>
<tr><td>三 a</td><td>严寒和寒冷地区冬季水位变动环境、严寒和寒冷地区的露天环境、严寒和寒冷地区冰冻线以上与无侵蚀性的水或土壤直接接触的环境</td><td>0.45
(0.50)</td><td>C35
(C30)</td><td>0.15</td></tr>
<tr><td>三 b</td><td>盐渍土环境、受险冰盐作用环境、海岸环境</td><td>0.40</td><td>C40</td><td>0.10</td></tr>
<tr><td>四</td><td>海水环境</td><td>—</td><td>—</td><td>—</td></tr>
<tr><td>五</td><td>受人为或自然的侵蚀性物质影响的环境</td><td>—</td><td>—</td><td>—</td></tr>
</table>

② 采用较小的水胶比，并限制最大水胶比和最小胶凝材料用量(表 4.17)，以保证混凝土的结构密实性。

表 4.17　混凝土的最大水胶比和最小胶凝材料用量(JGJ 55—2011)

<table>
<tr><th rowspan="2">最大水胶比</th><th colspan="3">最小胶凝材料用量 /(kg·m⁻³)</th></tr>
<tr><th>素混凝土</th><th>钢筋混凝土</th><th>预应力混凝土</th></tr>
<tr><td>0.60</td><td>250</td><td>280</td><td>300</td></tr>
<tr><td>0.55</td><td>280</td><td>300</td><td>300</td></tr>
<tr><td>0.50</td><td colspan="3">320</td></tr>
<tr><td>≤ 0.45</td><td colspan="3">330</td></tr>
</table>

③ 采用杂质少、级配好、粒径适中、坚固性好的粗、细骨料。

④ 掺加减水剂和引气剂。

⑤ 加强养护，特别是早期养护。

⑥ 采用机械搅拌和机械振动成型。

⑦ 必要时，可适当增大砂率，以减小离析、分层。

4.4 混凝土质量控制与评定

4.4.1 混凝土应满足的基本要求

土木工程对混凝土的基本要求主要包括四大方面：

(1) 满足与施工条件相适应的拌和物和易性的要求。

(2) 满足结构设计强度的要求。

(3) 满足与应用环境相适应的耐久性及特殊需要性能的要求。

(4) 满足以节约水泥为主的经济性、合理性的要求。

4.4.2 混凝土的质量波动与控制

混凝土的生产质量由于受各种因素的作用或影响总是有所波动。引起混凝土质量波动的主要因素包括原材料质量的波动、组成材料计量的误差、搅拌时间、振捣条件与时间、养护条件等的波动与变化，以及试验条件变化等。

为减小混凝土质量的波动程度，应采取以下措施。

(1) 严格控制各组成材料的质量。

混凝土各组成材料的质量均须满足相应的技术规定与要求，且应满足工程设计与施工等方面的要求。

(2) 严格计量。

各组成材料的计量误差须满足相应的技术规定，不得随意改变配合比。并应随时测定砂、石骨料的含水率，以保证混凝土配合比的准确性。

(3) 加强施工过程中的管理。

严格管控混凝土搅拌、振捣、运输、浇筑、养护等各施工环节。

(4) 绘制混凝土质量管理图。

对混凝土的强度，可通过绘制质量管理图来掌握混凝土质量的波动情况。利用质量管理图分析混凝土质量波动的原因，并采取相应的对策，达到控制混凝土质量的目的。

4.4.3 混凝土强度的波动规律与正态分布曲线

1. 强度波动的统计计算

(1) 混凝土强度的平均值 $m_{f_{cu}}$。

$$m_{f_{cu}} = \frac{1}{n}\sum_{i=1}^{n} f_{cu,i} \tag{4.7}$$

式中 n—— 混凝土强度试件的组数；

$f_{cu,i}$—— 第 i 组混凝土试件的强度值，MPa。

强度平均值只能反映混凝土总体强度水平，而不能说明强度波动的大小。

(2) 强度标准差 σ_0。

$$\sigma_0 = \sqrt{\frac{\sum_{i=1}^{n}(f_{\mathrm{cu},i} - m_{f_{\mathrm{cu}}})^2}{n-1}} = \sqrt{\frac{\sum_{i=1}^{n} f_{\mathrm{cu},i}^2 - n m_{f_{\mathrm{cu}}}^2}{n-1}} \tag{4.8}$$

标准差 σ 反映混凝土强度波动的大小(或离散程度),标准差 σ 越小,说明强度波动越小。

(3) 变异系数 C_{v}。

$$C_{\mathrm{v}} = \frac{\sigma_0}{m_{f_{\mathrm{cu}}}} \tag{4.9}$$

变异系数 C_{v} 反映混凝土强度的相对波动程度,变异系数 C_{v} 越小,说明强度越均匀。

2. 混凝土强度的波动规律与正态分布曲线

在正常生产条件下,混凝土的强度受许多随机因素的作用,这会导致混凝土的强度发生随机变化,因此可以采用数理统计的方法进行分析、处理和评定。

为掌握混凝土强度波动的规律,可以对同一强度要求的混凝土进行随机取样,制作 n 组试件($n \geqslant 25$),测定其 28 d 龄期的抗压强度。然后以抗压强度为纵坐标,以混凝土强度出现的频率为横坐标,绘制抗压强度频率分布曲线,如图 4.15 所示。大量试验结果证明,混凝土的抗压强度频率曲线接近于正态分布曲线,即混凝土的强度服从正态分布。

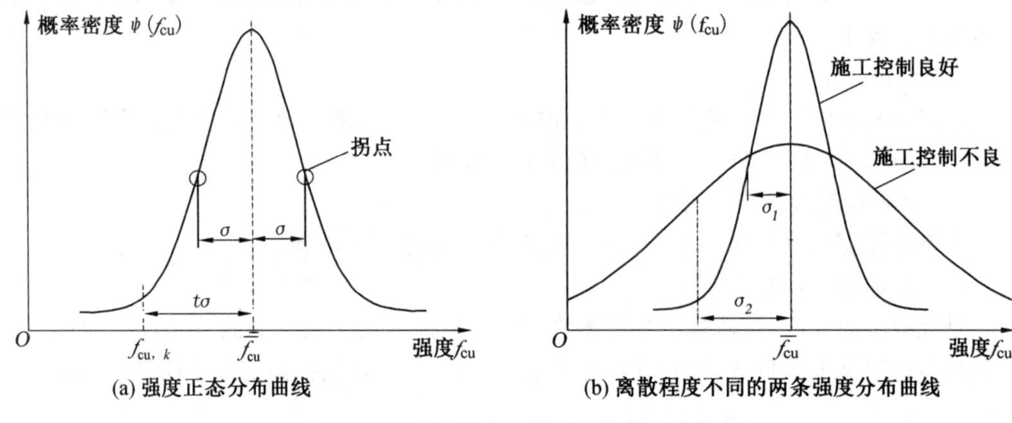

(a) 强度正态分布曲线

(b) 离散程度不同的两条强度分布曲线

图 4.15 混凝土抗压强度频率分布曲线

正态分布曲线的高峰对应的横坐标为强度平均值,且以强度平均值为对称轴。曲线与横坐标所围成的面积为 100%,即概率的总和为 100%,对称轴两侧出现的概率各为 50%,如图 4.15(a) 所示。当正态分布曲线高而窄时,说明混凝土强度的波动较小,即混凝土的施工质量控制较好;当正态分布曲线矮而宽时,说明混凝土强度的波动较大,即混凝土的施工质量控制较差,如图 4.15(b) 所示。

3. 混凝土强度保证率与质量评定

混凝土强度保证率 P 是指混凝土强度的整体中,大于设计强度等级值 $f_{\mathrm{cu},k}$ 的概率,即图 4.16 中阴影的面积。低于强度等级的概率,则为不合格率。

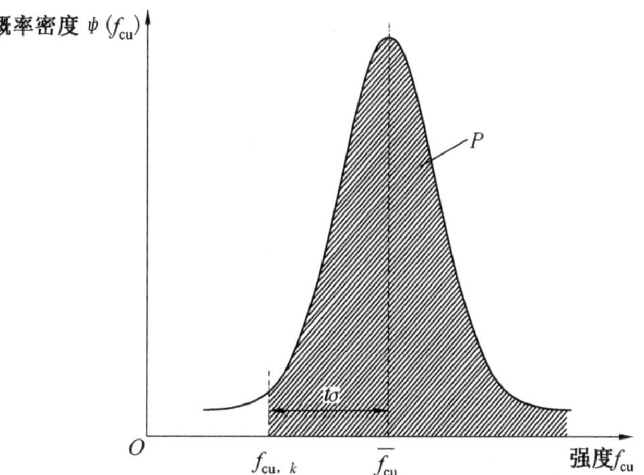

图 4.16　混凝土抗压强度频率分布曲线

计算强度保证率 P 时，应首先计算出概率度系数 t（又称保证率系数），计算式如下：

$$t=\frac{f_{cu,k}-m_{f_{cu}}}{\sigma} \quad 或 \quad t=\frac{f_{cu,k}-m_{f_{cu}}}{C_v m_{f_{cu}}} \tag{4.10}$$

混凝土强度保证率 P，由下式计算：

$$P=\frac{1}{\sqrt{2\pi}}\int_t^{+\infty} e^{-\frac{t^2}{2}} dt \tag{4.11}$$

实际应用中，当已知 t 值时，可从数理统计书中查得 P。部分 t 值对应的 P 见表 4.18。

表 4.18　不同 t 值对应的保证率 P

t	0.00	−0.50	−0.80	−0.84	−1.00	−1.04	−1.20	−1.28	−1.40	−1.50	−1.60
P/%	50.00	69.20	78.80	80.00	84.10	85.10	88.50	90.00	91.90	93.50	94.50
t	−1.645	−1.70	−1.75	−1.81	−1.88	−1.96	−2.00	−2.05	2.33	−2.50	−3.00
P/%	95.00	95.50	96.00	96.50	97.00	97.50	97.70	98.00	99.00	99.40	99.87

4.4.4　混凝土的配制强度

为保证混凝土强度满足 GB/T 50081—2002 所要求的 95% 保证率，混凝土的配制强度 $f_{cu,0}$ 必须大于设计要求的强度等级。令 $f_{cu,0}=m_{f_{cu}}$，代入概率度系数 t 计算式，即得

$$t=\frac{f_{cu,k}-m_{f_{cu}}}{\sigma} \tag{4.12}$$

由此得混凝土配制强度 $f_{cu,0}$ 为

$$f_{cu,0}=f_{cu,k}-t\sigma \tag{4.13}$$

当保证率 $P=95\%$ 时，对应的概率度系数 $t=1.645$，因而式(4.13) 可写为

$$f_{cu,0}=f_{cu,k}+1.645\sigma \tag{4.14}$$

式中，σ 可由混凝土生产单位的历史统计资料得到，无统计资料时，见表 4.19。

表 4.19 混凝土的 σ 取值(JGJ 55—2011)

混凝土强度标准值	≤C20	C20～C45	C50～C55
σ	4.0	5.0	6.0

注:在采用本表时,施工单位可根据实际情况,对 σ 做调整。

4.5 普通混凝土配合比设计

4.5.1 混凝土配合比的表示方法

混凝土配合比是指混凝土各组成材料之间的比例关系。混凝土配合比的表示方法主要有两种:一种是以 1 m^3 混凝土中各组成材料的用量(kg) 来表示,如水泥 300 kg、水 190 kg、砂 690 kg、石子 1 270 kg;另一种是以单位质量的水泥与各材料间的用量比来表示,如前例配比用此法可表示为 m(水泥) ∶ m(砂) ∶ m(石) = 1 ∶ 2.3 ∶ 4.2,水灰比为 0.63。当掺加外加剂或混凝土掺合料时,其用量以水泥用量的质量百分比来表示。极个别情况下,混凝土的配合比也用各材料间的体积比来表示。

4.5.2 混凝土配合比设计的基本要求

混凝土配合比设计的任务,就是合理设计各组成材料的比例关系,使得混凝土应满足以下要求:

(1) 满足与施工条件相适应的拌和物和易性要求。

(2) 满足结构设计强度要求。

(3) 满足与应用环境相适应的耐久性及特殊需要性能要求。

(4) 满足以节约水泥为主的经济性、合理性要求。

4.5.3 混凝土配合比设计前需明确的基本资料

1. 工程要求与施工水平

首先需明确设计要求的和易性、强度等级、耐久性的混凝土所要求的技术性能指标,混凝土工程所处的使用环境条件,混凝土构件或混凝土结构的断面尺寸和配筋情况,混凝土的施工方法与施工质量水平。

2. 原材料

根据混凝土工程与施工水平要求,确定水泥的品种、强度等级、密度等性能,粗、细骨料的规格(粗细或最大粒径)、品种、表观密度、级配、含水率及杂质与有害物的含量等,水质情况,外加剂与掺合料的品种、性能等组成材料的基本性能指标。

4.5.4 混凝土配合比设计步骤

混凝土配合比设计是根据配合比设计的基本要求和原材料的品种、规格、质量等条件，首先，以干燥状态骨料为基准（细骨料的含水率小于 0.5%、粗骨料的含水率小于 0.2%），凭经验直接选取或从各种配合比手册中查得，或通过计算法求得（本书以计算法为例）混凝土初步配合比，经过试拌、检验与调整而获得满足和易性、强度、耐久性及经济性等设计要求的混凝土配合比。设计步骤如下：

1. 确定初步配合比

（1）确定配制强度 $f_{cu,0}$。

$$f_{cu,0}=f_{cu,k}+1.645\sigma \tag{4.15}$$

（2）确定水胶比 W_0/B_0。

对于普通混凝土而言，其使用胶凝材料主要是水泥，水与水泥的用量比值称为水灰比（W/C）；对于高性能混凝土，其所用的胶凝材料是由水泥和粉煤灰等矿物掺合料混合而成，水与胶凝材料的用量比值称为水胶比（W_0/B_0）。确定水胶比的原则是在满足强度和耐久性的前提下，选择较大的水胶比以节约水泥用量。水胶比可凭经验确定或从各种配合比手册中直接选取，缺乏经验时可通过计算法确定（本书以计算法为例），根据保罗米公式，计算过程如下：

由 $f_{cu,0}=f_{28}=\alpha_a f_b\left(\dfrac{B_0}{W_0}-\alpha_b\right)=\alpha_a\gamma_f\gamma_s f_{ce}\left(\dfrac{B_0}{W_0}-\alpha_b\right)=\alpha_a\gamma_f\gamma_s\gamma_c f_{ce,g}\left(\dfrac{B_0}{W_0}-\alpha_b\right)$

得
$$\frac{B_0}{W_0}=\frac{f_{cu,0}}{\alpha_a f_b}+\alpha_b=\frac{f_{cu,0}}{\alpha_a\gamma_f\gamma_s f_{ce}}+\alpha_b=\frac{f_{cu,0}}{\alpha_a\gamma_f\gamma_s\gamma_c f_{ce,g}}+\alpha_b$$

即
$$\frac{W_0}{B_0}=\frac{\alpha_a f_b}{f_{cu,0}+\alpha_a\alpha_b f_b}=\frac{\alpha_a\gamma_f\gamma_s f_{ce}}{f_{cu,0}+\alpha_a\alpha_b\gamma_f\gamma_s f_{ce}}=\frac{\alpha_a\gamma_f\gamma_s\gamma_c f_{ce,g}}{f_{cu,0}+\alpha_a\alpha_b\gamma_f\gamma_s\gamma_c f_{ce,g}} \tag{4.16}$$

式中　γ_f、γ_s——粉煤灰影响系数、粒化高炉矿渣粉影响系数，见表 4.20。

回归系数 α_a、α_b 应使用本单位的统计值，无统计资料时，可按《普通混凝土配合比设计规程》(JGJ 55—2011) 提供的选取：碎石 $\alpha_a=0.53$，$\alpha_b=0.20$；卵石 $\alpha_a=0.49$，$\alpha_b=0.13$。

表 4.20　粉煤灰影响系数、粒化高炉矿渣粉影响系数(JGJ 55—2011)

掺量 /%	粉煤灰影响系数 γ_f	粒化高炉矿渣粉影响系数 γ_s
0	1.00	1.00
10	0.90 ～ 0.95	1.00
20	0.80 ～ 0.85	0.95 ～ 1.00
30	0.70 ～ 0.75	0.90 ～ 1.00
40	0.60 ～ 0.65	0.80 ～ 0.90
50	—	0.70 ～ 0.85

注：① 宜采用 Ⅰ 级、Ⅱ 级粉煤灰宜取上限值。

② 采用 S75 级粒化高炉矿渣粉宜取下限值，采用 S95 级粒化高炉矿渣粉宜取上限值，采用 S105 级粒化高炉矿渣粉可取上限值加 0.05。

③ 当超出表中掺量时，粉煤灰和粒化高炉矿渣粉影响系数应经试验确定。

为保证混凝土的耐久性，计算出的水胶比须小于表 4.16 和表 4.17 中规定的最大水胶比。如计算得的水胶比大于表中规定的最大水胶比，则取得表中规定的最大水胶比值。

(3) 确定用水量 m_{w0}。

干硬性或塑性混凝土的用水量，可凭经验直接选取。

① 水胶比在 0.40 ～ 0.80 范围时，根据粗骨料的品种、粒径及施工要求的流动性指标，查表 4.13 和表 4.14 确定。

② 水胶比小于 0.40 时，可根据试验确定。

③ 掺外加剂时，可按下式计算：

$$m_{w0} = m_{w0'}(1-\beta) \tag{4.17}$$

式中 m_{w0}—— 满足实际坍落度要求的每立方米混凝土用水量，kg；

$m_{w0'}$—— 未掺外加剂时满足实际坍落度要求的每立方米混凝土用水量，kg；

β—— 外加剂的减水率，%，经试验确定。

(4) 确定胶凝材料用量 m_{b0}。

每立方米混凝土中胶凝材料用量 m_{b0} 可按下式计算：

$$m_{b0} = m_{w0}\frac{B_0}{W_0} \quad 或 \quad m_{b0} = \frac{m_{w0}}{\dfrac{W_0}{B_0}} \tag{4.18}$$

每立方米混凝土中矿物掺合料用量 m_{f0} 可按下式计算：

$$m_{f0} = m_{b0}\beta_f \tag{4.19}$$

式中 β_f—— 矿物掺合料掺量，%。

每立方米混凝土中水泥用量 m_{c0} 可按下式计算：

$$m_{c0} = m_{b0} - m_{f0} \tag{4.20}$$

为保证混凝土的耐久性，计算得的水泥(或胶凝材料) 用量须大于表 4.17 中规定的最小用量。当计算得的水泥(或胶凝材料) 用量少于最小规定用量时，应按表中规定的最小用量选取。

(5) 确定砂率 β_s。

应根据骨料的技术指标、新拌混凝土性能和施工要求，参考既有历史资料确定。当缺乏历史资料时，应按下列规定确定：

① 坍落度小于 10 mm 的混凝土，砂率应经试验确定。

② 坍落度为 10 ～ 60 mm 的混凝土，砂率可根据粗骨料的品种、最大公称粒径及水灰比按表 4.15 选取。

③ 坍落度大于 60 mm 的混凝土，可经试验确定，也可在表 4.15 的基础上，按坍落度每增大 20 mm，砂率增大 1% 的幅度予以调整。

(6) 计算砂用量 m_{s0} 和石用量 m_{g0}。

① 体积法。该法假定混凝土各组成材料的体积(指各材料排开水的体积，即水泥与水以密度计算体积，砂、石以表观密度计算体积) 与拌和物所含的少量空气的体积之和等于新拌混凝土的体积，即 1 m^3，或 1 000 L。由此假定方程和砂率方程联立，即有下述方程

组：

$$\begin{cases}\dfrac{m_{c0}}{\rho_c}+\dfrac{m_{f0}}{\rho_f}+\dfrac{m_{w0}}{\rho_w}+\dfrac{m_{s0}}{\rho_s'}+\dfrac{m_{g0}}{\rho_g'}+0.01\alpha=1\\ \beta_s=\dfrac{m_{s0}}{m_{s0}+m_{g0}}\times 100\%\end{cases}\tag{4.21}$$

式中　ρ_c、ρ_f、ρ_w—— 水泥、矿物掺合料、水的密度，g/cm^3 或 kg/L；

ρ_s'、ρ_g'—— 砂、石的表观密度，g/cm^3 或 kg/L；

α—— 混凝土含气量，%，不掺引气型外加剂时，α 取 1。

② 表观密度法(质量法)。

该法假定每立方米混凝土中各组成材料的质量之和等于新拌混凝土的表观密度 m_{cp}，其可在 2 350 ～ 2 450 kg/m^3 之间选取。由此假定方程和砂率方程联立，即有下述方程组：

$$\begin{cases}m_{c0}+m_{f0}+m_{w0}+m_{s0}+m_{g0}=m_{cp}\\ \beta_s=\dfrac{m_{s0}}{m_{s0}+m_{g0}}\times 100\%\end{cases}\tag{4.22}$$

解方程组，即得每立方米混凝土中砂用量 m_{s0} 和石用量 m_{g0}。

2. 试拌检验与调整和易性及确定基准配合比

初步配合比是根据一些经验公式或表格通过计算得到的，或是直接选取的，因而不一定符合实际情况，故须进行检验与调整，并通过实测新拌混凝土表观密度 $\rho_{c,t}$ 进行校正。

试拌时，若流动性大于要求值，可保持砂率不变，适当增加砂用量和石用量；若流动性小于要求值，可保持水灰比不变，适当增加水泥用量和水用量，其数量一般为 5% 或 10%，若黏聚性或保水性不合格，则应适当增加砂用量。和易性合格后，测定新拌混凝土的表观密度 $\rho_{c,t}$，并计算出各组成材料的拌和用量：水泥 m_{c0b}、矿物掺合料 m_{fob}、水 m_{w0b}、砂 m_{s0b}、石 m_{g0b}，则拌和物的总用量 m_{tb} 为

$$m_{tb}=m_{c0b}+m_{f0b}+m_{w0b}+m_{s0b}+m_{g0b}\tag{4.23}$$

混凝土的基准配合比，按下式计算：

$$\begin{cases}m_{cr}=\dfrac{m_{c0b}}{m_{tb}}\rho_{c,t},\quad m_{fr}=\dfrac{m_{f0b}}{m_{tb}}\rho_{c,t}\\ m_{wr}=\dfrac{m_{w0b}}{\mathrm{m}_{tb}}\rho_{c,t},\quad m_{sr}=\dfrac{m_{s0b}}{m_{tb}}\rho_{c,t},\quad m_{gr}=\dfrac{m_{g0b}}{m_{tb}}\rho_{c,t}\end{cases}\tag{4.24}$$

需要说明的是，即使新拌混凝土的和易性不需调整，也必须用实测表观密实 $\rho_{c,t}$ 按上式校正配合比。

3. 检验强度与确定实验室配合比

检验强度时应采用不少于三组的配合比。其中一组为基准配合比；另两组的水胶比分别比基准配合比减小或增加 0.05，而水用量、砂用量、石用量与基准配合比相同(必要时，也可适当调整砂率)。三组混凝土的水胶比、水泥、水、砂、石用量分别为三组配合比分

别成型、养护、测定28 d龄期的抗压强度 $f_{\mathrm{I}}\left(\frac{W_0}{B_0}+0.05\right)$，$f_{\mathrm{II}}\left(\frac{W_0}{B_0}\right)$，$f_{\mathrm{III}}\left(\frac{W_0}{B_0}-0.05\right)$。由三组配合比的胶水比和抗压强度，绘制 $f_{28}-B/W$ 关系图(图4.17)。

由图4.17可得满足配制强度 $f_{\mathrm{cu,0}}$ 的胶水比 B/W，称为实验室胶水比，该胶水比既满足强度要求，又满足水泥用量最少的要求，因此，也称最佳胶水比。此时，满足配制强度 $f_{\mathrm{cu,0}}$ 要求的四种材料的用量为最佳材料用量：胶凝材料为 $m_{\mathrm{wr}}\cdot\frac{B}{W}$、水为 m_{wr}、砂为 m_{sr}、石为 m_{gr}。由于调整后四者的体积之和不等于1 m^3，需根据混凝土的实测表观密度 $\rho_{\mathrm{c,t}}$ 和计算表观密度 $\rho_{\mathrm{c,c}}$ 折算为1 m^3。

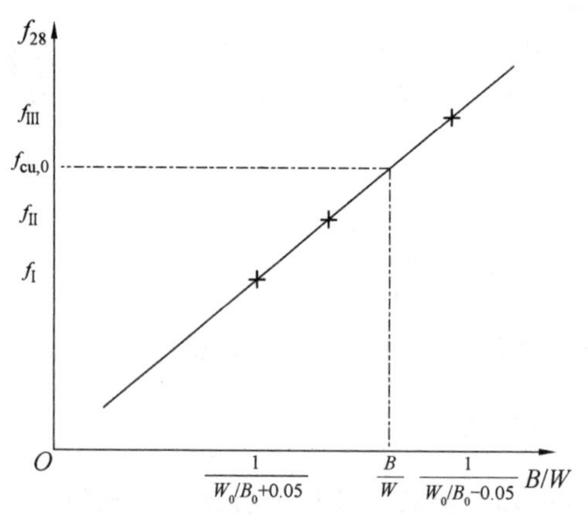

图 4.17　$f_{28}-B/W$ 关系图

混凝土计算表观密度按下式计算：

$$\rho_{\mathrm{c,c}}=m_{\mathrm{wr}}\cdot\frac{B}{W}+m_{\mathrm{wr}}+m_{\mathrm{sr}}+m_{\mathrm{gr}} \tag{4.25}$$

则校正系数 δ 为

$$\delta=\frac{\rho_{\mathrm{c,t}}}{\rho_{\mathrm{c,c}}} \tag{4.26}$$

若 $\rho_{\mathrm{c,t}}$ 与 $\rho_{\mathrm{c,c}}$ 差的绝对值不超过 $\rho_{\mathrm{c,c}}$ 的2%，则由上述各材料最佳用量确定的比例关系，即为混凝土实验室配合比；若 $\rho_{\mathrm{c,t}}$ 与 $\rho_{\mathrm{c,c}}$ 差的绝对值超过 $\rho_{\mathrm{c,c}}$ 的2%，则需用 δ 校正各材料最佳用量以确定实验室配合比。即校正后的混凝土的实验室配合比为

$$\begin{cases}m_{\mathrm{c}}=\delta\cdot m_{\mathrm{wr}}\cdot\frac{B}{W}(1-\beta_{\mathrm{f}}), \quad m_{\mathrm{f}}=\delta\cdot m_{\mathrm{wr}}\cdot\frac{B}{W}\cdot\beta_{\mathrm{f}}\\ m_{\mathrm{w}}=\delta\cdot m_{\mathrm{wr}}, \quad m_{\mathrm{s}}=\delta\cdot m_{\mathrm{sr}}, \quad m_{\mathrm{g}}=\delta\cdot m_{\mathrm{gr}}\end{cases} \tag{4.27}$$

上述配合比一般均能满足耐久性要求，如对混凝土的耐久性有专门要求时(如抗渗性、抗冻性等)，还应将上述配合比进行相应的检验，若合格即为混凝土的实验室配合比，若不合格还应做相应的调整。

实际配制时，在和易性检验及调整合格后，不必计算基准配合比，而是直接配制三组不同水胶比的混凝土由此确定混凝土的实验室配合比，方法如下。

强度检验时，三组混凝土的水胶比及胶凝材料、水、砂、石的拌和用量分别为

Ⅰ. $(\frac{W}{B}+0.05)$, $\frac{m_{w0b}}{(\frac{W}{B}+0.5)}$, m_{w0b}, m_{s0b}, m_{g0b}

Ⅱ. $\frac{W}{B}$, m_{c0b}, m_{f0b}, m_{w0b}, m_{s0b}, m_{g0b}

Ⅲ. $(\frac{W}{B}-0.05)$, $\frac{m_{w0b}}{(\frac{W}{B}-0.05)}$, m_{w0b}, m_{s0b}, m_{g0b}

三组混凝土分别成型、养护，并测定 28 d 龄期的抗压强度 $f_{\mathrm{I}}\left(\frac{W}{B}+0.05\right)$，$f_{\mathrm{II}}\left(\frac{W}{B}\right)$，$f_{\mathrm{III}}\left(\frac{W}{B}-0.05\right)$。由三组配合比的胶水比和抗压强度，绘制 $f_{28}-B/W$ 关系图(图4.17)。由图 4.17 可得满足配制强度 $f_{cu,0}$ 要求，且节约水泥用量的实验室胶水比 B/W，此时四种材料的拌和用量：胶凝材料 $m_{wr}\cdot\frac{B}{W}$、水 m_{wr}、砂 m_{sr}、石 m_{gr}，拌和物总用量 m_{tb} 为

$$m_{tb}=m_{w0b}+\frac{B}{W}+m_{w0b}+m_{s0b}+m_{g0b} \tag{4.28}$$

混凝土的实验室配合比为

$$\begin{cases} m_c=\dfrac{m_{w0b}\dfrac{B}{W}}{m_{tb}}(1-\beta_f)\rho_{c,t}, \quad m_f=\dfrac{m_{w0b}\dfrac{B}{W}}{m_{tb}}\beta_f\rho_{c,t} \\ m_w=\dfrac{m_{w0b}}{m_{tb}}\rho_{c,t}, \quad m_s=\dfrac{m_{s0b}}{m_{tb}}\rho_{c,t}, \quad m_g=\dfrac{m_{g0b}}{m_{tb}}\rho_{c,t} \end{cases} \tag{4.29}$$

4. 确定施工配合比

工地的砂、石均含有一定数量的水分，为保证混凝土配合比的准确性，应根据实测的砂含水率 w_s'、石子含水率 w_g'，将实验室配合比换算为施工配合比(又称工地配合比)，即

$$\begin{cases} m_c'=m_c, \quad m_f'=m_f, \quad m_s'=m_s(1+w_s'), \quad m_g'=m_g(1+w_g') \\ m_w'=m_w-m_s\cdot w_s'-m_g\cdot w_g' \end{cases} \tag{4.30}$$

施工配合比应根据骨料含水率的变化，随时做相应的调整。

4.5.5 普通混凝土配合比设计实例

处于严寒地区受冻部位的钢筋混凝土构件，其设计强度等级为 C25，施工要求的坍落度为 35～50 mm，采用机械搅拌和机械振动成型。施工单位无历史统计资料。试确定混凝土的配合比。原材料条件为：强度等级为 32.5 的普通硅酸盐水泥，密度为 3.1 g/cm^3；级配合格的中砂(细度模数为 2.3)，表观密度为 2.65 g/m^3，含水率为 3%；级配合格的碎石，最大粒径为 31.5 mm，表观密度为 2.70 g/cm^3，含水率为 1%，饮用水。

解：(1) 确定初步配合比。

① 确定配制强度 $f_{cu,0}$。查表 4.18，$\sigma=5.0$ MPa。

$$f_{cu,0}=f_{cu,k}+1.645\sigma=25+1.645\times5.0=33.2(\mathrm{MPa})$$

② 确定水胶比 W_0/B_0。因该混凝土未掺矿物掺合料，所以，水胶比(W_0/B_0) 即为水

灰比(W_0/C_0)。

由水泥强度等级 32.5,按《普通混凝土配合比设计规程》选取其富余系数 γ_c 为 1.12;粗骨料为碎石,回归系数 $\alpha_a=0.53$,$\alpha_b=0.20$。

$$\frac{W_0}{C_0}=\frac{\alpha_a\gamma_c f_{ce,k}}{f_{cu,0}+\alpha_a\alpha_b\gamma_c f_{ce,k}}=\frac{0.53\times1.12\times32.5}{33.2+0.53\times0.20\times1.12\times32.5}=0.52$$

查表 4.15,该值大于所规定的最大值,即取表中规定值 $W_0/C_0=0.50$。

③ 确定用水量 m_{w0}。根据坍落度为 35 ~ 50 mm、碎石且最大粒径为 31.5 mm、中砂,查表 4.14,并考虑砂为中砂偏细,选取混凝土的用水量 $m_{w0}=190$ kg。

④ 确定水泥用量 m_{c0}。

$$m_{c0}=\frac{m_{w0}}{\frac{W_0}{C_0}}=\frac{190}{0.50}=380\ (\text{kg})$$

查表 4.16,该值大于所规定的最小值,即取 $m_{c0}=380$ kg。

⑤ 确定砂率 β_s。根据水灰比 $W/C=0.50$、碎石最大粒径为 31.5 mm、中砂、查表 4.15,并考虑砂为中砂偏细,故选取混凝土的砂率 $\beta_s=33\%$。

⑥ 计算砂用量 m_{s0} 和石用量 m_{g0}。

a. 体积法。

$$\begin{cases}\dfrac{m_{c0}}{\rho_c}+\dfrac{m_{w0}}{\rho_0}+\dfrac{m_{s0}}{\rho_s'}+\dfrac{m_{g0}}{\rho_g'}+0.01\alpha=1\\[2ex]\beta_s=\dfrac{m_{s0}}{m_{s0}+m_{g0}}\times100\%\end{cases}$$

因未掺引气剂,故 α 取 1。

$$\begin{cases}\dfrac{380}{3\,100}+\dfrac{190}{1\,000}+\dfrac{m_{s0}}{2\,650}+\dfrac{m_{g0}}{2\,700}+0.01\times1=1\\[2ex]33\%=\dfrac{m_{s0}}{m_{s0}+m_{g0}}\times100\%\end{cases}$$

求解该方程组,即得 $m_{s0}=599$ kg,$m_{g0}=1\ 216$ kg。

b. 表观密度法。

$$\begin{cases}m_{c0}+m_{w0}+m_{s0}+m_{g0}=m_{cp}\\[2ex]\beta_s=\dfrac{m_{s0}}{m_{s0}+m_{g0}}\times100\%\end{cases}$$

假定新拌混凝土的表观密度 $m_{cp}=2\ 400\ \text{kg/m}^3$,则有

$$\begin{cases}380+190+m_{s0}+m_{g0}=2\,400\\[2ex]33\%=\dfrac{m_{s0}}{m_{s0}+m_{g0}}\times100\%\end{cases}$$

求解该方程组,即得 $m_{s0}=604$ kg,$m_{g0}=1\ 226$ kg。

两种方法的结果接近,这里取体积法的结果,即初步配合比为

$$m_{c0}=380\ \text{kg},\quad m_{c0}=190,\quad m_{c0}=599\ \text{kg},\quad m_{c0}=1\ 216\ \text{kg}$$

(2) 试拌检验、调整及确定实验室配合比。

按初步配合比试拌 15 L 新拌混凝土,其各材料用量为:水泥 5.70 kg、水 2.85 kg、砂

8.99 kg、石 18.24 kg。搅拌均匀后，检验和易性，测得坍落度为 20 mm，黏聚性和保水性合格。

水泥用量和水用量各增加5%后(水灰比不变)，测得坍落度为35 mm，且黏聚性和保水性均合格。此时，拌和物的各材料用量：

$$m_{c0b}=5.70(1+5\%)=5.99\ \text{kg}$$

$$m_{w0b}=2.85(1+5\%)=2.99\ \text{kg}$$

$$m_{s0b}=8.99\ \text{kg}m_{g0b}=18.24\ \text{kg}$$

以 0.55、0.50、0.45 的水灰比分别拌制三组混凝土，对应的水灰比、水泥用量、水用量、砂用量及石用量分别为：

Ⅰ：0.55，5.44 kg，2.99 kg，8.99 kg，18.24 kg。

Ⅱ：0.50，5.99 kg，2.99 kg，8.99 kg，18.24 kg。

Ⅲ：0.45，6.64 kg，2.99 kg，8.99 kg，18.24 kg。

养护至 28 d，测得的抗压强度分别为 $f_{\text{I}}=29.9$ MPa。$f_{\text{II}}=34.4$ MPa、$f_{\text{III}}=39.2$ MPa。绘制灰水比与抗压强度线性关系图(图 4.17)。由图 4.17 可得配制强度 $f_{cu,0}=33.2$ MPa 所对应的最佳灰水比 $C/W=1.98$。

此时混凝土的各材料用量：水泥 $2.99\times1.98=5.92$ kg、水 2.99 kg、砂 8.99 kg、石 18.24 kg。

新拌混凝土的总用量 m_{tb} 为

$$m_{tb}=5.92+2.99+8.99+18.24=36.14\ (\text{kg})$$

该混凝土计算表观密度 $\rho_{c,c}=36.14\times\dfrac{1\ 000}{15}=2\ 409\ (\text{kg/m}^3)$。

并测得该新拌混凝土的表观密度 $\rho_{c,t}=2\ 390\ \text{kg/m}^3$。

由于 $\left|\dfrac{\rho_{c,t}-\rho_{c,c}}{\rho_{c,c}}\right|=\left|\dfrac{2\ 390-2\ 409}{2\ 409}\right|=0.7\%<2\%$，因而该混凝土的实验室配合比为

$$m_c=5.92\times\frac{1\ 000}{15}=395\ (\text{kg})$$

$$m_w=2.99\times\frac{1\ 000}{15}=199\ (\text{kg})$$

$$m_s=8.99\times\frac{1\ 000}{15}=599\ (\text{kg})$$

$$m_g=18.24\times\frac{1\ 000}{15}=1\ 216\ (\text{kg})$$

(3) 确定施工配合比。

$$m_c'=m_c=395\ (\text{kg})$$

$$m_s'=m_s(1+w_s')=599(1+3\%)=617\ (\text{kg})$$

$$m_s'=m_g(1+w_g')=1\ 216(1+1\%)=1\ 228\ (\text{kg})$$

$$m_w'=m_w-m_s\cdot w_s'-m_g\cdot w_s'=199-599\times3\%-1\ 216\times1\%=169\ (\text{kg})$$

4.6　轻混凝土

随着建筑节能要求的不断提高，建筑业的工业化、机械化和装配化的不断推广，以及

建筑结构不断向高层、大跨度方向发展，混凝土作为建筑工程的主要材料，轻质高强、抗震、节能、绿色环保的性能特点，是其发展的必然趋势，轻混凝土即是该发展的重要形式。轻混凝土是表观密度小于 1 950 kg/m³ 的混凝土，其轻质化的主要途径包括采用轻骨料、增大孔隙率等。轻混凝土按原料与生产方法的不同可分为轻骨料混凝土(也称轻骨料混凝土)、多孔混凝土和大孔混凝土。

4.6.1 轻骨料混凝土

采用轻粗骨料、轻细骨料(或普通砂)、水泥和水配制而成的混凝土，表观密度不大于 1 950 kg/m³ 者，称为轻骨料混凝土。

按细骨料种类，轻骨料混凝土分为全轻(粗、细骨料均为轻骨料)混凝土和砂轻(粗骨料为轻骨料，细骨料全部或部分为普通砂)混凝土。

按用途，轻骨料混凝土分为保温轻骨料混凝土、结构保温轻骨料混凝土和结构轻骨料混凝土。

1. 轻骨料的分类与品种

(1) 轻骨料的种类。

轻骨料可分为轻粗骨料和轻细骨料。凡粒径大于 5 mm、堆积密度小于 1 000 kg/m³ 的轻质骨料，称为轻粗骨料；凡粒径不大于 5 mm、堆积密度小于 1 200 kg/m³ 的轻质骨料，称为轻细骨料(或轻砂)。

轻骨料按来源分为三类：

① 天然轻骨料。天然形成的多孔岩石，经加工而成的轻骨料砂。

② 工业废料轻骨料。以工业废料为原料，经加工而成的轻骨料，如粉煤灰陶粒、自然煤矸石、膨胀矿渣珠、炉渣及其轻砂。

③ 人造轻骨料。以地方材料为原料，经加工而成的轻骨料，如页岩陶粒、黏土陶粒、胀珍珠岩及其轻砂。

轻骨料按粒型可分为圆球型、普通型、碎石型等。

(2) 轻骨料的技术要求。

① 最大粒径与级配。轻骨料粒径越大，强度越低。因此，保温及结构保温轻骨料混凝土用轻骨料，其最大粒径不宜大于 40 mm；结构轻骨料混凝土用轻骨料，其最大粒径不宜大于 20 mm，且其自然级配的空隙率不宜大于 50%。

轻砂的细度模数不宜大于 4.0；其大于 5 mm 的累计筛余量不宜大于 10%。

② 堆积密度。轻骨料的堆积密度越小，强度越低，而且它直接影响所配制的轻骨料新拌混凝土的和易性以及硬化后的表观密度、强度等性质。

根据轻骨料的绝干堆积密度，将轻粗骨料划分为 300、400、500、600、700、800、900、1 000 等八个密度等级，将轻细骨料划分为 500、600、700、800、900、1000、1100、1200 等八个密度等级。

③ 强度。轻骨料混凝土的强度与轻粗骨料本身的强度、砂浆强度及轻粗骨料与砂浆界面的黏结强度有关。由于轻粗骨料多孔、粗糙，界面黏结强度较高，因此轻骨料混凝土

的强度取决于轻粗骨料本身的强度和砂浆强度。

轻骨料的强度采用“筒压法”来测定。该法是将粒径为 10～20 mm 烘干的轻骨料装入 ϕ115 mm×100 mm 的带底圆筒内，上面加上 ϕ113 mm×70 mm 的冲压模，取冲压模被压入深度为 20 mm 时的压力值，除以承压面积（10 000 mm^2），即为轻骨料的筒压强度值。

筒压强度是一项间接反映轻粗骨料强度的指标，并没有反映出轻骨料在混凝土中的真实强度，因此，技术规程还规定采用强度等级来评价轻粗骨料的强度。

④ 吸水率。轻骨料的吸水率较普通骨料大，且吸水速度快，同时，由于毛细管的吸附作用，释放水的速度很慢。轻骨料的吸水性显著影响轻骨料新拌混凝土的和易性和水泥浆的水灰比以及硬化后的强度。轻骨料的堆积密度越小，吸水率越大。轻砂和天然轻粗骨料的吸水率不做规定，其他轻粗骨料的 1 h 吸水率不应大于 22%。

此外，对轻骨料的抗冻性、体积安定性、有害成分含量等国家标准也做了具体规定。

2. 轻骨料混凝土的性质

(1) 和易性。

由于轻骨料一般多孔、表面粗糙，易吸收混凝土拌和料中的水分（被轻骨料吸收的水量称为附加用水量），所以，其对新拌混凝土和易性的影响更加明显，表现为：拌和水多，轻骨料上浮，拌和物分层、泌水；拌和水少，拌和物黏稠，施工困难。轻骨料新拌混凝土和易性也受砂率的影响，当采用易破碎的轻砂时（如膨胀珍珠岩），砂率明显较高，且粗、细骨料的总体积（两者堆积体积之和）也较大，采用普通砂时，流动性较高，且可提高轻骨料混凝土的强度，降低干缩与徐变变形，但会明显增大其绝干表观密度，并降低其保温性。影响轻骨料混凝土和易性的因素同普通混凝土的相似，但其中轻骨料对和易性有很大的影响。

(2) 强度。

轻骨料混凝土强度根据其标准抗压强度划分为 LC5.0、LC7.5、LC10、LC15、LC20、LC25、LC30、LC35、LC40、LC45、LC50、LC55、LC60 等强度等级。

影响轻骨料混凝土强度的因素较为复杂，主要为水泥强度等级、净水灰比和轻粗骨料本身的强度。

轻骨料表面粗糙或多孔，且吸水性较大的特征，使得轻骨料与水泥石的界面黏结强度大大提高，界面不再是最薄弱环节，轻骨料混凝土在受力破坏时，裂纹首先在水泥石或轻粗骨料中产生。因此，轻骨料混凝土的强度随着水泥石强度的提高而提高，但提高到某一强度值即轻粗骨料的强度等级后，即使再提高水泥石强度，由于受轻粗骨料强度的限制，轻骨料混凝土的强度提高甚微。在水泥用量和水泥石强度一定时，轻骨料混凝土的强度随着轻骨料本身强度的降低而降低。轻骨料用量越多、堆积密度越小、粒径越大，则轻骨料混凝土强度越低。轻骨料混凝土的表观密度越小，强度越低。

(3) 轻骨料混凝土的其他性质。

轻骨料混凝土按绝干表观密度，划分为 800、900、1000、1100、1200、1300、1400、1500、1600、1700、1800、1900 等 12 个等级。

由于轻骨料本身弹性模量低，因此轻骨料混凝土的弹性模量较低，为同强度等级普通混凝土的50%～70%，即轻骨料混凝土的刚度小，变形较大，但这一特征使轻骨料混凝土具有较高的抗震性或抵抗动荷载的能力。

轻骨料混凝土导热系数较小，具有较好的保温能力，适合用作围护材料或结构保温材料。

轻骨料混凝土的净水灰比小，水泥石的密实度高，而且水泥石与轻骨料界面的黏结良好，故轻骨料混凝土的耐久性较同强度等级的普通混凝土高。

4.6.2 多孔混凝土

多孔混凝土是内部均匀分布着大量细小的气孔而无骨料的轻混凝土。多孔混凝土由于具有孔隙率大，表观密度小，导热系数小，保温、节能效果好，且可加工性强等特点，因此在现代建筑中广泛应用。

根据气孔产生的方法不同，多孔混凝土分为加气混凝土和泡沫混凝土。目前，加气混凝土应用较多。

1. 加气混凝土

加气混凝土是由磨细的硅质材料（石英砂、粉煤灰、矿渣、尾矿粉、页岩等）、钙质材料（水泥、石灰等）、发气剂（铝粉）和水等经搅拌、浇筑、发泡、静停、切割和蒸压养护而得的多孔混凝土，属硅酸盐混凝土。

其成孔是因为发气剂在料浆中与氢氧化钙发生反应，放出氢气，形成气泡，使浆体形成多孔结构，反应式如下：

$$2Al + 3Ca(OH)_2 + 6H_2O \longrightarrow 3CaO \cdot Al_2O_3 \cdot 6H_2O + 3H_2 \tag{4.31}$$

加气混凝土的表观密度一般为300～1 200 kg/m^3，抗压强度为0.5～15 MPa，导热系数为0.081～0.29 W/(m·K)。用量最大的为500级（即$\rho_{0d}=500$ kg/m^3），其抗压强度为2.5～3.5 MPa，导热系数为0.12 W/(m·K)。加气混凝土可钉、刨，施工方便。

加气混凝土可制成砌块和条板，条板中配有经防腐处理的钢筋或钢丝网，用于承重或非承重的外墙、内墙或保温屋面等。500级的砌块可用于三层或三层以下房屋的横墙承重；700级的砌块可用于五层或五层以下房屋的横墙承重；板条可用作墙板或屋面板，兼有承重和保温作用，采用加气混凝土和普通混凝土可制成复合外墙板。

由于加气混凝土吸水率大、强度低，抗冻等级F15较差，且与砂浆的黏结强度低，故砌筑或抹面时，须专门配制砌筑抹灰砂浆，外墙面须采取饰面防护措施。此外，加气混凝土板材不宜用于高温、高湿或化学侵蚀环境。

2. 泡沫混凝土

泡沫混凝土是将水泥浆和泡沫拌和后，经硬化而得的多孔混凝土。泡沫由泡沫剂通过机械方式（搅拌或喷吹）而得。

常用泡沫剂有松香皂泡沫剂和水解血泡沫剂。松香皂泡沫剂是烧碱加水溶入松香粉熬成松香皂，再加入动物胶液而成。水解血泡沫剂是新鲜畜血加苛性钠、盐酸、硫酸亚铁及水制成。上述泡沫剂使用时用水稀释，经机械方式处理即成稳定泡沫。

泡沫混凝土可采用自然养护，但常采用蒸汽或蒸压养护。自然养护的泡沫混凝土，水泥强度等级不宜低于 32.5 强度等级；蒸汽或蒸压养护泡沫混凝土常采用钙质材料（如石灰等）和硅质材料（如粉煤灰、煤渣、砂等）部分或全部代替水泥。例如石灰－水泥－砂泡沫混凝土、粉煤灰泡沫混凝土。

泡沫混凝土的性能及应用基本上与加气混凝土相同。常用泡沫混凝土的干表观密度为 400 ～ 600 kg/m^3。

4.6.3　大孔混凝土

大孔混凝土是以粒径相近的粗骨骨料、水泥和水等配制而成的混凝土。包括不用砂的无砂大孔混凝土和为提高强度而加入少量砂的少砂大孔混凝土。

大孔混凝土水泥浆用量很少，水泥浆只起包裹粗骨料的表面和胶结粗骨料的作用，而不是填充粗骨料的空隙。

大孔混凝土的表观密度和强度与骨料的品种和级配有很大的关系。采用轻粗骨料配制时，表观密度一般为 500 ～ 500 kg/m^3，抗压强度为 1.5 ～ 7.5 MPa；采用普通粗骨料配制时，表观密度一般为 1 500 ～ 1 900 kg/m^3，抗压强度为 3.5 ～ 10 MPa；采用单一粒级粗骨料配制的大孔混凝土较混合粒级的大孔混凝土的表观密度小、强度低，但均质性好，保温性好。大孔混凝土导热系数较小，吸湿性较小，收缩较普通混凝土小 30% ～ 50%，抗冻性可达 F15 ～ F25，水泥用量仅 150 ～ 200 kg/m^3。

大孔混凝土常预制成小型空心砌块和板材，用于承重或非承重墙，也用于现浇墙体等。大孔混凝土还可用于铺设透水路面。

4.7　其他混凝土

4.7.1　防水混凝土

防水混凝土又称抗渗性混凝土，是指具有较高抗渗性的混凝土，其抗渗性等级不小于 P6 的混凝土。防水混凝土的配制原则：减少混凝土的孔隙率，特别是开口孔隙率；堵塞连通的毛细孔隙或切断连通的毛细孔，并减少混凝土的开裂，使毛细孔隙表面具有憎水性。配制防水混凝土可以通过较多的水泥浆和砂浆来降低混凝土中的孔隙率，特别是开口孔隙率，并减少粗骨料表面的水隙，增大粗骨料间距（即增加了粗骨料表面的水隙间距）等，实现防水目的；也可以利用外加剂来显著降低混凝土的孔隙率或改变混凝土的孔结构（如切断、堵塞等），或使孔隙表面具有憎水性，实现防水的目的。外加剂防水混凝土的质量可靠，是目前主要使用的防水混凝土，根据使用外加剂的不同其主要包括防水剂防水混凝土、引气剂防水混凝土、减水剂防水混凝土和三乙醇胺防水混凝土等。

4.7.2　耐火混凝土与耐热混凝土

能长期经受高温（高于 1 300 ℃）作用，并能保持所要求的物理力学性质的混凝土称为耐火混凝土，通常将在 900 ℃ 以下使用的混凝土称为耐热混凝土。

普通混凝土不耐火或不耐热，是因为水泥石中的氢氧化钙含量较多，且在 500 ℃ 以上时，分解为氧化钙引起体积收缩，当再遇水或吸湿时又成为氢氧化钙，体积膨胀，从而使混凝土开裂。其他水化产物的脱水分解也会引起强度下降，如水泥石与骨料的热膨胀系数相差太大，也会造成混凝土开裂、破坏。石灰岩类骨料在 750 ℃ 以上会分解，石英在 573 ℃ 时发生晶型转变体积明显膨胀，这些均会造成混凝土开裂、破坏。

耐火混凝土和耐热混凝土是由适当的胶凝材料，耐火的粗、细骨料及水等组成，按胶凝材料的不同，分为以下几种。

(1) 硅酸盐水泥耐火混凝土与耐热混凝土。

硅酸盐水泥耐火混凝土与耐热混凝土是由普通硅酸盐水泥或矿渣硅酸盐水泥为胶凝材料，以安山岩、玄武岩、重矿、黏土砖、铝矾土熟料、铬铁矿、烧结镁砂等破碎颗粒为耐热粗、细骨料，并以磨细的烧黏土、砖粉、石英砂等作为耐热的掺合料，加入适量水配制而成。耐热掺合料中的氧化硅和氧化铝在高温下可与氧化钙作用，生成稳定的无水硅酸盐和铝酸盐，从而提高了混凝土的耐热性。硅酸盐水泥耐火混凝土的极限使用温度为 900 ～ 1 200 ℃。

(2) 铝酸盐水泥耐火混凝土与耐热混凝土。

铝酸盐水泥耐火混凝土与耐热混凝土是由高铝水泥或低钙铝酸盐水泥、耐火掺合料、耐火粗、细骨料及水等配制而成。这类水泥石在 300 ～ 400 ℃ 时，强度急剧降低，但残留强度保持不变，当温度达到 1 100 ℃ 后，水泥石中的化学结合水全部脱出而烧结成陶瓷材料，强度又重新提高。铝酸盐耐火混凝土的极限使用温度为 1 300 ℃。

(3) 水玻璃耐火混凝土与耐热混凝土。

水玻璃耐火混凝土与耐热混凝土是由水玻璃、氟硅酸钠促硬剂、耐火掺合料、耐火骨料等配制而成。所用的掺合料和耐火粗、细骨料与硅酸盐水泥耐火混凝土基本相同，水玻璃耐火混凝土极限使用温度为 1 200 ℃。

(4) 磷酸盐耐火混凝土与磷酸盐耐热混凝土。

磷酸盐耐火混凝土与磷酸盐耐热混凝土是由磷酸铝或磷酸为胶凝材料，铝矾土熟料为粗、细骨料，磨细铝矾土为掺合料，按一定比例配制而成的耐火混凝土。磷酸盐耐火混凝土具有耐火度高、高温强度及韧性高、耐磨性好等特点，其极限使用温度为1 500 ～ 1 700 ℃。

4.7.3 耐酸混凝土

常用的耐酸混凝土为水玻璃耐酸混凝土。水玻璃耐酸混凝土是由水玻璃，氟硅酸钠促硬剂，耐酸粉料，耐酸粗、细骨料等配制而成。常用的耐酸粉料为石英粉、安山岩粉、辉绿岩粉、铸石粉、耐酸陶瓷粉等；常用的耐酸粗、细骨料为石英岩、辉绿岩、安山岩、玄武岩、铸石等。

水玻璃耐酸混凝土的配合比一般为水玻璃：耐酸粉料：耐酸细骨料：耐酸粗骨料 = (0.6 ～ 0.7)：1：1：(1.5 ～ 2.0)，氟硅酸钠的掺量为 12% ～ 15%。水玻璃耐酸混凝土可抵抗绝大多数酸对混凝土的侵蚀作用。

耐酸混凝土也可使用沥青、硫黄、合成树脂等来配制。

4.7.4 流态混凝土与泵送混凝土

流态混凝土是指坍落度为180～220 mm，同时还具有良好的黏聚性和保水性的混凝土。流态混凝土一般是在坍落度为80～120 mm的基准混凝土（未掺流化剂的混凝土）中掺入流化剂而获得，流化剂可采用同掺法或后掺法加入。

泵送混凝土是指可用混凝土泵输送的混凝土。泵送混凝土的坍落度一般为80～220 mm。

配制流态混凝土时，水泥用量不宜小于270 kg/m^3，且应掺加适量的混凝土掺合料；最大粒径一般不宜超过40 mm或需要控制40 mm以上的含量，粗、细骨料的级配必须合格，同时宜采用中砂，且小于0.315 mm的细骨料含量应较高，一般情况下水泥与小于0.315 mm的细骨料的总和不宜少于400～450 kg/m^3（对应于最大粒径40～20 mm）；混凝土的砂率应较一般混凝土高5%～10%。流态混凝土所用的流化剂属于高效减水剂。

流态混凝土的主要特点是流动性大，具有自流密实性，成型时不需振捣或只需很小的振捣力，并且不会出现离析、分层和泌水现象。流态混凝土可大大改善施工条件，减少劳动量，且施工效率高、工期短。由于使用了流化剂，虽然流态混凝土的流动性很大，但其用水量与水灰比仍较小，因此易获得高强、高抗渗性及高耐久性的混凝土。

流态混凝土与泵送混凝土主要用于高层建筑、大型建筑等的基础、楼板、墙板及地下工程等。流态混凝土还特别适合用于配筋密列、混凝土浇筑或振捣困难的部位。

4.7.5 高强混凝土

关于高强混凝土，目前没有明确的定义或标准，一般认为C50及C50以上的混凝土为高强混凝土。

配制高强混凝土时，应选用质地坚实的粗、细骨料。粗骨料的最大粒径一般不宜大于20 mm，当混凝土强度相对较低时，也可放宽到25～31.5 mm，但当强度高于C70以上时，最大粒径必须小于20 mm，同时粗骨料的压碎指标必须小于10%。细骨料宜使用细度模数大于2.7的中砂。此外粗、细骨料的级配应合格，泥及其他杂质的含量应少，必要时需进行清洗。

应使用不低于52.5等级的硅酸盐水泥或普通硅酸盐水泥，同时应掺加高效减水剂，且水泥用量不宜超过550 kg/m^3。高于C70以上的高强混凝土或大流动性的高强混凝土，须掺加硅灰或其他掺合料。高强混凝土的水灰比须小于0.35，砂率应为30%～35%，但泵送高强混凝土的砂率应适当增大。高强混凝土在成型后应立即覆盖或采取保湿措施。高强混凝土的抗拉强度与抗压强度的比值较低，而脆性较大。高强混凝土的密实度很高，因而高强混凝土的抗渗性、抗冻性、抗侵蚀性等耐久性均很高，其使用寿命大大超过一般的混凝土，可达100年以上。高强混凝土主要用于高层、大跨、桥梁等建筑的混凝土结构以及薄壁混凝土结构、预制构件等。

4.7.6 高性能混凝土

高性能混凝土目前还没有统一的定义，但高性能混凝土必须具有优良的尺寸稳定性(即混凝土在凝结硬化过程中的沉降与塑性开裂要小，硬化后的干缩裂缝要少)、抗渗性、抗冻性、抗侵蚀性、气密性。高性能混凝土还应具有优良的和易性，其坍落度值应达到流态混凝土的要求，且不应产生离析、分层和泌水等现象，能保证或基本保证混凝土实现自密实。高性能混凝土的强度也应较高，日本与我国学者一般认为高性能混凝土的强度应大于C30，而英美学者则认为应达到高强混凝土的水平。

高性能混凝土在配制时，除应满足流态混凝土与高强混凝土的要求外，必须掺加适当细度的掺合料，使其能填充于水泥颗粒间的细小空隙，以取得最大的密实度。

高性能混凝土具有相当高的耐久性，其使用寿命可达100～150年以上。高性能混凝土特别适合用于大型基础建设，如高速公路、桥梁、隧道、核电站以及海洋工程与军事工程等。

4.7.7 纤维混凝土

纤维混凝土是指掺有纤维材料的混凝土，也称水泥基纤维复合材料。纤维均匀分布于混凝土中或按一定方式分布于混凝土中，从而起到提高混凝土的抗拉强度或冲击韧性的作用。常用的高弹性模量纤维有钢纤维、玻璃纤维、石棉等，高弹性模量纤维在混凝土中可起到提高混凝土抗拉强度、刚度及承担动荷载能力的作用。常用的低弹性模量纤维有尼龙纤维、聚丙烯纤维以及其他合成纤维或植物纤维，低弹性模量纤维在混凝土中只起到提高混凝土韧性的作用。纤维的弹性模量越高，其增强效果越好。纤维的直径越小，与水泥石的黏结力越强，增强效果越好，故玻璃纤维和石棉(直径小于10 μm)的增强效果远远高于钢纤维(直径为0.35～0.75 mm)。玻璃纤维和钢纤维是最常用的两种纤维。短切纤维的长径比(纤维的长度与直径的比值)是一项重要参数，长径比太大不利于搅拌和成型，太小则不能充分发挥纤维的增强作用(易将纤维拔出)。玻璃纤维通常制成玻璃纤维网、布，使用时采用人工或机械铺设；或将玻璃纤维制成连续无捻纤维，使用时采用喷射法施工。

玻璃纤维主要用于配制玻璃纤维水泥或砂浆(GFRC或GRC)，其中多用于配制玻璃纤维水泥或砂浆，而较少用于配制玻璃纤维混凝土。普通玻璃纤维的抗碱腐蚀能力差，因而在玻璃纤维水泥中须使用抗碱玻璃纤维和低碱度的硫铝酸盐水泥。玻璃纤维水泥中纤维的体积掺量一般为4.5%～5.0%，水灰比为0.5～0.6。玻璃纤维水泥的抗折破坏强度可达20 MPa。玻璃纤维水泥主要用于护墙板、复合墙板的面板、波形瓦等。

钢纤维混凝土(SFRC或SRC)是纤维混凝土中用量最大的一种，有时也使用钢纤维砂浆。钢纤维的长径比一般为60～80，其体积掺量一般为1.0%～2.0%，掺量太大时难以搅拌。钢纤维混凝土的水泥用量一般为400～500 kg/m^3，砂率一般为45%～60%，水灰比为0.40～0.55，为节约水泥和改善和易性应掺加减水剂和混凝土掺合料。钢纤维可使抗拉强度提高10%～25%，使抗压强度略有提高，而使韧性大幅度提高，同时使混凝土的抗裂性、抗冻性等也有所提高。钢纤维混凝土主要用于薄板与薄壁结构、公路路面、机场跑道、桩头等有耐磨、抗冲击、抗裂性等要求的部位或构件，也可用于坝体、坡体等的护面。

4.7.8　聚合物混凝土

普通混凝土的最大缺陷是抗拉强度、抗裂性、耐酸碱腐蚀性较差，聚合物混凝土则在很大程度上克服了上述缺陷。

(1) 聚合物水泥混凝土(PCC)。

聚合物水泥混凝土是由水泥、聚合物、粗骨料及细骨料等配制而成的混凝土。聚合物通常以乳液形式掺入，常用的为聚醋酸乙烯乳液、橡胶乳液、聚丙烯酸酯乳液等。聚合物乳液的掺量一般为5%～25%，使用时应加入消泡剂。聚合物的固化与水泥的水化同时进行。聚合物使水泥石与骨料的界面黏结得到大大的改善，并增加了混凝土的密实度，因而聚合物混凝土的抗拉强度、抗折强度、抗渗性、抗冻性、抗碳化性、抗冲击性、耐磨性、抗侵蚀性等较普通混凝土均有明显的改善。聚合物混凝土主要用于耐久性要求高的路面、机场跑道、某些工业厂房的地面以及混凝土结构的修补等。

(2) 聚合物浸渍混凝土(PIC)。

将已硬化的混凝土经抽真空处理后，浸入有机单体中，利用加热或辐射等方法使渗入到混凝土孔隙内的有机单体聚合，由此获得的混凝土称为聚合物浸渍混凝土。所用单体主要有甲基丙烯酸甲酯、苯乙烯、醋酸乙烯、乙烯、丙烯腈等。聚合物填充了混凝土内部的大孔、毛细孔隙及部分微细孔隙，包括界面过渡环中的孔隙和微裂纹。因此，浸渍混凝土具有极高的抗渗性(几乎不透水)，并具有优良的抗冻性、抗冲击性、耐腐蚀性、耐磨性，抗压强度可达200 MPa，抗拉强度可达10 MPa以上。聚合物浸渍混凝土主要用于高强、高耐久性的特殊结构，如高压输气管、高压输液管、核反应堆、海洋工程等。

(3) 聚合物胶结混凝土(REC)。

聚合物胶结混凝土又称树脂混凝土，是由合成树脂、粉料、粗骨料及细骨料等配制而成。常用的合成树脂为环氧树脂、聚酯树脂、聚甲基丙烯酸甲酯等。聚合物胶结混凝土的抗压强度为60～100 MPa、抗折强度可达20～40 MPa，耐腐蚀性很高，但成本也很高。因而聚合物胶结混凝土主要用于耐腐蚀等特殊工程，或用于修补工程。

4.7.9　生态混凝土的发展途径

面向建材行业可持续发展和绿色经济要求，绿色或生态混凝土越来越受到关注和市场青睐。广义来讲，凡是在原材料选择、配合比设计、生产制备及长期服役过程中能降低能源和资源消耗的混凝土材料均可称为绿色或生态混凝土。

在原材料选择上，通过选择各类工业废弃物包括粉煤灰、矿渣粉、沸石粉、钢渣粉、石灰石粉、自燃煤矸石粉及不同工业尾矿粉等替代混凝土中的部分水泥，便可达到降低单方混凝土中水泥用量的目的，从而实现混凝土材料的绿色化。由于骨料在混凝土中占有量最高，通过选用不同尾矿砂、钢渣砂、机制砂、煤矸石颗粒、再生骨料、再生砂等部分或全部替代天然砂和砂石，也可以实现混凝土选材用材方面的绿色和生态化。从外加剂角度，采用无有害物释放、生产过程环保的外加剂，如聚羧酸减水剂，或利用工业废料制备混凝土外加剂，如木钙、糖钙，也可以实现混凝土选材方面的生态环保。

在配合比设计角度，往往通过各种外加剂的适量选取，在最少胶凝材料用量条件下达到相同的设计强度和耐久性指标，也是体现出绿色和生态混凝土的理念。在生产制备过程中，采用流动性好的自密实混凝土可以降低人工操作劳力投入和震动密实过程中的噪声污染，因而具有绿色混凝土的特点。高性能或超高性能混凝土的主要特点是高耐久性，混凝土在侵蚀性环境条件下长期不破坏或破坏程度减轻，便可以延长混凝土材料和结构的使用寿命，从而节约混凝土维护过程中的材料和财力投入，因而也符合混凝土绿色和生态发展的要求。由此可见，实现绿色或生态混凝土的途径很多，绿色混凝土并不是一种特定的混凝土，而是指具有绿色或生态效益的一类混凝土材料。

复习思考题

1. 普通混凝土的主要组成有哪些？它们在硬化前后各起什么作用？

2. 砂、石中的黏土、淤泥、石粉、泥块、氯盐等对混凝土的性质有什么影响？

3. 砂、石的粗细或粒径大小与级配如何表示？级配良好的砂、石有何特征？砂、石的粗细与级配对混凝土的性质有什么影响？

4. 配制高强混凝土时，宜采用碎石还是卵石？对其质量有何要求？

5. 配制混凝土时，为什么要尽量选用粒径较大和较粗的砂、石？

6. 某钢筋混凝土梁的截面尺寸为 300 mm×400 mm，钢筋净距为 50 mm，试确定石子的最大粒径。

7. 为什么不能说 Ⅰ、Ⅱ、Ⅲ 砂级配区分别代表的是粗砂、中砂、细砂？

8. 常用外加剂有哪些？各类外加剂在混凝土中的主要作用有哪些？

9. 混凝土的和易性对混凝土的其他性质有什么影响？

10. 影响新拌混凝土流动性的因素有哪些？改善和易性的措施有哪些？

11. 什么是合理砂率？影响合理砂率的因素有哪些？选择合理砂率的目的是什么？

12. 影响混凝土强度的因素有哪些？提高混凝土强度的措施有哪些？

13. 现有甲、乙两组边长为 100 mm、200 mm 的混凝土立方体试件，将它们在标准养护条件下养护 28 d，测得甲、乙两组混凝土试件的破坏荷载分别为 304 kN、283 kN、266 kN，及 676 kN、681 kN、788 kN。试确定甲、乙两组混凝土的抗压强度、抗压强度标准值、强度等级(假定混凝土的抗压强度标准差均为 4.0 MPa)。

14. 混凝土在非荷载作用下的变形主要有哪些？其主要产生变形的条件及特点如何？

15. 干缩和徐变对混凝土性能有什么影响？减小混凝土干缩与徐变的措施有哪些？

16. 目前采用的评价混凝土耐久性的主要方法分别是从什么角度考虑分析的？改善混凝土耐久性应该从哪些方面考虑？具体可采取哪些有效措施？

17. 碳化对混凝土性能有什么影响？碳化带来的最大危害是什么？

18. 配制混凝土时，为什么不能随意增加用水量或改变水灰比？

19. 配制混凝土时，如何减少混凝土的水化热？

20. 配制混凝土时，如何解决对于流动性和强度与用水量相矛盾的要求？

21. 某建筑的一现浇混凝土梁(不受风雪和冰冻作用)，要求混凝土的强度等级为C25，坍落度为 35 ～ 50 mm。现有水泥为 P. O32.5(强度富余系数 1.10)，密度为 3.1 g/cm^3；级配合格的中砂，表观密度为2.60 g/cm^3；碎石的最大粒径为37.5 mm，级配合格，表观密度为 2.65 g/cm^3。采用机械搅拌和振捣成型。试计算该混凝土初步配合比。

22. 为确定混凝土的配合比，按初步配合比试拌 30 L 新拌混凝土。各材料的用量为水泥9.63 kg、水5.4 kg、砂18.99 kg、石子36.84 kg。经检验混凝土的坍落度偏小。在加入5% 的水泥浆(水灰比不变)后，混凝土的流动性满足要求，黏聚性与保水性均合格。在此基础上，改变水灰比，以0.61、0.56、0.51 分别配制三组混凝土(拌和时，三组混凝土的水用量、砂用量、石用量均相同)，混凝土的实测表观密度为 2 380 kg/m^3。标准养护至28 d的抗压强度分别为23.6 MPa、26.9 MPa、31.1 MPa。试求C20混凝土的实验室配合比。

23. 某工地采用刚出厂的强度等级为 42.5 的普通硅酸盐水泥(强度富余系数 1.16)和卵石配制混凝土，其施工配合比为水泥336 kg、水129 kg、砂698 kg、石子1 260 kg。已知现场砂、石的含水率分别为 3.5%、1%。问该混凝土是否满足 C30 强度等级要求(σ = 5.0 MPa)。

24. 轻骨料混凝土与普通混凝土相比在性质和应用上有哪些优缺点？更宜用于哪些建筑或建筑部位？

25. 加气混凝土和泡沫混凝土的主要性质和应用有哪些？

26. 从生态发展的角度看，混凝土材料应该在哪些方面加以改造？各举两个例证说明。

第 5 章　砂　浆

砂浆的应用历史远早于混凝土，甚至可追溯到一万年前。在东土耳其卡耶尼的考古挖掘中，发现了用石灰砂浆做的水磨石地面。建于公元前 450 年的雅典城墙和建于公元前 400 年的普尼克斯城墙应用了石灰砂浆。用海洋贝壳烧制的石灰再加入砂和砾石甚至贝壳等制成砂浆在遗存的古欧洲城墙中被考古发现。在 20 世纪 50 年代以前世界各地使用的全部是现场混合砂浆，即将无机黏结剂（水泥等）和细骨料（石英砂等）分别运输到工地，然后按照适当的比例加水拌和使用。到 20 世纪 90 年代，欧洲发达国家的新型建筑砂浆（即预拌砂浆）使用率已达到 90% 以上。

在我国，万里长城的遗址上，黏土砖砌筑材料用的就是"砂浆"，这种砂浆是由黄麻、糯米、黄泥等混合而成的。后来人们使用最早的胶凝材料 —— 黏土来抹砌简易的建筑物。早期，农村使用黄泥、石灰、砂混合来砌筑建筑物。我国的新型建筑砂浆技术研究始于 20 世纪 80 年代，到 21 世纪初，在国家政策推动和支持下，其应用才初具规模但发展仍然不平衡。

本章学习内容及要求：了解砂浆的种类、作用及组成，掌握砂浆主要技术性质及影响因素，掌握砌筑砂浆的配合比设计方法、抹灰砂浆的性能要求与选用。了解其他功能砂浆。

砂浆是由胶凝材料、细骨料和水等材料，有时加入掺合料、外加剂按适当比例配制，经凝结硬化而成的工程材料。

按用途分类，建筑砂浆分为砌筑砂浆和抹灰砂浆。砌筑砂浆是在砌体结构中，把砖、石或各种砌块等块状材料胶结成为整个砌体，从而提高砌体的强度、稳定性，并使上层块状材料所受的荷载能均匀传递至下层的砂浆；抹灰砂浆（也称抹面砂浆）是指涂抹在建筑物或建筑构件表面，具有保护基层、增加美观等功能的砂浆。按功能分类，砂浆可分为防水砂浆、保温砂浆、吸声砂浆、装饰砂浆等。根据胶结材料不同，砂浆又可分为水泥砂浆、石灰砂浆、石膏砂浆、聚合物砂浆及混合砂浆等，其中工程应用最多的是混合砂浆。混合砂浆是指由两种或两种以上材料混合构成胶凝材料的砂浆，其包括水泥石灰混合砂浆、水泥黏土混合砂浆、石灰黏土混合砂浆等。按供货形式分类，商品砂浆又可分为湿砂浆和干混砂浆。湿砂浆生产工艺过程类似于商品混凝土；干混砂浆是由经烘干筛分处理的细骨料与无机胶结料、掺和料、保水增稠材料等按一定比例混合而成的砂浆半成品（商品中不包括拌和水，现场施工时按配比要求再加水使用）。

5.1　砂浆组成材料

砂浆组成材料主要包括胶凝材料、细骨料、掺合料、外加剂和水等，其是决定砂浆性质的重要基础。

5.1.1　胶凝材料

水泥是砂浆的主要胶凝材料，水泥品种的选择与混凝土相同。虽然可供配制砂浆的水泥品种较多，但在选用时，应根据砌筑部位、所处的环境条件等合理选择。砌筑砂浆用水泥的强度等级应根据设计要求进行选择。一般而言，选用水泥的强度等级应为砂浆强度等级的 4 ～ 5 倍，且其强度等级不宜大于 32.5 级，水泥用量不应小于 200 kg/m^3；砌筑水泥是专门用来配制砌筑砂浆和内墙抹灰砂浆的少熟料水泥，强度低，配制的砂浆具有较好的和易性。

5.1.2　细骨料

砂浆用细骨料主要为建筑用砂。细骨料在砂浆中起着骨架和填充作用，对砂浆的和易性和强度等技术性能影响较大。其质量技术要求，与混凝土用砂基本相同。由于砂浆铺设层较薄，砂的最大粒径应加以限制，一般要求其不超过砂浆层或灰缝厚的 1/4 ～ 1/5 为宜，对砖砌体应小于 2.36 mm，砌筑砂浆宜选用中砂，砂的含泥量不应超过 5%，其中毛石砌体宜选用粗砂。对于面层的抹灰砂浆或勾缝砂浆应采用细砂，且最大粒径小于 1.18 mm。砂的粗细程度及级配情况对水泥用量、砂浆的和易性、强度及收缩性能影响很大。

砂浆用砂一般多选用天然河砂，也可采用人工砂、特细砂、工业废渣，但应经过试验后确定其技术要求。

在配制保温砂浆、抹灰砂浆及吸声砂浆时应采用轻砂，如膨胀珍珠岩、火山渣等。

配制装饰砂浆或装饰混凝土时应采用白色或彩色砂、石屑、玻璃或陶瓷碎粒等。

5.1.3　掺合料

随着我国水泥生产工艺水平的提高，低强度等级的水泥已逐步被淘汰，若选用水泥强度等级过高，将使砂浆水泥用量较少即可达到强度要求，而导致砂浆保水性不良。因此，为改善砂浆和易性，在配制砂浆时可掺入磨细生石灰、石灰膏、石膏、粉煤灰、电石膏等材料作为掺合料。但石灰膏的掺入会降低砂浆的强度和黏结力，并改变使用范围，其掺量应严格控制。高强砂浆、有防水和抗冻要求的砂浆不得掺加石灰膏及含石灰成分的保水增稠材料。

用生石灰生产石灰膏，应用孔径不大于 3 mm × 3 mm 的筛网过滤，熟化时间不得少于 7 d，陈伏两周以上为宜；如用磨细生石灰粉生产石灰膏，其熟化时间不得小于 2 d，否则会因过火石灰颗粒熟化缓慢、体积膨胀，使已经硬化的砂浆产生鼓泡、崩裂现象。对于沉淀池中储存的石灰膏，应采取防止干燥、冻结和污染的措施。严禁使用脱水硬化的石灰膏。消石灰粉不得直接使用于砂浆中。磨细生石灰粉也必须熟化成石灰膏后方可使用。

砂浆中加入粉煤灰、磨细矿粉等矿物掺合料时，掺合料的品质应符合国家现行的有关标准要求，掺量可经试验确定，粉煤灰不宜使用 Ⅲ 级粉煤灰。

为方便现场施工时对掺量进行调整，统一规定膏状物质（石灰膏、电石灰膏等）试配时的稠度为 120 mm ± 5 mm，稠度不同时，应按表 5.1 换算其用量。

表 5.1 石灰膏不同稠度的换算系数(JGJ/T 98—2010)

稠度/mm	120	110	100	90	80	70	60	50	40	30
换算系数	1.00	0.99	0.97	0.95	0.93	0.92	0.90	0.88	0.87	0.86

5.1.4 外加剂

外加剂是在拌制砂浆过程中加入,以改善砂浆性能的物质,一般用量较少。在水泥砂浆中,可使用减水剂、防水剂、膨胀剂、微沫剂等外加剂。其中,微沫剂在砂浆搅拌过程中产生微细泡沫,其作用主要是改善砂浆的和易性和替代部分石灰膏。砂浆中掺外加剂时,不但要考虑对砂浆本身性能的影响,还要考虑其对砂浆使用功能的影响,应通过试验确定外加剂的品种和掺量。

5.1.5 水

配制砂浆用水质量要求与混凝土用水相同。

5.2 砂浆技术性质

砂浆的技术性质主要包括新拌砂浆的和易性、硬化后砂浆的强度、变形等物理力学性能。

5.2.1 新拌砂浆的和易性

新拌砂浆应具有良好的和易性,其和易性含义与混凝土和易性类似。和易性良好的砂浆容易在砖、石等基面上铺抹成均匀的薄层,而且能够和接触面紧密黏结。砂浆的和易性包括流动性和保水性两个方面。

1. 流动性

砂浆的流动性是指新拌砂浆在自重或外力作用下流动的性质(也称稠度),用砂浆稠度仪(图 5.1(a))测定其稠度值(即沉入度),单位 mm。影响砂浆流动性的因素,主要有胶凝材料的品种和用量、用水量、砂的粗细、级配、搅拌时间等。此外,与所使用的掺合料及外加剂的种类和数量也有密切的关系。

砂浆的流动性测试如图 5.1 所示:先将砂浆装入砂浆筒中,再将筒置于测定仪的圆锥体下,将锥尖与砂浆表面接触,锁紧锥尖连接滑杆,然后迅速放松,在 10 s 内,锥体沉入砂浆的深度即稠度。其值大或小表示砂浆流动性好或差。

良好的流动性便于泵送或铺抹,对施工和保证施工质量有利,如果流动性过大或过小对工程质量都有不利影响。选用流动性适宜的砂浆,应根据施工方法、砌体的吸水性质及环境温湿度条件等因素确定。选用的一般原则:如果砌筑体材料为多孔、吸水大的材料或在干热条件下施工,应选择流动性大一些,反之,应选择流动性小一些。砌筑砂浆的流动性可按表 5.2 的推荐选用。

图 5.1　砂浆的流动性测试(砂浆稠度仪)

表 5.2　砌筑砂浆的流动性选择

砌体种类	施工稠度 /mm
烧结普通砖砌体、粉煤灰砖砌体	70 ～ 90
混凝土砖砌体、普通混凝土小型空心砌块砌体、灰砂砖砌体	50 ～ 70
烧结多孔砖砌体、烧结空心砖砌体、轻骨料混凝土小型空心砌块砌体、蒸压加气混凝土砌块砌体	60 ～ 80
石砌体	30 ～ 50

2. 保水性

砂浆的保水性是指砂浆保持水分及保持均匀一致的能力。保水性好则可以保证砂浆不发生较大的分层、离析和泌水，从而保证砂浆与基层黏接牢固，使砂浆强度不降低。砂浆保水性可用分层度或保水率评定，考虑到我国目前砂浆品种日益增多，有些新品种砂浆用分层度试验来衡量砂浆各组分的稳定性或保持水分的能力已不太适宜，而且在砌筑砂浆实际试验应用中与保水率试验相比，分层度试验难操作、可复验性差且准确性低，所以在《砌筑砂浆配合比设计规程》(JGJ/T 98—2010) 中取消了分层度指标，规定用保水率衡量砌筑砂浆的保水性。砂浆保水率就是用规定稠度的新拌砂浆，按规定的方法进行吸水处理，吸水处理后砂浆中保留水的质量与吸水处理前砂浆中水的质量的百分比。砌筑砂浆的保水率要求见表 5.3。

表 5.3　砌筑砂浆的保水率

砌筑砂浆品种	水泥砂浆	水泥混合砂浆	预拌砌筑砂浆
保水率 /%	≥ 80	≥ 84	≥ 88

砂浆的保水性主要和胶凝材料的品种和用量，砂的品种、细度、用量以及是否掺有微沫剂有关。为使砂浆具有良好的保水性，可在砂浆中掺入石膏、粉煤灰等掺合剂。

5.2.2　砂浆的强度及强度等级

砂浆主要作用是黏结砌体并传递荷载，但对强度、黏结性及耐久性必然提出要求，并且强度与黏结性、耐久性存在相关性，强度高其黏结性、耐久性也相应提高。因此，在工程上以抗压强度作为砂浆的强度指标。

砂浆的强度等级是以边长为 70.7 mm 的立方体试件，在标准养护条件（温度为(20±2) ℃，相对湿度为95%以上）下养护 28 d，用标准试验方法测得抗压强度确定的。砌筑砂浆的强度等级共分 M5、M7.5、M10、M15、M20、M25、M30 七个等级。

砂浆可视为无粗骨料的混凝土，其强度影响因素与混凝土相类似。但砂浆铺设基层多吸水，不能简单地以水灰比作为影响因素，因此，在分析砂浆强度的影响因素时，除考虑水泥强度外，仅考虑水泥用量。砂浆强度与水泥强度和用量之间存在线性关系：

$$f_m = \frac{\alpha \cdot f_{ce} Q_c}{1\,000} + \beta \tag{5.1}$$

式中 f_m—— 砂浆的强度，MPa；

Q_c——1 m^3 砂浆的水泥用量，kg；

f_{ce}—— 水泥的实测强度，MPa；

α、β—— 砂浆的特征系数。

5.2.3 砂浆黏结强度

砂浆的黏结强度是影响砌体结构抗剪强度、抗震性、抗裂性等的重要因素。为了提高砌体的整体性，保证砌体的强度，要求砂浆和基体材料有足够的黏结强度，随着砂浆抗压强度的提高，砂浆与基层的黏结强度提高。在充分润湿、干净、粗糙的基面上砂浆的黏结强度较好。

5.2.4 砂浆变形

砂浆在硬化过程中、承受荷载或在温度变化时均易变形，变形过大会降低砌体的整体性，引起裂缝。在拌制砂浆时，如果砂过细、胶凝材料过多及用轻骨料拌制砂浆，会引起砂浆较大收缩变形而开裂。有时，为了减少收缩，可以在砂浆中加入适量的膨胀剂。

5.2.5 砂浆耐久性

硬化后的砂浆要与砌体一起经受周围介质的物理化学作用，因而砂浆应具有一定的耐久性。试验证明，砂浆的耐久性随抗压强度的增大而提高，即它们之间存在一定的相关性。砂浆若直接用于受水和受冻融作用的砌体，对砂浆还应有抗渗和抗冻性要求。在砂浆配制中除控制水灰比外，常加入外加剂来改善抗渗和抗冻性能，如掺入减水剂、引气剂及防水剂等。也可通过改进施工工艺，填塞砂浆的微孔和毛细孔，增加砂浆的密实度。砌筑砂浆的抗冻性要求见表 5.4。

表 5.4 砌筑砂浆的抗冻性要求

使用条件	抗冻指标	质量损失率 /%	强度损失率 /%
夏热冬暖地区	F15	≤5	≤25
夏热冬冷地区	F25		
寒冷地区	F35		
严寒地区	F50		

5.3　砌筑砂浆配合比设计

根据工程类别及砌体部位的设计要求，合理选择砂浆强度等级，以此来确定其配合比。确定砂浆配合比，一般情况可查阅手册或资料来确定。重要工程或无参考资料时，可根据《砌筑砂浆配合比设计规程》(JGJ/T 98—2010) 规定，配合比采用质量比表示。

5.3.1　砌筑砂浆的配合比设计的基本要求

基本要求：

(1) 新拌砂浆的和易性应满足施工要求。

(2) 强度和耐久性应满足设计要求。

(3) 水泥及掺合料用量应以少为宜，经济合理。

5.3.2　水泥混合砂浆配合比计算

1. 配合比计算

(1) 确定试配强度($f_{m,0}$)。

试配强度按下式计算：

$$f_{m,0}=kf_2 \tag{5.2}$$

式中　$f_{m,0}$—— 砂浆的试配强度，MPa(应精确至 0.1 MPa)；

f_2—— 砂浆强度等级值，MPa(应精确至 0.1 MPa)；

k—— 系数，按表 5.5 取值。当有统计资料时，应按统计方法计算，无统计资料时可按表 5.5 选取。

表 5.5　砂浆强度标准差 σ 及 k 值

施工水平	强度标准差 σ/MPa							k
	M5.0	M7.5	M10	M15	M20	M25	M30	
优良	1.00	1.50	2.00	3.00	4.00	5.00	6.00	1.15
一般	1.25	1.88	2.50	3.75	5.00	6.25	7.50	1.20
较差	1.50	2.25	3.00	4.50	6.00	7.50	9.00	1.25

(2) 水泥用量计算。

1 m^3 砂浆中的水泥用量：

$$Q_c=\frac{1\,000(f_{m,0}-\beta)}{\alpha\cdot f_{ce}} \tag{5.3}$$

式中　Q_c——1 m^3 砂浆中水泥用量，kg(精确至 1 kg)；

f_{ce}—— 水泥的实测强度，MPa；

α、β—— 砂浆的特征系数，其中 α 取 3.03，β 取 -15.09。

注：各地区可用本地区试验资料确定 α、β，统计用的试验组数不得少于 30 组。

当计算出水泥用量小于 200 kg 时，应取 200 kg。在无法取得水泥的实测强度值时，

可按下式计算 f_{ce}：

$$f_{ce}=\gamma_c \cdot f_{ce,k} \tag{5.4}$$

式中　$f_{ce,k}$—— 水泥强度等级值；

γ_c—— 水泥强度等级的富余系数，应按统计资料确定，无资料时 γ_c 可取 1.0。

(3) 掺合料用量计算。

石灰膏掺合料用量 Q_D，按下式计算：

$$Q_D=Q_A-Q_c \tag{5.5}$$

式中　Q_D—— 1 m^3 砂浆中石灰膏量，精确至 1 kg，其使用时稠度宜为(12±0.2) cm，不同稠度时可按表 5.6 石灰膏用量换算系数换算；

Q_A——1 m^3 砂浆中水泥和掺加料的总量(精确至 1 kg)，可为 350 kg；

Q_c——1 m^3 砂浆的水泥用量(精确至 1 kg)。

表 5.6　石灰膏用量换算系数

石灰膏稠度 /cm	12	11	10	9	8	7	6	5	4	3
换算系数	1.00	0.99	0.97	0.95	0.93	0.92	0.90	0.88	0.87	0.86

(4) 砂用量计算。

1 m^3 砂浆中的砂用量 Q_s，应按干燥状态(含水率小于 0.5%) 的堆积密度值作为计算值(kg/m^3)。

(5) 水用量计算。

1 m^3 砂浆中的水用量 Q_w，根据施工对砂浆稠度的要求选用 210 ～ 310 kg。

注：混合砂浆的用水量，不包括石灰膏中的水；当采用细砂或粗砂时，用水量分别取上限或下限；稠度小于 7 cm 时，用水量可小于下限；施工现场气候炎热或干燥季节，可酌情增加用水量。

2. 配合比的调整与确定

(1) 按计算或查表所得配合比进行试拌，应测定新拌砂浆的稠度和保水性或分层度，当不能满足要求时，应调整用水量或掺合料用量，直到符合要求为止，确定其为基准配合比。

(2) 试配时至少应采用三个不同的配合比，即在按(1) 得出的基准配合比基础上，将水泥用量分别调整为基准配合比中用量的 ±10 %，同时，将水用量或掺合料用量做适当调整以保证稠度、分层度合格，再确定出另两组配合比。对配合比调整后成型、养护试件，测定其 28 d 强度；选用符合强度要求且水泥用量最低的配合比。

【例 5.1】 某工程用水泥石灰混合砂浆，强度等级要求为 M5，稠度要求为 7 ～ 10 cm。原料：矿渣硅酸盐水泥强度等级为 32.5，水泥强度等级富余系数 1.0；石灰膏，稠度为 10 cm；中砂，堆积密度为 1 445 kg/m^3，含水率为 2%。一般施工水平。计算该砂浆的配合比。

解　(1) 确定砂浆配制强度。

查表 5.5，$\sigma=1.25$ MPa，$k=1.20$，即

$$f_{m,0}=kf_2=1.20\times 5.0=6.0(\text{MPa})$$

(2) 水泥用量计算。

$$\alpha=3.03,\quad \beta=-15.09$$

$$Q_c=\frac{1\ 000(f_{m,0}-\beta)}{\alpha\cdot f_{ce}}=\frac{1\ 000(6.0+15.09)}{3.03\times 32.5}=214(kg)$$

(3) 石灰膏用量计算。

取 $Q_A=350$ kg,有

$$Q_D=Q_A-Q_c=350-214=136\ (kg)$$

石灰膏稠度由10 cm换算为12 cm,查表5.6,换算系数为0.97,则 $Q_D=136\times 0.97=132$ (kg)。

(4) 砂用量计算。

$$Q_s=1\ 445(1+2\%)=1\ 474\ (kg)$$

(5) 水用量计算。

选用水量为300 kg,由于砂中含水,实际水用量为

$$Q_w=300-1\ 445\times 2\%=271\ (kg)$$

(6) 砂浆配合比。

$$Q_c:Q_D:Q_s:Q_w=214:132:1\ 474:271$$

5.4 抹灰砂浆

抹灰砂浆根据功能不同,可分为普通抹灰砂浆、装饰砂浆和具有某些特殊功能的抹灰砂浆(如:防水砂浆、耐热砂浆、绝热砂浆和吸声砂浆等)。

5.4.1 普通抹灰砂浆

普通抹灰砂浆为建筑工程中用量最大的抹灰砂浆,其功能主要是对建筑物和墙体起保护剂平整美观作用。常用的有石灰砂浆、水泥砂浆、混合砂浆等。

对抹灰砂浆的基本要求是具有良好的和易性、较高的黏结强度。处于潮湿环境或易受外力作用时(如地面、墙裙等),还应具有较高的强度等。抹灰砂浆的组成材料与砌筑砂浆基本相同。但为了防止砂浆层开裂,有时需要加入一些纤维材料(如纸筋、麻刀等),有时为了使其具有某些功能而需加入特殊骨料或掺合料。由于与空气接触面积较大,有利于气硬性胶凝材料的硬化,因此和易性良好的石灰砂浆被广泛应用。

常用抹灰砂浆的配合比及应用范围可参见表5.7。

表5.7 常用抹灰砂浆配合比及应用范围

材料	配合比(体积比)	应用范围
石灰、水泥、砂	(1:0.5:4.5)~(1:1:5)	用于檐口、勒脚、女儿墙,以及比较潮湿的部位
水泥、砂	(1:3)~(1:2.5)	用于浴室、潮湿车间等墙裙、勒脚或地面基层
水泥、砂	(1:2)~(1:1.5)	用于地面、天棚或墙面面层
水泥、砂	(1:0.5)~(1:1)	用于混凝土地面

5.4.2 防水砂浆

防水砂浆是一种抗渗性高的砂浆。防水砂浆层又称刚性防水层，适用于不受震动和具有一定刚度的混凝土或砖石砌体的表面，对于变形较大或可能发生不均匀沉陷的建筑物，都不宜采用刚性防水层。

防水砂浆按其组成可分为普通水泥砂浆、掺防水剂水泥砂浆、掺膨胀剂水泥砂浆和聚合物水泥砂浆四类。

(1) 普通水泥砂浆。其是由水泥加水配制的水泥素浆和由水泥、砂、水配制的水泥砂浆，将其分层抹压密实，以使每层毛细孔通道大部分被切断，即使残留少量毛细孔，其也无法形成贯通的渗水通道。硬化后的防水层具有较高的防水和抗渗性能。

(2) 掺防水剂水泥砂浆。在水泥砂浆中掺入各类防水剂可以提高砂浆防水性能，常用防水砂浆有氯化物金属盐类防水砂浆、氯化铁防水砂浆、金属皂类防水砂浆和超早强剂防水砂浆等。

(3) 掺膨胀剂水泥砂浆。在普通水泥砂浆中掺入膨胀剂，减少了砂浆拌和用水量，并使其在水化反应的早期及中期产生化学自应力作用，可提高砂浆的密实性，同时降低干燥收缩和自身收缩，提高水密性和化学预应力。

(4) 聚合物水泥砂浆。其是用水泥、聚合物分散体作为胶凝材料与砂配制而成的砂浆。聚合物水泥砂浆硬化后，砂浆中的聚合物可有效地封闭连通的孔隙，增加砂浆的密实性及抗裂性，从而可以改善砂浆的抗渗性。聚合物分散体是在水中掺入一定量的聚合物胶乳及辅助外加剂(如乳化剂、稳定剂等)。常用的聚合物品种包括有机硅、阳离子氯丁胶乳等。

防水砂浆一般都应具有良好的耐候性、耐久性、抗渗性、密实性，同时具有较高的黏结力及防水防腐效果。通过砂浆浇筑或喷涂，手工涂抹的方法在结构表面形成防水防腐砂浆层。主要用于建筑墙壁及地面的处理及地下工程防水层，防水砂浆的防渗效果在很大程度上取决于施工质量，因此施工时要严格控制原材料质量和配合比。刚性防水必须保证砂浆的密实性，对施工操作要求高，否则难以获得理想的防水效果。

5.4.3 绝热砂浆

采用水泥、石灰、石膏等胶凝材料与膨胀珍珠岩砂、膨胀蛭石或陶粒砂等轻质多孔骨料按一定比例配制的砂浆称为绝热砂浆。绝热砂浆具有质轻和良好的绝热性能，其导热系数为 0.07 ～ 0.10 W/(m·K)，可用于屋面绝热层、绝热墙壁及供热管道绝热层等处。

5.4.4 吸声砂浆

一般绝热砂浆是由轻质多孔骨料制成的，都具有吸声性能。还可以配制用水泥、石膏、砂、锯末(其体积比约为 1∶1∶3∶5) 拌成的吸声砂浆，或在石灰、石膏砂浆中掺入玻璃纤维、矿物棉等松软纤维材料。吸声砂浆用于室内墙壁和平顶的吸声。

5.4.5　耐酸砂浆

用水玻璃(硅酸钠)与氟硅酸钠拌制成耐酸砂浆,有时可掺入石英岩、花岗岩、铸石等粉状细骨料。水玻璃硬化后具有很好的耐酸性能。耐酸砂浆多用作衬砌材料、耐酸地面和耐酸容器的内壁防护层。

5.4.6　防射线砂浆

在水泥浆中掺入重晶石粉、砂可配制有防X射线能力的砂浆。其配合比为m(水泥)∶m(重晶石粉)∶m(重晶石砂)=1∶0.25∶(4～5)。如在水泥浆中掺加硼砂、硼酸等可配制有抗中子辐射能力的砂浆。此类防射线砂浆应用于射线防护工程。

5.4.7　膨胀砂浆

在水泥砂浆中掺入膨胀剂,或使用膨胀水泥可配制膨胀砂浆。膨胀砂浆可在修补工程中及大板装配工程中填充缝隙,达到黏结密封作用。

5.4.8　自流平砂浆

在现代施工技术条件下,地坪常采用自流平砂浆,从而使施工迅捷方便、质量优良。

自流平砂浆中的关键性技术是掺用合适的化学外加剂,严格控制砂的级配、含泥量、颗粒形态,同时选择合适的水泥品种。良好的自流平砂浆可使地坪平整光洁,强度高,无开裂,技术经济效果良好。

5.5　砂浆的生态化发展途径

砂浆与混凝土相比,可以经济地控制原材料的标准化生产。因此可以根据使用需要进行选材设计,在技术条件允许时,应大力推广环境友好型的生态砂浆。

(1) 原材料选择。应尽可能选用机制砂,减少使用天然河砂。海沙经有效处理后可与机制砂配合使用。尾矿砂和工业废渣经放射性鉴定合格的可代替部分天然砂;建筑垃圾制造的再生细骨料、粉煤灰、磨细矿渣、火山灰等既能满足建筑砂浆的性能,又节约了资源、利用了工业废料。

(2) 砂浆的制备。砂浆的预拌技术保证了材料配比的准确性,降低了劳动强度,改善了施工环境,减少了污染和节约了材料。砂浆的制备根据供料的方式分预拌湿砂浆和预拌干砂浆。预拌湿砂浆:水泥、细骨料、保水增稠材料、外加剂和水以及根据需要掺入的矿物掺合料等组分按一定比例,在搅拌站经计量、拌制后,采用搅拌运输车运至使用地点,放入专用容器储存,并在规定时间内使用完毕的砂浆拌和物。预拌干砂浆:经干燥筛分处理的细骨料与水泥、保水增稠材料以及根据需要掺入的外加剂、矿物掺合料等组分按一定比例在专业生产厂混合而成的固态混合物。预拌干砂浆在使用地点按规定比例加水或配套液体拌和使用。

(3) 砂浆的施工。砂浆的施工向机械化甚至自动化方向发展。利用机械喷涂法进行砂浆的抹灰施工，不仅降低劳动强度，提高劳动效率，也增强了砂浆与基层的黏结性能，保证抹灰质量。

复习思考题

1. 常用建筑砂浆有哪些分类方式？各种分类方式的特点如何？
2. 何为混合砂浆？其组成材料的选择及目的是什么？
3. 与混凝土相比，建筑砂浆的骨料选择及要求有什么不同？
4. 新拌砂浆的和易性包括哪两方面的含义？如何测定与表征？
5. 何为砌筑砂浆？其主要的功能及要求是什么？
6. 砌筑砂浆强度的影响因素有哪些？改善砂浆黏结强度可采取哪些有效措施？
7. 抹灰砂浆的技术要求与砌筑砂浆有何不同？
8. 防水砂浆分哪几种？各有何特点？
9. 某砌筑工程要求配制强度等级为 M7.5 的砌筑砂浆。原料分别选用：矿渣硅酸盐水泥，强度等级为 32.5；石灰膏，稠度为 12 cm，表观密度为 1 350 kg/m^3；中砂，堆积密度为 1 550 kg/m^3，含水率为 2%；自来水。施工水平一般。试计算砂浆的配合比。

第6章　钢　材

本章学习内容及要求：牢固掌握钢材的基本力学性能及其工艺性能，在此基础上深刻理解钢材的冶炼方法、加工技术、化学成分及其基本组织对钢材力学性能、工艺性能的影响；从各类钢材的基本性能及优缺点出发，结合相应的产品标准与规范，掌握钢材的合理选用。

6.1　钢材基本知识

从工程应用角度出发，对普通钢筋混凝土结构及钢结构应用来说，为节省钢材并满足高层、大跨结构及腐蚀环境条件下的使用需求，工程结构用钢正向高强化、低屈强比、极厚化及耐候等方向发展。在满足配筋率或最小截面等要求下，使用高强度钢材将能显著减小用钢量，节约资源。在保证高强度一定时，使用低屈强比钢材将能提高结构的延性，从而提高抗震安全性能。此外，开发具有良好耐火、耐候性能的钢材，能明显提高结构的抗火与抗环境腐蚀的能力，从而提高结构的耐火安全性及使用寿命，经济效益显著。

随着预应力混凝土工程设计和施工技术的不断完善与提高，在预应力混凝土结构工程中对预应力钢材的性能及其适用性要求也越来越高，低松弛、高强度、防腐蚀钢丝已成为预应力钢材的发展趋势。若预应力钢丝的强度进一步提高将能节省更多钢材。此外，由于存在应力腐蚀的可能，预应力钢筋的防腐蚀问题特别突出，表面镀锌或者环氧涂层钢丝将能显著改善与提高预应力钢丝的防腐蚀性能，改善预应力钢筋混凝土结构的耐久性能。

工程所用的各种钢材包括钢结构用的各种热轧型钢、冷弯薄壁型钢、钢板等和钢筋混凝土结构用的各种钢筋、钢丝和钢绞线等。型钢也可与混凝土组合使用，如钢管混凝土、钢骨混凝土结构等。

钢材的主要优点是强度高、材质均匀、性能可靠，具有较好的弹性变形和塑性变形能力，能抵抗较大的冲击荷载和振动荷载作用。另外，钢材还具有良好的加工性能，可以采用焊接、铆接及螺栓连接等多种连接方式，便于快速施工装配，因而广泛用于大跨结构、多高层结构和重载工业厂房结构等土木工程领域。

钢材的主要缺点是容易锈蚀、耐火性差，维护费用较高。钢材与混凝土复合而成的钢筋混凝土结构一定程度上能够发挥钢材、混凝土的优点而克服各自的主要缺点，是最重要、应用最为广泛的土木工程结构材料之一。

6.1.1 钢材的冶炼与加工

1. 钢材的冶炼

钢材是以铁元素为主要成分、含碳量控制在 2% 以下并含有少量其他元素的金属材料，由生铁经冶炼、铸锭、轧制和热处理等工序生产而成。含碳量在 2.11% ~ 6.69% 范围内并含有较多杂质的铁碳合金俗称生铁或铸铁，因熔点较低、适宜铸造而得名。生铁是由铁矿石、石灰石溶剂、焦炭等燃料在高炉中经过还原、造渣反应而得到的一种铁碳合金，一般硫、磷等有害杂质的含量较高，可细分为白口铸铁、灰口铸铁和球墨铸铁等。生铁硬、脆，无塑性和韧性且不能焊接，一般不用作土木工程的结构材料。

炼铁是将铁矿石、燃料（焦炭、煤粉）及其他辅助原材料（石灰石、锰矿等）按一定比例混合，在高温下焦炭及其燃烧生成的一氧化碳还原铁矿石得到生铁的过程。炼钢是将生铁在高炉中进行氧化，将含碳量降低到一定范围，同时将硫、磷等有害杂质降低至允许范围内并添加部分有益合金元素的精炼过程。现代炼钢主要有氧气转炉法和电炉法。平炉法使用重油作为燃料，具有成本高、冶炼周期长且热效率低等致命缺陷，目前已基本淘汰。氧气转炉法冶炼周期短、生产效率高且质量较好，主要用于生产普通质量碳素钢和低合金钢。电炉法对钢材的化学成分控制更严格、质量好，但耗电大、产量低、成本高，主要用于生产优质碳素钢和合金钢。

2. 钢的脱氧

高温熔炼过程中，部分铁不可避免被氧化成氧化铁，在后期精炼时需要加入脱氧剂（如锰铁、硅铁等）进行脱氧，使氧化铁还原成金属铁。脱氧后，钢水浇入锭模形成柱状钢锭的工艺过程称为铸锭，之后再对铸锭进行各种压力加工及热处理等以生产各类成品钢材。在铸锭过程中温度逐渐降低，且外部温度降低更快而内部较慢。由于钢内某些元素在液相铁中的溶解度高于固相，冷却过程中它们将向凝固较晚的钢锭中心集中，因此化学成分在钢锭界面上分布不均匀，产生偏析现象，尤其以硫、磷元素偏析最为严重。偏析现象对钢材的质量影响很大。

依据脱氧程度的不同，可将钢材分为沸腾钢（F）、半镇静钢（b）、镇静钢（Z）和特殊镇静钢（TZ），脱氧程度依次从低到高。沸腾钢是脱氧不完全的钢，铸锭时不加脱氧剂，相当数量的 FeO 与碳反应生成大量的 CO 气体并溢出，引起钢水沸腾，故而称为沸腾钢。镇静钢为基本完全脱氧的钢，铸锭时钢液镇静，钢液不产生沸腾现象。半镇静钢的脱氧程度介于沸腾钢和镇静钢之间。特殊镇静钢比镇静钢的脱氧程度更充分彻底。

沸腾钢的成本较低且塑性好，有利于冲压，但是微晶组织不够致密、气泡较多且化学偏析较大，强度和耐腐蚀性较差，低温冷脆性较大，常用于一般结构中。镇静钢的成本较高、组织细密、偏析小、质量均匀，具有较好的可焊性和耐腐蚀性，常用于承压冲压荷载的重要结构或构件。优质钢和合金钢一般都是镇静钢。特殊镇静钢的质量最好，适用于特别重要的工程结构。

3. 压力加工

为减小铸锭过程常出现的偏析、晶粒粗大、组织不致密等缺陷的不利影响，铸锭后大多要经过压力加工和热处理以生产各类型钢、钢筋和钢丝等成品钢材。压力加工分为热加工和冷加工两种。热加工是将钢锭加热至呈塑性状态，在再结晶温度以上完成的压力加工。冷加工是指在常温下完成的压力加工，主要有冷拉、冷拔、冷轧等方式。

钢材经过压力加工后，可使钢锭内部气泡弥合、组织密实、晶粒细化并消除铸锭时存在的显微缺陷。钢锭在经压力加工成各类钢材成品后，再辅以适当的热处理，可显著提高其强度和质量均匀性，并恢复其良好的塑性和韧性。

6.1.2　钢的分类

1. 按化学组成分类

按化学成分可将钢分为碳素钢和合金钢。碳素钢是除含有一定量为了脱氧而加入的硅（一般不超过0.35%）、锰（一般不超过1.5%）等合金元素以外，不含其他合金元素的钢材。合金钢中除含有硅锰元素外，还含有其他如铬、镍、钒、钛、铜、钨、铝、钼、铌、镉等合金元素，有的还含如硼、氮等非金属元素。与碳素钢相比，微量合金元素的加入使得合金钢的性能有显著的提高，应用也日益广泛。

按含碳量的不同，碳素钢可进一步细分为低碳钢（0.25%以下）、中碳钢（0.25%～0.6%）和高碳钢（0.6%以上）。按合金元素含量的高低，合金钢可进一步细分为低合金钢（5%以下）、中合金钢（5%～10%）和高合金钢（10%以上）；依合金元素的主要种类，可分为锰钢、铬钢、铬镍钢和铬锰钛钢等。

2. 按用途分类

依据用途的不同，可将钢分为结构钢、工具钢和特殊性能钢三大类。结构钢用于各种机器零件和工程结构，前者如渗碳钢、调质钢、弹簧钢和滚动轴承钢等，后者包括普通碳素结构钢、优质碳素结构钢和低合金结构钢等。工具钢用来制造各种工具，依据工具的用途和性能要求的不同可分为刃具钢、模具钢和量具钢等。特殊性能钢是指具有特殊物理化学性能的钢，主要有不锈钢、耐热钢、耐磨钢和磁钢等。

3. 按质量等级分类

依硫、磷等有害杂质含量的不同，可将钢分为普通钢、优质钢和高级优质钢。

4. 按冶炼炉分类

根据冶炼方式及炉种的不同，可将钢分为平炉钢、转炉钢和电炉钢，后者的质量较好。

5. 按脱氧程度分类

根据脱氧程度不同，可将钢分为沸腾钢(F)、半镇静钢(b)、镇静钢(Z)和特殊镇静钢(TZ)。

钢厂在给钢材产品命名时，往往将用途、化学成分和质量等级三种分类标准结合起来，如普通碳素结构钢、优质碳素结构钢、碳素工具钢、高级优质碳素工具钢、合金结构钢、合金工具钢等称谓。

建筑工程主要应用普通质量的碳素结构钢和低合金结构钢，优质合金钢也有少数应用，如部分热轧钢筋等。

6.2 钢材主要技术性质

钢材在结构中主要起承受荷载作用，同时施工过程中还需要具有较好的加工性能，因而力学性能和工艺性能是钢材性能的主要方面。钢的力学性能指标主要包括强度、刚度、冲击韧性和硬度；钢的工艺性能主要指冷弯性能和可焊性等。此外，工程结构都是在一定的温、湿度及其他腐蚀环境条件下服役的，此时钢抵抗环境作用的物理化学性能对结构的正常使用也非常重要。

6.2.1 力学性能

结构承受荷载包括静荷载和动荷载两种类型，静荷载作用下不但要求钢材具有一定的强度而不至于破坏，同时还要求具有一定的刚度而不至于影响结构的正常使用。承受动荷载作用时，还要求钢材具有较高的冲击韧性和疲劳强度等。

1. 抗拉性能

钢材在结构中主要承受拉压作用。抗拉性能是衡量建筑钢材力学性能最重要的方面。国家标准《金属材料 拉伸试验 第1部分：室温试验方法》(GB/T 228.1—2010) 规定了标准的拉伸试验方法，以检验钢材在拉伸时的力学性能和变形性能。以延伸率 A 为横坐标，名义应力 σ 为纵坐标，典型低碳钢的单轴受拉应力－应变关系如图6.1(a) 所示，受拉破坏过程可以分为以下四个阶段。

(Ⅰ) 线弹性阶段。

在 OA 范围内，试件的应力与应变之间呈线性关系，此阶段的变形为弹性变形。在该范围内任意一点完全卸载，试件将恢复原状。A 点对应于弹性阶段应力－应变最大值的位置，相应应力称为弹性极限 σ_p。OA 段直线的斜率(应力与应变之比) 为弹性模量 E，它表征的是材料抵抗变形的能力，也即钢材的材料刚度。

(Ⅱ) 屈服阶段。

在 AB 范围内，随应力的进一步增加，钢材的应变与应力不再呈线性关系，试件开始产生不可恢复的塑性变形。当应力达到 B 点的应力水平时，即使应力不再增加，塑性变形仍将显著增长，也即发生屈服现象，相应的应力值称为屈服强度(一般采用下屈服点)σ_y。

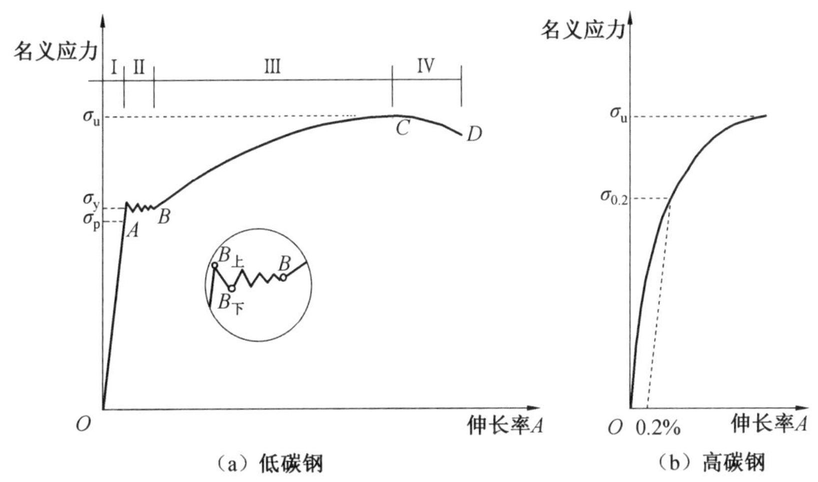

图 6.1　建筑钢材单轴受拉应力－应变曲线

$B_上$ — 上屈服点；$B_下$ — 下屈服点

屈服强度是钢材最重要的性能指标，是钢结构设计的取值依据。

(Ⅲ) 强化阶段。

在 BC 阶段，应力需要进一步增大才能使试件产生进一步的变形，此时材料恢复了一定的抵抗变形的能力(刚度)，故称为强化阶段。对应于峰值强度 C 点的应力称为抗拉强度 σ_u，它是评价钢材抵抗破坏能力的重要指标。抗拉强度与屈服强度的比值(强屈比)σ_u/σ_y 是钢材安全裕度和材料利用率的直接反映。强屈比越小，则材料在达到屈服之后的安全裕度也越小，相应可靠度越低；强屈比越大，表明材料的安全裕度越大，结构的可靠度越高。但强屈比过大时，钢材的有效利用率太低，钢材的强度未能充分利用，造成一定的浪费。

(Ⅳ) 颈缩阶段。

在抗拉强度 C 点过后，材料塑性变形迅速增大而应力反而下降，刚度为负值，材料处于不稳定状态。在试件薄弱处断面显著减小，呈现"颈缩"现象，直至断裂。建筑钢材伸长率测试如图 6.2 所示，若标准试件的原始标距为 L_0，拉断后拼合断口，测量得到试件标距内的长度 L_u，将试件拉断后标距范围内残余伸长量 $L_u - L_0$ 与原始标距的比值称为断后伸长率 A，即

$$A = \frac{L_u - L_0}{L_0} \times 100\% \tag{6.1}$$

试件拉伸破坏时塑性应变在标距范围内的分布是不均匀的，颈缩处的伸长较大，呈现出"应变集中"现象。原始标距与直径的比值越大，则颈缩处的局部变形在整体变形中的比重越小，相应伸长率要小一些。伸长率太大，钢材质地较软，超载作用下结构易产生较大的塑性变形；伸长率过小，钢材质地硬脆，荷载超载时容易断裂。塑性良好的钢材，在承受偶然超载作用时，可以通过产生塑性变形来使内部应力重新分布，尽量避免出现"应变集中"现象而破坏。

与低碳钢不同的是，中碳钢和高碳钢没有明显的屈服点，抗拉强度高、伸长率小，拉伸

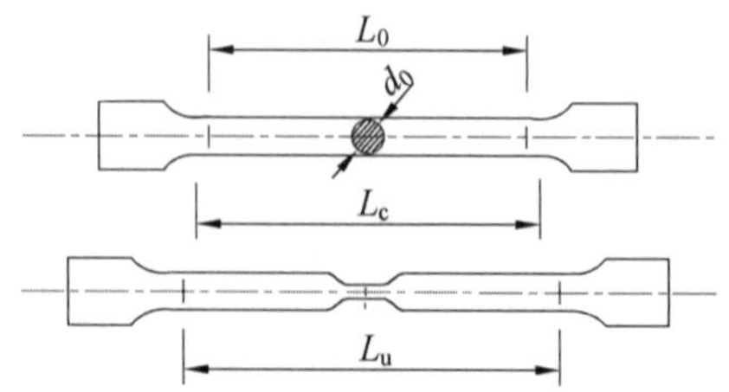

图 6.2 建筑钢材的伸长率测试

d_0— 试件直径

破坏时呈脆性破坏。对无明显屈服点的钢材,《金属材料 拉伸试验 第1部分:室温试验方法》(GB/T 228.1—2010)国家标准规定以塑性残余伸长率为0.2%时的应力值作为名义屈服点,相应的屈服强度以$\sigma_{0.2}$表示,如图6.1(b)所示。

2. 冲击韧性

冲击韧性表征冲击荷载作用下钢材抵抗破坏的能力,一般用单位面积冲击断裂所消耗的功来表示,常采用摆锤式冲击试验机来测量,如图6.3所示。将重力为P(N)的摆锤提升到高度H(m),在重力作用下自由旋转下落并冲击带V形或U形刻槽的标准试件。试件从缺口处断裂后,摆锤继续上升到高度h(m),H与h的值可在刻盘上读出。依据能量守恒,冲击韧性α_k(J/cm^2)近似为

$$\alpha_k = \frac{P(H-h)}{S} \tag{6.2}$$

式中 S—— 标准试件缺口处的截面积,cm^2。

α_k值越大,表明试件冲击断裂所消耗的功越大,材料抵抗冲击荷载作用的能力也越强。

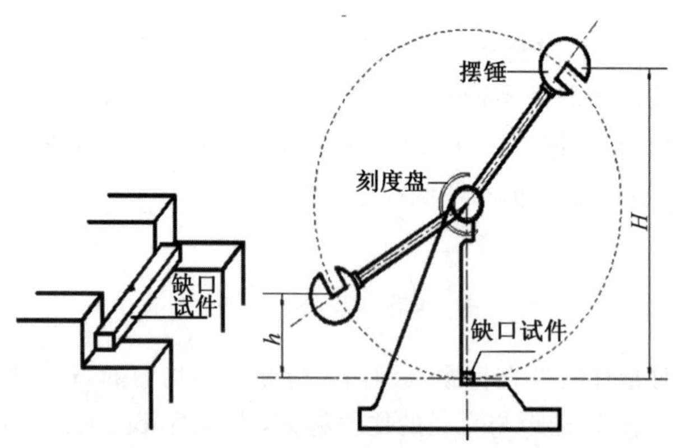

图 6.3 冲击韧性试验方法示意图

钢材的冲击韧性受钢材自身的化学成分和组织状态、环境温度以及时效等方面的影响。

(1) 当钢材内部硫磷含量较高、脱氧不充分时,成分偏析、非金属夹杂及焊接微裂纹等因素影响将使冲击韧性显著降低。

(2) 冲击韧性随温度的降低而降低。温度较高时冲击韧性较大，随温度降低，冲击韧性相应减小；起初下降较缓慢，当达到一定低温范围时，冲击韧性将快速下降进而呈脆性(图 6.4)，这种性质称为钢材的低温冷脆性。冲击韧性开始快速下降时的温度 T_2 称为脆性临界温度。对于在低温条件下服役的钢结构，必须对钢材的低温冷脆性进行评定，并选用脆性临界温度低于使用温度的钢材。依据具体的使用环境温度条件，可要求材料满足 0 ℃、-20 ℃ 甚至 -40 ℃ 条件下对冲击韧性指标的要求。

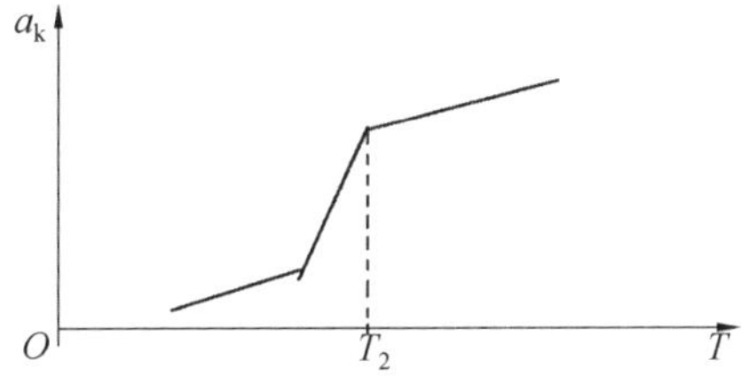

图 6.4　钢材冲击韧性的低温转变

(3) 在长期荷载作用下，随时间的延长钢材呈现出机械强度提高而塑性、韧性降低的现象称为时效。通常，完成时效的过程可达数十年，起初发展较快而后较慢，经冷加工或者受振动、反复荷载作用时时效可快速发展。因时效导致钢材冲击韧性降低的程度称为时效敏感性。钢材的时效敏感性与材料组成尤其是氮氧化合物杂质的含量密切相关。对于承受动荷载的重要结构，应当选用时效敏感性小的钢材。

3. 硬度

材料局部抵抗硬物压入其表面的能力称为硬度。固体对外界物体侵入的局部抵抗能力，是比较各种材料相对软硬的指标。硬度的测试方法主要有刻划硬度、压入硬度和回弹硬度等。

建筑钢材的硬度常用布氏硬度来评价。将直径为 D(一般取 10 mm) 的淬火硬钢球在一定荷载作用下(一般取 3 000 kg) 压入被测钢件的光滑表面，持续一定时间后卸去载荷，测量被压物件表面上的压痕直径 d，所加荷载 P 与压痕表面积 S 的比值即为布氏硬度 HB 值，如图 6.5 所示。

4. 疲劳强度

在交变荷载反复作用下，钢材往往在应力远低于抗拉强度时就发生断裂，这种现象称为钢材的疲劳破坏。周期荷载的大小不同，使材料破坏需要的循环周期数也随之不同。钢材抵抗疲劳破坏的性能常用应力范围 S 与恒幅荷载循环作用直至破坏的次数 N 之间的关系($S-N$ 曲线) 来描述。交变荷载对应的应力范围 S 越小，材料的疲劳寿命也就越高。当应力范围 S 小于某极限值(疲劳极限) 时，疲劳寿命趋于无穷大。对于建筑钢材，一般近似认为疲劳寿命大于 10^7 次即为无穷大。

钢材的疲劳破坏属于脆性破坏，发生很突然、无预兆并造成事故，具有很大的危险性。在设计承受反复荷载作用的结构如桥梁结构时，需进行疲劳验算，并采用满足相应疲劳强度要求的钢材。

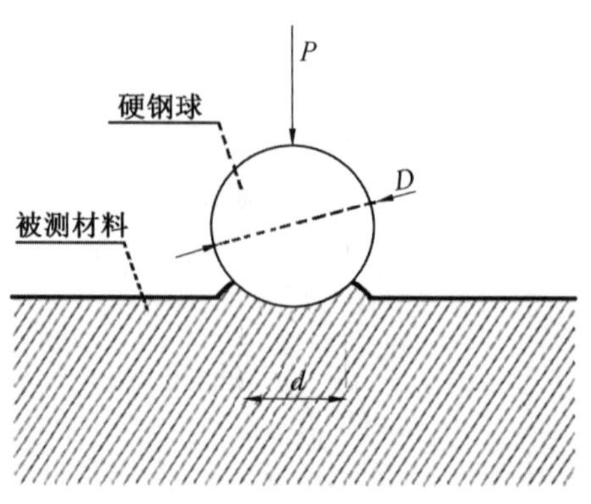

图 6.5 布氏硬度测试方法示意

6.2.2 工艺性能

钢材一般要经过各种加工才能付诸使用。良好的工艺性能能够保证钢材的质量不受各种加工措施的影响。一般来说，钢材的加工方式主要有弯曲、拉拔及焊接等。相应地，钢材的冷弯、冷拉、冷拔及焊接性能均是建筑钢材工艺性能的重要方面。

1. 冷弯性能

冷弯性能指的是常温下钢材承受弯曲变形的能力，可用试件所能承受的弯曲程度来表示。冷弯性能试验是模拟钢材弯曲加工来进行的，试验时按弯心直径 d 与试件厚度或直径 a 的比值来准备试件，将它弯曲到规定的角度 α 后，通过检查弯头表面局部是否出现裂纹、起层及断裂等现象来判定是否合格，如图 6.6 所示。

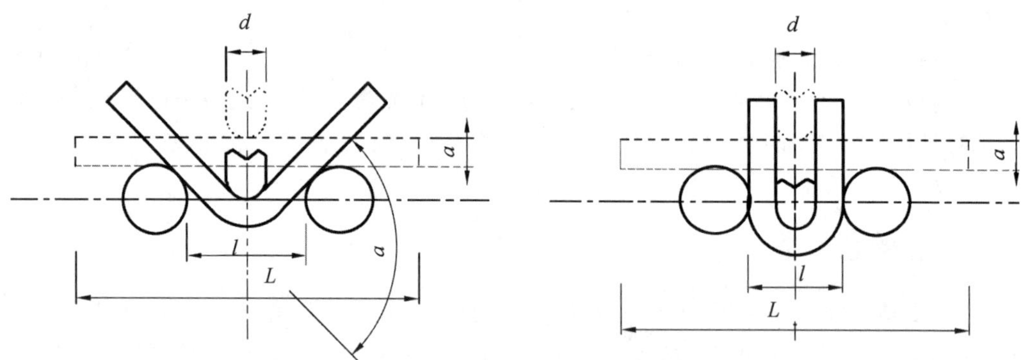

图 6.6 钢材冷弯试验方法示意图

L— 试件原长；l— 支点间距

钢材在冷弯过程中，在弯头部位将发生显著的塑性变形，它能很好地反映钢材内部组织的均匀程度、内应力和夹杂等缺陷程度。相对于单轴拉伸试验中的伸长率指标来说，冷弯性能合格是对钢材塑性变形能力更严格的检验。

2. 可焊性

焊接连接方法较多、成本低且质量可靠，是钢材的主要连接方式。无论是钢结构，还是钢筋混凝土结构中的钢筋骨架、接头、预埋件等，大多都采用焊接连接，这要求钢材具有良好的可焊性。

实际工程中，钢结构焊接过程中钢材一般在很短的时间、小范围内达到很高的温度，由于钢材热导率大，材料局部存在剧烈的受热膨胀与冷却收缩。受此影响，焊件内常产生较大的局部变形与内应力，使焊缝周围的钢材缺陷较严重，同时产生硬脆倾向，局部钢材质量降低。钢材的可焊性主要受化学成分及其含量的影响，尤其是碳及硫、磷等元素。含碳量大于 0.3% 时，钢材的焊接性能显著下降。

6.3　钢化学组成、晶体组织与加工

材料的微结构决定其性能，而化学组成是决定材料微结构的重要因素。从钢材的化学成分与组织结构出发，可以深刻理解不同钢材力学性能之间的差异及导致差异的原因。

6.3.1　化学组成

材料的微结构组织决定其性能。钢材的化学成分除基本元素铁和碳以外，常有硅、锰、硫、磷、氢、氧、氮及合金元素存在。部分元素以杂质形式存在，部分是炼钢过程中为改善钢材性能而特意添加的。为了保证钢材的质量，国家标准对各类钢材的化学成分都有严格的规定。

(1) 碳(C)。碳是决定钢材性质的重要元素，它对钢材的力学性能有着重要的影响。常温下，碳素钢的抗拉强度、断面收缩率、极限拉应变、冲击韧性和布氏硬度 HB 值等主要力学性能指标随含碳量的变化而变化。当含碳量低于 0.8% 时，随着含碳量的增加，钢材的强度和硬度提高，塑性和韧性降低；同时，钢材的冷弯、焊接及抗腐蚀性能降低，钢材的冷脆性及时效敏感性增大。当含碳量高于 0.1% 时，钢材变脆且强度反而下降。当含碳量高于 0.3% 时，焊接性能下降显著。在建筑钢材含碳量范围内，随含碳量的增加，钢材的强度和硬度提高但塑性和韧性降低，钢材的冷弯、焊接及抗腐蚀等性能降低，且钢材的冷脆性和时效敏感性增加。

(2) 磷(P)。磷元素对建筑钢材性能的不利影响非常显著，是区分钢材品质的重要指标，其含量一般不得超过 0.045%。磷元素一般是由铁矿石原生带入的，它的存在会显著降低钢材的塑性和韧性，特别是低温下的冲击韧性显著降低，呈低温冷脆性；同时降低冷弯性能和可焊性。

(3) 硫(S)。硫是建筑钢材常见的有害元素之一，是区分钢材品质的重要指标，其含量一般不超过 0.05%。硫在钢中以 FeS 形式存在，它是一种低熔点(1 190 ℃) 的化合物。钢材在焊接时，低熔点硫化物的存在使得钢材易形成热裂纹，呈热脆性，进而严重降低建筑钢材的可焊性和热加工性能，同时还会降低建筑钢材的冲击韧性、耐疲劳性能和耐腐蚀性能。硫元素即使微量存在也对钢材的性能非常有害，应严格控制其含量。

(4) 氧(O) 和氮(N)。氧和氮都是钢材的有害元素,炼钢过程中需要专门脱除。未除尽的氧和氮主要以 FeO、Fe_4N 等化合物形式存在,将降低钢材的强度、冷弯性能和可焊性。氧元素还会增大钢材的热脆性和时效敏感性。建筑钢材一般控制氧和氮的含量分别不超过 0.05% 和 0.03%。

(5) 硅(Si)。在冶炼的过程中硅一般是作为脱氧剂加入的,它可使有害的 FeO 形成 SiO_2 并融入钢渣排出。作为主要的合金元素之一,其含量通常控制在 1% 以内,在此范围内可提高强度,同时对塑性和韧性没有明显的影响。硅含量超过 1% 后,钢材的冷脆性增大,同时可焊性也变差。

(6) 锰(Mn)。在冶炼时锰一般作脱氧除硫用,它可使有害的 FeO、FeS 形成 MnO 和 MnS 并融入钢渣排出,消减硫、氧元素引起的热脆性,同时改善钢材的热加工性能,通常含量控制在 2% 以下。当含量在 0.8% ~ 1% 范围时,可显著提高钢材的强度和硬度,同时对塑性和韧性没有不利影响。当含量超过 1% 时,强度提高的同时,塑性和韧性有所下降,可焊性变差。

(7) 钒(V)。钒与氮、氧和碳等非金属元素的亲和力很强,能以稳定的化合物形式存在,从而使得晶粒细化,提高钢材的强度和韧性。但是钒的含量不能过高,否则将使钢材的塑形和韧性降低,一般作为微量合金元素添加。

(8) 钛(Ti)。钛与氧、碳的亲和力较强,微量钛可使钢材的组织致密,从而提高强度并改善韧性和可焊性,一般掺量为 0.06% ~ 0.12%。

(9) 铬(Cr)。铬的加入能使钢材表面产生防锈蚀的保护膜,显著提高合金钢的抗氧化性、耐腐蚀性和耐热性。含铬 10.5% 以上的合金钢俗称不锈钢,由于成本较高,仅在某些特殊环境条件下使用,以提高结构的耐久性并延长使用寿命。

6.3.2 晶体组织

1. 常温下的基本晶体组织

铁和碳是建筑钢材的主要化学成分,钢材中铁原子和碳原子之间有三种基本的结合方式,分别是固溶体、化合物和机械混合物。

(1) 固溶体是以铁为溶剂、碳原子为溶质形成的固态“溶液”。纯铁在不同温度下有不同的稳定晶体结构。固溶体中的铁保持纯铁的晶格不变,碳原子溶解在其中。由于碳在铁中的“溶解度”非常有限,固溶体形态的钢材含碳量很低。

(2) 化合物是铁与碳之间以化学键结合而成 Fe_3C 的微结构形态,其晶格与纯铁的晶格不同。化合物组织形态钢的含碳量为 6.69%。

(3) 机械混合物为固溶体与化合物两种形态混合而成。

所谓钢的组织就是由上述一种或多种结合方式所构成的、具有一定组织形态的聚合体。依据化学组成(主要是含碳量及合金含量)及加工工艺的不同,钢材的基本组织主要有铁素体、奥氏体、渗碳体和珠光体四种。

(1) 铁素体。碳原子与铁原子结合成的 $\alpha-Fe$ 固溶体。铁原子晶格空隙较小,碳的溶解度很小,常温下溶解度只有 0.006%;温度为 723 ℃ 时的溶解度最大,但也仅有

0.02%。铁素体的强度、硬度很低，而塑性、韧性很大。

(2) 奥氏体。碳原子与铁原子结合成的 γ－Fe 固溶体，常温下不能稳定存在。γ－Fe 固溶体为面心立方结构，碳的溶解度相对较大，在 1 130 ℃ 时最大可达 2.06%；当温度降低至 723 ℃ 时含碳量降至 0.8%。奥氏体的强度低、塑性高。

(3) 渗碳体。铁和碳以化学键结合成的化合物 Fe_3C，塑性小、硬度高，抗拉强度很低。

(4) 珠光体。铁素体与渗碳体的机械混合物，含碳量为 0.8%。温度降至 723 ℃ 以下时，奥氏体不能稳定存在而分解成珠光体。珠光体强度较高，塑性和韧性位于铁素体与渗碳体之间。珠光体的晶粒粗细对钢性能有很大影响。晶粒越细，钢的强度也就越高，同时塑性降低很少。

钢在 910 ℃ 以上高温快速冷却时，奥氏体来不及正常分解成珠光体而形成碳在 α－Fe 铁素体呈过饱和状态的一种组织，称为马氏体。它是四种基本组织以外的一种组织形态，由于晶格畸变，其硬度和强度极高，韧性和塑性很差。

2. 晶体组织对钢性能的影响

常温下，钢材中各种基本组织的含量随含碳量、生产加工工艺的变化而变化，进而宏观上呈现出不同的力学性能。

(1) 含碳量为 0.77% 的碳素钢称为共析钢，其组织为珠光体。

(2) 含碳量介于 0.02%～0.77% 的碳素钢称为亚共析钢，它由珠光体与含碳量更低的铁素体组成，后者所占比例与含碳量密切相关。随着含碳量的增大，铁素体所占比例逐渐降低而珠光体比例逐渐增加，相应地，钢材的强度、硬度逐渐增大而塑性、韧性逐渐降低。

(3) 含碳量介于 0.77%～2.11% 的碳素钢称为过共析钢，它由珠光体与含碳量更高的渗碳体组成。随着含碳量的增加，珠光体所占比例减小而渗碳体逐渐增大，因而钢材的硬度、强度逐渐增大而塑性、韧性逐渐降低。但是，当含碳量超过 1% 以后，钢的抗拉强度开始下降。

钢的各种组织形态在不同温度下的稳定性不同，高温条件下钢材的不同组织形态会发生相互转变，这使得高温下钢材的力学性能发生较大变化。此外，采用不同工艺加工的钢材，其组织形态也有所不同，相应的力学性能也不同。如快速冷却产生的马氏体，会使得钢材的强度提高但塑性和韧性下降等。

此外，掺入合金元素也会使得钢材的组织形态发生改变。如某些合金元素可与常温下稳定的 α－Fe形成固溶体并使得晶格产生畸变、晶粒细化、强度提高。细晶粒的晶界比表面积比粗晶粒大，从而抵抗变形的能力较强，且塑性变形均匀、韧性好。掺入合金元素可使钢的综合性能得到显著改善，称为固溶强化。

6.3.3　钢材的冷加工与热处理

1. 冷加工

(1) 冷加工强化。

将钢材在常温下进行冷拉、冷拔或冷轧，使之产生塑性变形，从而提高屈服强度，称为冷加工强化。钢材经冷加工强化后，塑性、韧性和弹性模量都有所降低，钢材的强屈比降低，钢材的利用率提高。

冷拉是利用冷拉设备对钢材进行张拉，使之伸长并超过屈服应变。经冷拉后钢材的屈服阶段缩短、伸长率降低、材质变硬。钢材的冷拉工艺分单控法和双控法。前者仅控制伸长率，工艺简单；后者还同时控制冷拉应力，安全性较高。

冷拔是将光圆钢筋通过硬质合金拔丝模强行拉拔的工艺，每次拉拔截面缩小，但一般应控制截面单次拉拔的缩小率在 10% 以内。冷拔过程中，钢筋在受拉的同时还受到模孔的挤压，内应力更大。经拉拔的钢筋屈服强度能提高 40% ~ 60%，但同时塑性也大大降低，具有硬钢的性质。

(2) 冷加工时效处理。

将经过冷加工的钢材于常温下存放 15 ~ 20 d，或者在 100 ~ 200 ℃ 高温环境下保温一段时间(2 h) 后，其屈服强度、抗拉强度将进一步提高，同时塑性和韧性也进一步降低，这种现象称为时效，如图 6.7 所示。前者称为自然时效，后者称为人工时效。钢材的时效是一个普遍现象，部分未经冷加工的钢材在长期存放时也会出现时效现象，冷加工则加速了时效的发展。一般冷加工与时效处理同时采用。

对钢材进行冷加工强化和时效处理的目的是提高钢材的屈服强度以节约钢材，但同时钢材的塑性和韧性也将降低。图 6.7 给出了经冷加工及时效处理后钢材的性能变化规律。$OBCD$ 为冷拉时效处理前典型低碳钢的应力 − 应变关系曲线。当试件冷拉至超过屈服强度的任意一点 E，由于塑性应变的产生，卸载时将沿 EO' 下降且不能回到 O 点，EO' 大致与 BO 平行。将试件冷拉后立即重新拉伸，则其应力 − 应变关系将沿 $O'ECD$ 发展，屈服点由 B 点提升到 E 点，抗拉强度基本不变，塑性和韧性降低。若卸载后对钢材进行时效处理，则试件的应力−应变曲线将为 $O'EB'C'D'$，钢材的屈服强度和抗拉强度均进一步提高，但塑性和韧性同时降低，屈强比大幅降低。冷加工及时效处理主要在生产厂商及加工厂进行，经冷加工强化及时效处理的钢材质量仍应满足相应国家标准对钢材产品性能指标的要求。

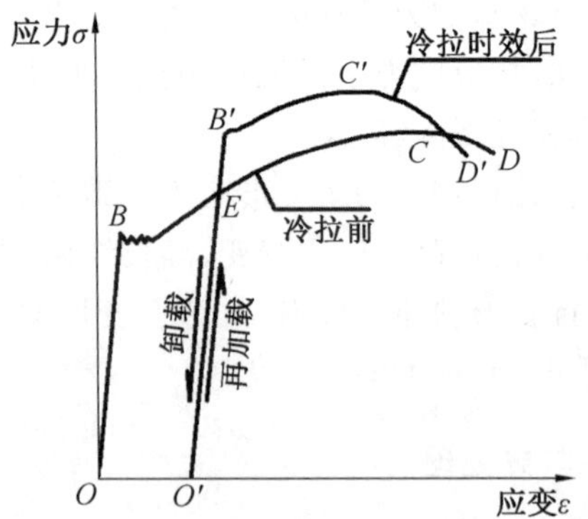

图 6.7　建筑钢材冷加工强化应力 − 应变曲线

钢材的性能因时效而发生改变的程度称为时效敏感性。钢材在受到振动、冲击或其他变形形式时也可加速时效的进程。对于承受动载的重要结构，应选用时效敏感程度小的钢材。

2. 热处理

钢材的热处理是指在钢材的熔点范围内对钢材进行加热、保温或冷却处理，从而改变其金相组织和显微结构，或消除由于冷加工、焊接等处理方式产生的内应力而获得所需综合性能的一种工艺。热处理一般在生产厂或加工厂进行，少数焊接件的热处理在工地现场进行。常用热处理工艺有退火、正火、淬火和回火等。

(1) 退火。退火是将钢材加热到一定温度、保温一段时间后缓慢随炉冷却的一种热处理工艺，依据加热温度的高低可分为重结晶退火和低结晶退火。退火的目的是细化晶粒、改善显微组织、消除显微缺陷和内应力并提高塑性。对建筑工程常用的低碳钢，通常在 650 ～ 700 ℃ 下进行退火，以提高其塑性和韧性。

(2) 正火。正火是退火的一种特例，它是在空气中冷却，冷却速度比退火要快。与退火相比，正火后钢材的硬度、强度较高而塑性较低。

(3) 淬火。将钢材加热到基本显微组织发生改变的温度以上(一般高于 900 ℃)、保温一段时间后放入水或矿物油等介质中快速冷却的一种热处理工艺。淬火使得钢材的强度、硬度提高，且塑性、韧性显著降低，一般在淬火后同时进行回火处理以得到具有较高综合力学性能的钢材。

(4) 回火。回火是将钢材加热到比相变温度稍低、保温后在空气中冷却的热处理方法，其目的是消除淬火快速冷却时产生的很大的内应力，降低脆性并改善力学性能。依据回火温度的不同可分为高温回火(500 ～ 650 ℃)、中温回火(300 ～ 500 ℃)和低温回火(150 ～ 300 ℃)。回火温度越高，塑性和韧性恢复效果越好，同时硬度也降低越多。高温回火一般俗称调质处理。

6.4　钢标准及选用

钢材包括用于钢结构的各类型材(型钢、钢管和钢棒)、板材和用于混凝土结构的各类线材(钢筋、钢丝和钢绞线)等。依结构用途对钢材力学性能的具体要求，工程结构用钢材主要使用碳素结构钢和低合金结构钢，其他合金钢也有少量应用。

6.4.1　碳素结构钢

1. 碳素结构钢的技术标准

我国国家标准《碳素结构钢》(GB/T 700—2006)规定，碳素结构钢的牌号由代表屈服强度的符号 Q、屈服强度值、质量等级符号和脱氧程度符号四个部分按顺序组成。质量等级符号为 A、B、C、D 四种，A 和 B 为普通质量钢，C 和 D 为严格控制硫、磷杂质含量的优质钢。脱氧程度：以 F 代表沸腾钢，Z 代表镇静钢，TZ 代表特殊镇静钢。如 Q235AF 表示屈服强度为 235 MPa 的 A 级沸腾钢。

碳素结构钢的单轴拉伸及冲击试验结果应符合表 6.1 的要求。

表 6.1 低碳钢力学性能指标要求

<table>
<tr><th rowspan="3">牌号</th><th rowspan="3">质量等级</th><th colspan="4">屈服强度 /MPa</th><th colspan="3">断后伸长率 /%</th><th rowspan="3">抗拉强度 /MPa</th><th colspan="2">冲击试验</th></tr>
<tr><th colspan="7">厚度或直径 /mm</th><th rowspan="2">温度 / ℃</th><th rowspan="2">冲击功 /J</th></tr>
<tr><th>≤ 16</th><th>> 16 ~ 40</th><th>> 40 ~ 60</th><th>> 60 ~ 100</th><th>≤ 40</th><th>> 40 ~ 60</th><th>> 60 ~ 100</th></tr>
<tr><td>Q195</td><td>—</td><td>195</td><td>185</td><td>—</td><td>—</td><td>33</td><td>—</td><td>—</td><td>315 ~ 430</td><td>—</td><td>—</td></tr>
<tr><td rowspan="2">Q215</td><td>A</td><td rowspan="2">215</td><td rowspan="2">205</td><td rowspan="2">195</td><td rowspan="2">185</td><td rowspan="2">31</td><td rowspan="2">30</td><td rowspan="2">29</td><td rowspan="2">335 ~ 450</td><td>—</td><td>—</td></tr>
<tr><td>B</td><td>+ 20</td><td>≥ 27</td></tr>
<tr><td rowspan="4">Q235</td><td>A</td><td rowspan="4">235</td><td rowspan="4">225</td><td rowspan="4">215</td><td rowspan="4">215</td><td rowspan="4">26</td><td rowspan="4">25</td><td rowspan="4">24</td><td rowspan="4">370 ~ 500</td><td>—</td><td>—</td></tr>
<tr><td>B</td><td>+ 20</td><td rowspan="3">≥ 27</td></tr>
<tr><td>C</td><td>0</td></tr>
<tr><td>D</td><td>− 20</td></tr>
<tr><td rowspan="4">Q275</td><td>A</td><td rowspan="4">275</td><td rowspan="4">265</td><td rowspan="4">255</td><td rowspan="4">245</td><td rowspan="4">22</td><td rowspan="4">21</td><td rowspan="4">20</td><td rowspan="4">410 ~ 540</td><td>—</td><td>—</td></tr>
<tr><td>B</td><td>+ 20</td><td rowspan="3">≥ 27</td></tr>
<tr><td>C</td><td>0</td></tr>
<tr><td>D</td><td>− 20</td></tr>
</table>

2. 碳素结构钢的选用

结构钢主要用于承受荷载作用，工程应用时需要结合工程结构的承载力要求、加工工艺和使用环境条件等，全面考虑力学性能、工艺性能进行选择，以满足对工程结构安全可靠、经济合理的要求。工程结构的荷载大小、荷载类型(动荷载、静荷载)、连接方式(焊接与非焊接)、使用环境温度等条件对结构钢材的选用往往起决定作用。在满足承载能力要求前提条件下，可以优先选用强度较高的钢材以节约用钢量。由于较高强度的钢材成本一般也较高，选用时可以适当兼顾成本控制的要求。

一般来说，对于直接承受动荷载的构件和结构(如吊车梁、吊车吊钩、直接承受车辆荷载的栈桥结构等)、焊接连接结构、低温条件下工作及特别重要的构件或结构应该选用质量较高的钢材。沸腾钢的质量相对较差、时效敏感性较大且性能不够稳定，往往用于除以下 3 种情况以外的一般结构用途：① 直接承受动荷载的焊接结构；② 设计温度小于等于 − 20 ℃ 的直接承受动荷载的非焊接结构；③ 设计温度小于等于 − 30 ℃ 的承受静荷载、间接承受动荷载的焊接结构。质量等级为 A 级的钢材，一般仅适用于承受静荷载作用的结构。

6.4.2 低合金高强度结构钢

1. 低合金高强度结构钢的技术标准

低合金高强度结构钢的牌号由代表屈服强度的字母 Q、规定的最小上屈服强度值、交货状态代号(交货状态为热轧时,代号 AR 或 WAR 可省略;交货状态为正火或正火轧制状态时,交货状态代号均用 N 表示) 和质量等级符号(B、C、D、E、F) 三部分组成, 如 Q355ND。由于低合金高强度结构钢均为镇静钢或特殊镇静钢,牌号不需要明确标明脱氧程度。当要求钢板具有厚度方向性能时,可在上述规定牌号后加上代表厚度方向(Z 向) 性能级别的符号, 如 Q345DZ15。 依据我国国家标准《低合金高强度结构钢》(GB/T 1591—2018),根据规定,低合金高强度结构钢最小上屈服强度值共分 8 个级别,其中,热轧钢材的力学性能应满足表 6.2 及表 6.3 的性能要求。

表 6.2　热轧钢材的拉伸性能

牌号		上屈服强度 /MPa, ≥									抗拉强度 /MPa			
钢级	质量等级	公称厚度或直径 /mm												
		≤ 16	> 16 ~ 40	> 40 ~ 63	> 63 ~ 80	> 80 ~ 100	> 100 ~ 150	> 150 ~ 200	> 200 ~ 250	> 250 ~ 400	≤ 100	> 100 ~ 150	> 150 ~ 250	> 250 ~ 400
Q355	B、C	355	345	335	325	315	295	285	275	—	470 ~ 630	450 ~ 600	450 ~ 600	—
	D									265[a]				450 ~ 600[a]
Q390	B、C、D	390	380	360	340	340	320	—	—	—	490 ~ 650	470 ~ 620	—	—
Q420[b]	B、C	420	410	390	370	370	350	—	—	—	520 ~ 680	500 ~ 650	—	—
Q460[b]	C	460	450	430	410	410	390	—	—	—	550 ~ 720	530 ~ 700	—	—

注:[a] 只适用于质量等级为 D 的钢板。

[b] 只适用于型钢和棒材。

表 6.3　热轧钢材的伸长率

牌号		断后伸长率 /%, ≥						
钢级	质量等级	公称厚度或直径 /mm						
		试样方向	≤ 40	> 40 ~ 63	> 63 ~ 100	> 100 ~ 150	> 150 ~ 250	> 250 ~ 400
Q355	B、C、D	纵向	22	21	20	18	17	17[a]
		横向	20	19	18	18	17	17[a]
Q390	B、C、D	纵向	21	20	20	19	—	—
		横向	20	19	19	18	—	—
Q420[b]	B、C	纵向	20	19	19	19	—	—
Q460[b]	C	纵向	18	17	17	17	—	—

注:[a] 只适用于质量等级为 D 的钢板。

[b] 只适用于型钢和棒材。

低合金高强度结构钢的含碳量严格控制在 0.20% 以内，具有良好的韧性、可焊性和冷弯性能。低合金高强度结构钢所用合金元素主要有锰、硅、铝、镍、铜、铌、钒、钛和稀土元素等。掺入锰元素能够使珠光体晶粒细化，并提高钢材强度和韧性；掺入钒、铌等元素可显著细化晶粒，从而提高强度；掺入铜和稀土元素等可以改善钢材的加工性能及耐腐蚀性能等。

2.低合金高强度结构钢的性能与选用

对比低合金高强度结构钢与碳素结构钢的主要性能指标可见，低合金高强度结构钢具有高强度、高韧性和高塑性的特点，同时抗冲击、耐低温、耐腐蚀性能强且质量稳定。对比常用的 Q345B 与 Q235B 钢可见，前者的屈服强度约比后者高 40% 以上且综合性能显著提升，承载能力相同条件下能节约钢材 40% 以上。在满足结构使用条件对钢材力学性能、工艺性能要求条件下，可尽量选择高强度等级的钢以节约材料，并满足安全可靠、经济合理的综合性能要求。

6.4.3 混凝土结构用钢筋与钢丝

混凝土材料抗压但不抗拉；钢材抗拉强度高但是抗压时存在稳定问题使得强度不能充分发挥，同时还存在易锈蚀及耐火性能不足等缺点。将钢材与混凝土材料组合起来使用能够扬长避短，因而广泛应用。尽管型材、板材在混凝土结构中也有部分应用，如型钢混凝土、钢管混凝土等，混凝土材料主要还是与钢筋和钢丝等线材搭配组成复合结构。

一般将直径 6 mm 及以上的线材称为钢筋，6 mm 以下称为钢丝。钢筋主要用于普通钢筋混凝土结构；钢丝一般为高强钢材，主要用于预应力混凝土结构。成品线材主要有热轧钢筋、冷轧带肋钢筋、冷拔低碳钢丝、热处理钢筋和预应力混凝土用钢丝和钢绞线等。

1.热轧钢筋

依表面形貌的不同，热轧钢筋分热轧光圆钢筋和热轧带肋钢筋两种。热轧光圆钢筋应符合《钢筋混凝土用钢 第 1 部分：热轧光圆钢筋》(GB 1499.1—2017) 的相关技术要求。热轧带肋钢筋可再细分为普通热轧钢筋和细晶粒热轧钢筋两类，技术性能应满足《钢筋混凝土用钢 第 2 部分：热轧带肋钢筋》(GB 1499.2—2018) 的要求。

热轧光圆钢筋为由碳素结构钢经热轧成型且横截面通常为圆形、表面光滑的成品钢筋，牌号由 HPB(Hot-rolled Plain Bars) 和屈服强度值构成，如 HPB235。热轧普通钢筋和细晶粒热轧钢筋均为由低合金高强度结构钢热轧成型且横截面通常为圆形、表面带肋的钢筋，不同之处在于细晶粒热轧钢筋在热轧过程中通过控轧和控冷工艺以形成细晶粒结构。热轧普通钢筋的牌号由 HRB(Hot-rolled Rib bed Bars) 与屈服强度值构成，如 HRB335；细晶粒热轧钢筋由 HRBF 与屈服强度值构成，字母 F 是英文 Fine 的首字母。光圆钢筋与带肋钢筋的断面形状如图 6.8 所示。直径为 6.5 ～ 9 mm 的钢筋大多卷成盘供应；直径 10 ～ 40 mm 的钢筋一般是 6 ～ 12 m 长的直段供应。带肋钢筋的公称直径指的是轴拉时有效受力面积相当于光圆钢筋横截面积时的等效直径，如图 6.8 中阴影所示。

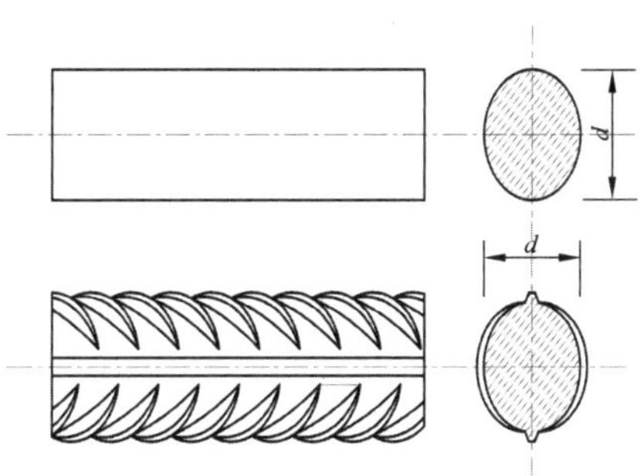

图 6.8　光面钢筋和月牙肋带纵肋钢筋

热轧钢筋的屈服强度、抗拉强度、断后伸长率和最大力总伸长率等力学性能指标应符合表 6.4 的规定。对于有较高抗震要求的结构可选用表 6.4 所示的热轧钢筋牌号后附加 E 的钢筋，如 HRB400E。该类钢筋在满足已有牌号钢筋的力学性能要求外，还须满足：① 钢筋实测抗拉强度与实测屈服强度之比不小于 1.25；② 钢筋实测屈服强度与规定的屈服强度值比不大于 1.30；③ 钢筋的最大力总伸长率不小于 9%，以保证钢筋具有较好的塑性耗能能力和变形能力，以满足良好抗震性能的要求。

表 6.4　热轧钢筋的力学性能与工艺性能要求

牌号	类型	180° 冷弯试验		屈服强度 /MPa	抗拉强度 /MPa	断后伸长率 A/%	最大力总伸长率 A_{gt}/%
		公称直径 a/mm	弯心直径 d	不小于			
HPB300	光圆	—	a	300	420	25.0	10.0
HRB400 HRBF400	带肋	6 ~ 25	$4d$	400	540	16	7.5
		28 ~ 40	$5d$				
		> 40 ~ 50	$6d$				
HRB500 HRBF500	带肋	6 ~ 25	$6d$	500	630	15	—
		28 ~ 40	$7d$				
		> 40 ~ 50	$8d$				
HRB600	带肋	6 ~ 25	$6d$	600	730	14	—
		28 ~ 40	$7d$				
		> 40 ~ 50	$8d$				

热轧钢筋主要用作钢筋混凝土和预应力混凝土结构中的受力钢筋，是土建结构中用量最大的钢种之一。普通钢筋混凝土结构可选用强度较低的热轧钢筋，预应力混凝土结构一般选用强度较高的热轧带肋钢筋。

2.冷扎带肋钢筋

冷轧带肋钢筋是用热轧盘条经多道冷轧减径、一道压肋并消除内应力后形成的一种表面带有沿长度方向均匀分布的二面或三面月牙形横肋的钢筋，直径一般在 4 ～ 12 mm 范围。冷扎带肋钢筋的牌号由 CRB(Cold-rolled Rib bed Bars) 和抗拉强度最小值构成，分 CRB500、CRB650、CRB800 和 CRB970 共四个牌号。CRB500 用于普通钢筋混凝土结构，其他牌号用于预应力钢筋混凝土结构。我国国家标准《冷轧带肋钢筋》(GB 13788—2017) 规定，各牌号冷扎带肋钢筋的力学性能和工艺性能应符合表 6.5 的规定，其中同时给出了 180° 弯曲试验的弯心半径与反复弯曲次数的要求。

表 6.5 冷轧带肋钢筋力学性能与工艺性能要求

牌号	名义屈服强度 /MPa	抗拉强度 /MPa	伸长率 /%		180° 弯曲试验	反复弯曲次数	1 000 h 应力松弛率
			$A_{11.3}$	A_{100}			
CRB500	500	550	8.0	—	$d = 3a$	—	—
CRB650	585	650	—	4.0	—	3	≤ 8
CRB800	720	800	—	4.0	—	3	≤ 8
CRB970	875	970	—	4.0	—	3	≤ 8

冷轧成型后经回火热处理得到的具有较高延性的冷轧带肋钢筋称为高延性冷轧带肋钢筋，其牌号由 CRB、钢筋的抗拉强度最小值后附加代表高延性的字母 H 组成，分 CRB600H、CRB650H 和 CRB800H 三种，公称直径一般在 5 ～ 12 mm 之间。依据我国冶金标准《高延性冷轧带肋钢筋》(YB/T 4260—2011) 的规定，高延性冷扎带肋钢筋的力学性能及工艺性能应满足表 6.6 的要求。

表 6.6 高延性冷轧带肋钢筋的力学性能和工艺性能

牌号	公称直径 /mm	名义屈服应力	抗拉强度 /MPa	A/%	A_{100} /%	A_{gt} /%	180° 弯曲试验	反复弯曲次数	1 000 h 应力松弛率
		不小于							
CRB600H	5 ～ 12	520	600	14	—	5.0	$d = 3a$	—	—
CRB650H	5,6	585	650	—	7	4.0	—	4	5
CRB800H	5	720	800	—	7	4.0	—	4	5

冷轧带肋钢筋是采用冷加工时效强化的钢铁产品，经冷轧后强度提高非常显著，但塑性也随之降低，强屈比显著减小。为保证冷轧带肋钢筋具有一定的安全裕度及塑性耗能能力，规范要求强屈比不能小于 1.05。冷加工时效强化的工艺特别，使得冷轧带肋钢筋一般用于没有振动、冲击荷载和往复荷载的结构。由于冷轧带肋钢筋的塑性耗能和变形能力较差，可用作楼板配筋、墙体分布钢筋、梁柱箍筋及圈梁、构造柱配筋，但不得用于有抗震设防要求的梁、柱纵向受力钢筋及板柱结构配筋。

3.冷拔低碳钢丝

冷拔低碳钢丝是由低碳钢热轧盘条经一次或多次冷拔制成、以盘卷供货的光圆钢丝，牌号由CDW(Cold Drawn Wire)与抗拉强度组成，如CDW550。实际上，尽管冶金行业有各种抗拉强度级别的冷拔低碳钢丝标准，但建筑工程中仅保留使用CDW550一个强度级别，不同直径冷拔低碳钢丝的力学性能与工艺性能应满足表6.7的要求。低碳钢热轧盘条冷拉时不但受到拉力的作用，同时还受到挤压作用，因此屈服强度大幅提高而失去低碳钢的性质，变得硬脆。因此，冷拔低碳钢丝宜作为构造钢筋使用，作为结构构件中纵向受力钢筋使用时应采用钢丝焊接网、焊接骨架，《冷拔低碳钢丝应用技术规程》(JGJ 19—2010)规定，冷拔低碳钢丝不得作为预应力钢筋使用。

表 6.7　冷拔低碳钢丝力学性能与工艺性能要求

直径 /mm	弯曲半径 /mm	抗拉强度 /MPa	伸长率 A/%	180°反复弯曲次数
		不小于		
3	7.5	2.0	550	4
4	10	2.5		
5	15	3.0		
6	15			
7	20			
8	20			

4. 热处理钢筋

热处理钢筋是由热轧低合金高强度钢筋经淬火、高温回火调质处理工艺生产而成，具有很高的强度和韧性，是预应力混凝土钢筋的重要品种。热处理钢筋代号为RB150，有40Si2Mn、48Si2Mn和45Si2Cr三个牌号，公称直径分别为6 mm、8.2 mm和10 mm，其力学性能应满足表6.8的规定。

表 6.8　热处理钢筋的力学性能要求

公称直径 /mm	牌号	名义屈服强度 /MPa	抗拉强度 /MPa	伸长率 /%
6.0	40Si2Mn	≥1 325	≥1 470	≥6
8.2	48Si2Mn			
10	45Si2Cr			

热处理钢筋以较高的硅含量(1.5% ～ 2%)来提高抗应力腐蚀性能，但它仍与其他高强度钢材一样具有较高的应力腐蚀敏感性。热处理钢筋强度高、综合性能好且质量稳定，主要用于与较高强度的混凝土组合，应用于预应力钢筋混凝土轨枕和其他预应力混凝土结构。

5. 预应力混凝土用钢丝和钢绞线

预应力混凝土用钢丝是用优质碳素结构钢盘条筋经拔丝模、轧辊冷加工及热处理制成的产品，抗拉强度可高达1 470 ～ 1 770 MPa，一般以盘卷供货，松卷后可自动弹直，方便按要求长度进行切割加工。钢丝按加工状态可分为冷拉钢丝和消除预应力钢丝两类。

消除应力钢丝按松弛性能又分为低松弛钢丝和普通松弛钢丝。对钢丝在轴向塑性变形状态下进行短时热处理以消除内应力,可得到低松弛钢丝;对钢丝通过矫直工序后在适当温度下进行短时热处理,可得到普通松弛钢丝。预应力混凝土用钢丝的尺寸、外形及力学性能等技术指标应符合国家标准《预应力混凝土用钢丝》(GB 5223—2014)的要求。

预应力用钢绞线由数根钢丝绞捻后经热处理以消除内应力而制成,捻向一般为左捻,捻距为钢绞线公称直径的12～16倍。依据钢丝的股数结构可分为1×2、1×3和1×7三种。预应力用钢绞线的尺寸、外形及力学性能等技术指标应符合国家标准《预应力混凝土用钢绞线》(GB/T 5224—2014)的要求。

预应力混凝土用钢丝和钢绞线均属于冷加工强化并经热处理而成的钢材,单轴拉伸时没有屈服点,强度远远超过热轧钢筋和冷轧钢筋,具有良好的柔韧性,应力松弛率低,主要用于重载、大跨及需要曲线配筋的大型屋架、桥梁等预应力混凝土结构。

6.4.4 钢的生态化发展途径

发展生态钢材首先要保护铁矿石资源,研发以工业废渣为主的固废及废钢铁产品的资源化技术。其次发展节能降耗的钢冶炼技术,提高钢的生产效率,提高钢产品的使用寿命及循环再利用程度。

复习思考题

1. 钢的冶炼及脱氧的主要目的是什么?脱氧方法与脱氧程度如何影响钢材的质量?

2. 钢按化学组成、用途和质量等级各分为哪几类?

3. 钢材的力学性能和工艺性能各自主要包括哪几个方面?

4. 为什么以钢的屈服强度作为钢结构设计的取值依据?屈强比与钢材应用安全可靠性及利用率的关系如何?

5. 钢的冲击韧性是什么概念?其影响因素主要有哪些?

6. 钢的低温冷脆性、时效敏感性是什么概念?选用钢材时应如何考虑?

7. 何为钢材的冷弯?钢材的冷弯性能如何评定?

8. 碳、硫、磷、氧、硅、锰等元素对钢的性能有何影响?

9. 钢的基本组织有哪几种?不同组织的基本性能如何?

10. 什么是钢的冷加工强化与时效处理?冷加工后钢材的性质发生什么变化?再经时效处理又会如何?

11. 碳素结构钢的牌号如何表示?选用建筑钢材时主要考虑哪些方面的要求?

12. 相比碳素结构钢来说,低合金高强度结构钢有什么优点?

13. 钢筋混凝土结构用钢筋与钢丝主要有哪些品种?不同钢种在材料组成、加工工艺及力学性能方面有何差异?

第 7 章　高分子材料

本章学习内容及要求：高分子材料的组成及结构特征、不同组成及结构特征的高分子材料的物理、化学性质，土木工程中常用的有机合成高分子材料。重点掌握建筑塑料制品、合成纤维及膜材料的类型及物理力学特性，胶黏剂的组成及特性，并了解其加工制备方法，对高分子材料的老化、再生、耐候性及其对环境的影响等方面有一定了解。

7.1　高分子材料基本知识

高分子材料是指由分子量较高的化合物构成的材料，其分子量通常大于 10 000。较高的分子量既存在于动物、植物及生物体内，也可以通过人工合成获取。因此，高分子材料分为天然高分子材料和合成高分子材料。天然高分子材料可分为天然纤维、天然树脂、天然橡胶、动物胶等；合成高分子材料主要是指合成树脂、合成橡胶和合成纤维三大类；由合成树脂为主要原材料衍生出来的材料，如工程塑料、建筑涂料、胶黏剂及其他功能性材料也称为高分子材料。

7.1.1　高分子材料的组成及结构特征

高分子材料又称为高聚物，或聚合物，是由高分子化合物组成的。而高分子化合物是由结构简单、分子量较小的相同的结构单元通过共价键或离子键有规律地连接而成的。例如工程中常用的聚氯乙烯，是由氯乙烯经聚合而成，其分子结构式为

$$\begin{array}{ccccccccc} & & H & & H & & H & & H & \\ & & | & & | & & | & & | & \\ \cdots & - & C & - & C & - & C & - & C & - \cdots \\ & & | & & | & & | & & | & \\ & & H & & Cl & & H & & Cl & \end{array}$$

它是由基本的结构单元 $\left[\begin{array}{ccc} H & & H \\ | & & | \\ C & - & C \\ | & & | \\ H & & Cl \end{array}\right]_n$ 重复连接而成的。这种结构单元称为链节。一个分子中链节的数目称为聚合度，以 n 表示。因此，聚氯乙烯的分子式可以表示为 $\left[\begin{array}{ccc} H & & H \\ | & & | \\ C & - & C \\ | & & | \\ H & & Cl \end{array}\right]_n$。$n$ 值较小的聚合物称为低聚物，混凝土减水剂多属于此类；而 n 值为数百甚至数千的聚合物称为高聚物。n 值超过十万的所谓超高分子量聚合物也正在研究和应用中。某一个分子的分子量是结构单元的分子量与聚合度的乘积。由于聚合反应的复杂性，在高分子化合物中，各分子的聚合度往往不完全相同，分子量大小也存在差异，因此，

通常所说的某种聚合物的聚合度是指一个范围，其分子量是指其平均分子量。

某些高分子化合物结构复杂，在它们的结构中可能找不到特定的链节。

7.1.2　高分子材料的分类

1. 按链节的空间排列状态分类

(1) 线型高分子聚合物。

线型高分子聚合物的链节依次连接成一个长链，即线型结构，如图 7.1 所示。线状的分子链之间靠较大的分子间力相互作用。在较低温度时，分子呈直线型或近似直线型。在较高温度，分子发生卷曲和较大的变形，材料表现出热塑性。

图 7.1　线型分子结构

线型分子结构在聚合反应过程中有可能发生支化，使线型分子带不同形式的支链，即分子链的支化。根据支化后形状的不同，又可分为星型支化、梳型支化和无规支化，如图 7.2 所示。

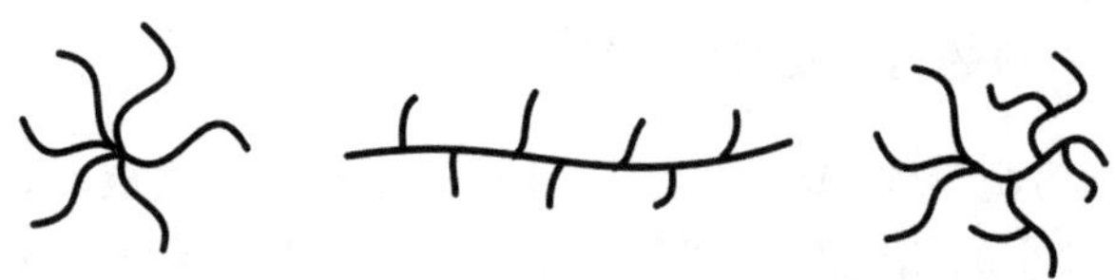

图 7.2　线型支化分子结构示意图

具有线型分子结构的聚合物，常温表现出较好的弹性和柔韧性，弹性模量较小。由于其分子间作用力较弱，可溶于特定的溶剂。加热后时可软化甚至熔融，冷却后重新硬化，如此反复。因此线型高分子材料也被称为热塑性树脂。

(2) 体型高分子聚合物。

线型的链状高分子之间以化学键交联可形成空间网状结构，即体型结构，如图 7.3 所示。

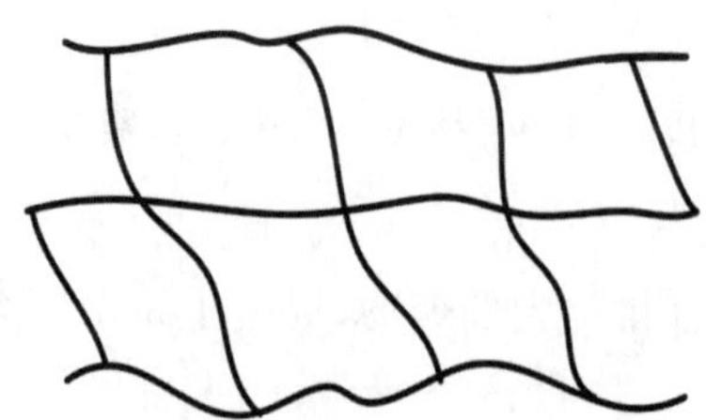

图 7.3　体型高分子结构示意图

体型高分子可以认为是线型高分子交联而成的巨型分子，分子量更大。由于化学键结合力较强，因此具有体型结构的高分子材料强度较高，弹性模量较大。常温条件下呈脆性，耐热性好，不溶于有机溶剂。交联程度较低时，在有机溶剂中可溶胀，但不溶解；高温时可软化，但不熔融。

体型高分子在交联（固化）前也是线型高分子，在常温条件或第一次高温软化后发生交联，再次加热时将不再软化，体型高分子也被称为热固性树脂。

2.按聚合反应的类型分类

由小分子单体生成高分子化合物的反应称为聚合反应。聚合反应又可分为加聚反应和缩聚反应。不同的反应类型得到的聚合物也不相同。

（1）加聚树脂。

加聚反应即加成聚合反应，是指含有不饱和键的化合物在一定条件下，单体间相互加成形成共价键化合物的反应。加聚树脂是由含有不饱和键的低分子化合物（单体）经加聚反应而得到的。其中，一种单体经加聚而成的高分子化合物称为均聚物，如聚乙烯、聚氯乙烯、聚苯乙烯等；两种或两种以上的单体经加聚而成的高分子化合物称为共聚物，如ABS是由丙烯腈、丁二烯、苯乙烯三种单体形成的共聚物，丁苯橡胶是由丁二烯、苯乙烯两种单体形成的共聚物。

加聚树脂的分子结构多为线型结构。

（2）缩聚树脂。

缩聚反应即缩合聚合反应，是指相同或不同的低分子物质相互作用，生成高分子物质，同时析出小分子物质的反应。由缩聚反应生成的高分子化合物称为缩聚树脂，如脲醛树脂、酚醛树脂、环氧树脂等。

缩聚树脂多为体型结构。

3.按热物理性质分类

（1）热塑性树脂。

热塑性是指受热软化甚至熔融，冷却重新硬化的性质。热塑性树脂可以经历多次的加热和冷却重复作用，而分子结构不发生变化。热塑性树脂具有线型的或支化的线型分子结构，包括含全部的加聚树脂和少部分的缩聚树脂。

（2）热固性树脂。

热固性树脂是指在常温或加热熔融后单体间发生化学反应，相邻的分子发生交联，硬化后得到的高分子材料。热固性树脂只能塑制一次，再次加热时，不再发生软化。热固性树脂均为体型分子结构，包括了大部分的缩聚树脂。

由于具有线型分子结构的热塑性树脂可以反复加热熔融，因此，便于再生利用，便于使工程塑料类工业废弃物资源化。在人们日益重视环保的新形势下，热塑性树脂越来越受到青睐。

7.1.3　高分子材料的物态变化

具有线型分子结构的高分子材料，其分子的长径比为数百、几千甚至上万。除非在特殊的成型工艺条件下，高分子能够定向分布，形成一维（纤维）或二维（晶片）的高分子材料。一般情况下,高分子材料的分子排列是无序的,表现为各向同性的非晶态。

具有线型分子结构的非晶态高分子聚合物,在低于某一温度时,由于其分子链互相牵制,不能自由转动,表现为脆性的玻璃态。对应的这一温度称为高聚物的玻璃化温度(T_g)。当温度高于玻璃化温度时,随着所获取能量的增大,聚合度较低的小型分子链开始发生运动,使高分子材料表面出一定的柔韧性。在外力作用下,产生较大的弹性变形,这一状态即高分子聚合物的高弹态。当温度进一步升高时,达到某一个临界温度时,大分子链也相继能够产生运动,塑性变形能力逐步增强,直到变为黏性流体,进入高分子聚合物的黏流态。对应的这一临界温度称为黏流温度(T_f),如图 7.4 所示。

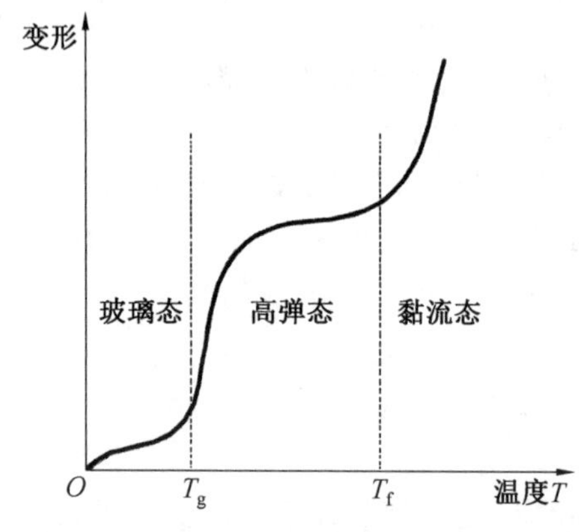

图 7.4 高分子聚合物的物态变化

图 7.4 所示为某一高分子聚合物在相同外力作用时,在不同温度条件下所发生的变形量。玻璃态时,材料呈硬脆状态,弹性模量较大,变形较小,强度和硬度较高;高弹态时,聚合物变得很柔软而富有弹性,能产生较大的弹性变形并伴有塑性变形,强度相对较低;黏流态时,聚合物变为可以沿受力方向流动的黏性流体。同一化学组成的高聚物,其聚合度不同时,玻璃化温度、黏流温度可能存在较大差异。

玻璃化温度较高,常温条件下处于玻璃态的高分子聚合物,工程上统称为塑料;而玻璃化温度较低,常温时处于高弹态的高聚物,工程上称其为橡胶。为了发挥其功能,塑料的使用温度不高于玻璃化温度,而橡胶的使用温度不低于玻璃化温度,且不得高于黏流温度。

7.1.4 高分子材料的老化

在高分子材料的使用过程中,由于受到光线(主要是紫外线)、热、空气(氧和臭氧)、水、微生物、化学介质等环境因素的综合作用,其化学组成和结构会发生一系列变化,从而使各项物理性能发生劣化的现象称为老化。具体表现可能为变硬、变脆、变软、发黏、变色、失去光泽、强度降低等。对于某一特定材料,以上现象并不会同时出现,高分子材料老化的本质是其物理结构或化学结构的改变。

从分子结构的角度来看,高分子材料的老化是分子链的交联或裂解。交联是指具有线型结构的高分子在分子链的搭接处产生化学键,从而使线型结构转化为体型结构的过程。当交联作用发生时,材料失去弹性、变硬变脆,甚至出现表面龟裂的现象。裂解是指高分子材料的分子链发生断裂，由大分子变为小分子的过程。裂解的典型表现是材料变脆、破裂、变软、表面发黏、丧失力学强度等。

热老化和光老化是高分子材料老化的两种重要形式。高分子材料在受到高温或者光照（尤其是紫外光）作用时，一方面可能因热分解作用，使分子结构发生改变；另一方面，由于部分分子（或原子）所具有的能量增大，处于热力学不稳定状态，高分子间或与其他物质分子（或原子）发生化学反应，因此高分子材料性能劣化。耐高温性能、耐候性能较差是高分子材料应用过程中值得关注的重要问题。

高分子材料的裂解对保持工程塑料的物理及力学性质是不利的，但如何使废弃的塑料制品快速裂解是目前研究的重要课题。

7.1.5　常用合成高分子材料

1. 聚乙烯

聚乙烯（Polyethylene，PE）是最重要也是最常用的树脂之一。聚乙烯主要分为低密度聚乙烯（LDPE）和高密度聚乙烯（HDPE）两大类。其中低密度聚乙烯又可分为普通低密度聚乙烯（LDPE）和线型低密度聚乙烯（LLDPE）。

低密度聚乙烯在高温高压下聚合而成，因此低密度聚乙烯也称为高压聚乙烯，密度为 910 ～ 930 kg/m^3，是聚乙烯树脂中最轻的品种，软化点为 105 ～ 115 ℃。低密度聚乙烯在高温下增长链的自由基活性大，容易发生链转移反应，所得到的聚合物为带有较多支链的线型结构。通常每 1 000 个碳链原子中含有 20 ～ 30 个支链。线型低密度聚乙烯（LLDPE）不存在支链，除与传统低密度聚乙烯同样具有良好的柔软性、延伸性、电绝缘性、透明性、易加工性以外，其抗拉伸、抗撕裂、耐低温性能更为优越，是未来低密度聚乙烯的发展方向。

高密度聚乙烯在较低压力下聚合而成，又称为低压聚乙烯。密度为 940 ～ 960 kg/m^3。软化点为 125 ～ 135 ℃，熔点约为 142 ℃，最高使用温度可达 100 ℃。高密度聚乙烯力学强度高于低密度聚乙烯，柔韧性稍差。

聚乙烯多用于薄膜、包装袋、医疗器械、防水卷材、冷水管材等。

超高分子量聚乙烯（UHMWPE）是一种最新的聚乙烯材料，其分子结构与常用的聚乙烯相近，也是由结构单元“$—CH_2—CH_2—$”组成的线型结构，但是其分子量在 150 万以上，最高可达 1 000 多万，远大于普通的聚乙烯。其力学强度、耐磨性能、韧性、耐腐蚀性能要远高于普通聚乙烯，且不溶于有机溶剂，有望在未来的高性能有机纤维、高性能塑料制品上得到广泛应用。

2. 聚氯乙烯

聚氯乙烯（Polyvinyl Chloride，PVC）是由氯乙烯单体在特定条件下聚合而成的聚合物，无色、半透明，密度为 1 400 kg/m^3 左右，玻璃化温度为 77 ～ 90 ℃，130 ℃ 变为黏弹态，160 ～ 180 ℃ 开始转变为黏流态。

氯氯乙烯力学强度较高，化学稳定性好，耐高温性能较好，但耐低温性能较差。由于富含氯元素，因此具有一定的阻燃性。PVC曾是世界上产量最大的通用高分子材料，广泛用于建筑塑料、工业制品、日用品、地板革、地板块、管材、密封材料、纤维等。

由于其中富含氯元素，2017年世界卫生组织把聚氯乙烯列在3类致癌物质清单中。

3. 聚丙烯

聚丙烯(Polypropylene，PP)是丙烯经加聚反应而成的聚合物。其外观呈半透明白色蜡状，密度为0.89～0.91 g/cm^3，在155 ℃左右软化，其使用温度可高达140 ℃。聚丙烯耐化学腐蚀性强、耐热性好、机械强度高，并具有良好的高耐磨和加工性能等，在机械、汽车、电子电器、建筑、纺织、包装、农林渔业和食品工业等众多领域得到广泛的开发与应用。

作为工业产品的聚丙烯多为等规聚丙烯(Isotactic Polypropylene，IPP)，即分子中的甲基在主链的一侧。在工业生产中常产生少量的副产品无规聚丙烯(Atactic Polypropylene，APP)，其甲基在主链两侧无规分布。APP为乳白色至浅棕黄色橡胶状聚合物，聚合度较低、分子量较小、玻璃化温度较低(－9 ～－15 ℃)、柔韧性好，具有较好的黏附性，更由于其具有优良的耐水性和化学稳定性，是沥青改性的重要原材料。

4. 聚苯乙烯

聚苯乙烯(Polystyrene，PS)是由苯乙烯经加聚而成的热塑性树脂，其侧链为苯环。工业常用产品为非晶态无规聚苯乙烯，呈无色透明状，透光率可达90％以上。常温条件下表现为硬脆，抗冲击能力差，在受力时易出现开裂。其玻璃化温度80～105 ℃，耐高温能力较差。但高温熔融时流动性好，易着色，可以对其进行发泡处理，制成发泡聚苯乙烯(EPS)，是常用的优质保温材料。

5. 苯乙烯－丁二烯－苯乙烯嵌段共聚物

苯乙烯－丁二烯－苯乙烯嵌段共聚物(Styrene/Butadiene/Styrene copolymers，SBSc)是由较短的聚苯乙烯和两个聚丁二烯分子链段组成的三嵌段共聚物。SBS属于线型结构的热塑性高分子材料，在常温和较低温度下也能保持良好的弹性，是与橡胶性能最为相似的一种弹性体。另外，SBSc具有较高的抗拉伸强度、高延伸率和较高的耐磨性，主要用于制备防水卷材，也是对沥青进行改性的重要原材料。

6. 丙烯腈－丁二烯－苯乙烯共聚物

丙烯腈－丁二烯－苯乙烯共聚物(Acrylonitrile-Butadiene-Styrene，ABS)是一种聚丙烯腈(A)、聚丁二烯(B)和聚苯乙烯(S)三元共聚而成的热塑性聚合物。由于ABS的特性结合了其三种组分的特点，使其具有优良的综合性能，具有聚苯乙烯的良好可加工性、聚丁二烯的优良韧性和弹性以及聚丙烯腈的高化学稳定性和表面硬度，成为电器元件、家电、计算机和仪器仪表首选的塑料之一。

ABS树脂一般是不透明的，外观呈浅象牙色、无毒、无味，兼有韧、硬、刚的特性，燃烧缓慢，火焰呈黄色，有黑烟，但无熔融滴落现象。

ABS 工程塑料具有优良的综合性能，有极好的抗冲击强度，且尺寸稳定性、电性能、耐磨性、抗化学腐蚀性、着色性及可加工性较好。ABS 树脂不溶于大部分醇类和烃类溶剂，而容易溶于醛、酮、酯和某些氯代烃中。

7. 环氧树脂

环氧树脂(Epoxy Resin，EP) 是一种典型的热固性树脂，种类繁多，但其共同的结构特点是分子链中含有 2 个以上的环氧基团。由于环氧基的化学活性，可用多种含有活泼氢的化合物发生开环反应，从而实现不同的高分子链的交联，固化生成三维网状结构。含活泼氢的化合物分为碱性化合物(如伯胺、仲胺、酰胺等) 和酸性化合物(如羧酸、酚、醇等)。因此，环氧树脂是一种双组分树脂材料，含有活泼氢的化合物通常称为固化剂。

环氧树脂力学性能优异，自身强度和黏结强度高，化学稳定性好，且固化时收缩小。环氧树脂性脆，因此使用时通常需要纤维增韧，是生产纤维增强复合材料的主要原材料。

8. 不饱和聚酯树脂

不饱和聚酯树脂(Unsaturated Polyester，UP) 是由不饱和二元酸、二元醇或者饱和二元酸、不饱和二元醇缩聚而成的具有酯键和不饱和双键的线型高分子化合物。在聚酯化缩聚反应结束后，趁热加入一定量的乙烯基单体(如苯乙烯)，配成黏稠的溶液，通常所说的不饱和聚酯树脂是指这样的聚合物溶液。不饱和聚酯树脂在引发剂、光照等作用下实现常温固化，价格较低，适合大型和现场制造玻璃钢制品。

不饱和聚酯树脂的密度在 1.11 ～ 1.20 g/cm^3，固化时体积收缩率较大，固化后的热变形温度都在 50 ～ 60 ℃，具有较高的拉伸、弯曲、压缩等强度，耐化学腐蚀性能较好，耐有机溶剂性能较差。

9. 聚氨基甲酸酯

聚氨基甲酸酯(Polyurethane，PU) 也称为聚氨酯，是分子链中含有氨基甲酸酯基(—NHCOO—) 的线型高分子材料。根据交联程度的不同，可分为软质聚氨酯和硬质聚氨酯。软质聚氨酯是具有热塑性的线型分子结构，具有良好的化学稳定性、回弹性和力学性能。硬质聚氨酯质轻、隔音、绝热性能优越、耐化学腐蚀性强、电性能好、易加工、吸水率低。聚氨酯弹性体性能介于塑料和橡胶之间，耐油、耐磨、耐低温、耐老化、硬度高、有弹性。聚氨酯树脂品种繁多，可制成聚氨酯塑料(以泡沫塑料为主)、聚氨酯纤维(也称为氨纶)、聚氨酯橡胶及弹性体，广泛应用于建筑领域(外墙保温、涂料、黏结剂) 以及服装、日用品、汽车、家电、制鞋和医疗器械等领域。

7.2　工程塑料

塑料是指以合成树脂为基体材料，加入适当品种和用量的填料以及增塑剂、稳定剂、润滑剂、着色剂、抗氧化剂等助剂，经硬化后制成的树脂基复合材料。由于其在制品成型阶段具有良好的可塑性，可以塑造成任何形状，故称其为塑料。根据其应用领域和性能的差异，塑料可分为通用塑料和工程塑料。本节主要讲述的是工程塑料。

7.2.1 工程塑料的组成

1. 合成树脂

合成树脂是塑料最主要的成分，工程塑料的技术性能也主要是由树脂材料的性能决定的。在塑料中，树脂的含量一般在 30% ～ 60%，最大可接近 100%，仅小量的塑料完全是由树脂构成的。由于塑料中树脂含量大，且对其性能有决定作用，人们常把树脂与塑料等同，其实它们是两个不同的概念，如聚氯乙烯树脂与聚氯乙烯塑料是两个概念。

用于工程塑料的热塑性树脂包括聚乙烯、聚氯乙烯、聚苯乙烯、ABS 共聚物等；另有热固性树脂，如酚醛树脂、不饱和聚酯树脂、环氧树脂、聚氨酯树脂等。

2. 填料

填料也称填充料，是在塑料生产加工过程中加入的用于改善塑料性能的粉体材料或短纤维材料。填料的加入有如下优点：大幅度降低成本；提高机械强度尤其是抗拉强度，改善脆性；提高软化温度，改善耐热性能，提高耐磨性；减小硬化时的体积收缩，提高尺寸稳定性。填料的用量一般在 40% ～ 70%。

3. 增塑剂

增塑剂也称塑化剂，可提高塑料在成型阶段的可塑性，改善硬化后塑料的柔韧性，降低脆性，使塑料易于加工成型。增塑剂一般是能与树脂混溶，无毒、无臭，光、热稳定的高沸点有机物，常用的增塑剂有邻苯二甲酸二丁酯及其同系物、磷酸三甲酚酯等。例如生产聚氯乙烯塑料时，若加入较多的增塑剂便可得到软质聚氯乙烯塑料，若不加或少加增塑剂，则得硬质聚氯乙烯塑料。

4. 固化剂

固化剂也称硬化剂，其主要作用是使线型高聚物交联成体型高聚物，使树脂具有热固性。如常用的六亚甲基四胺(乌洛托晶)，环氧树脂常用的胺类(乙二胺、间苯二胺)、酸酐类(邻苯二甲酸酐、顺丁烯二酸酐) 及高分子类(聚酰胺树脂) 等。

5. 稳定剂

稳定剂是指为保持高聚物的长期稳定，防止其过早老化的化学制剂。加入稳定剂主要是为了延长塑料的使用寿命。稳定剂可分为热稳定剂和光稳定剂(紫外线吸收剂)。常用的热稳定剂有硬脂酸盐、蓖麻油酸盐以及环氧大豆油等。光稳定剂按其分子结构类型可分为邻羟基二苯甲酮类、苯并三唑类、水杨酸酯类、三嗪类、取代丙烯腈类。稳定剂的用量一般为树脂质量的 0.3% ～ 0.5%。

6. 着色剂

合成树脂的本色大都是白色半透明或无色透明的。着色剂可使塑料具有各种鲜艳、美观的颜色。常用有机颜料和无机颜料作为着色剂。无机颜料色彩不如有机颜料色彩鲜艳亮丽,但持久不褪色。

7. 抗氧剂

抗氧剂也称为抗氧化剂,是为了防止塑料在加热成型或在高温使用过程中受热氧化而变黄、开裂的外加剂。亚磷酸酯类抗氧剂、酚类抗氧剂均是广泛使用的抗氧剂,也可以复合使用。

8. 润滑剂

润滑剂是在塑料制品成型时涂于模具上,一方面可以防止塑料粘在金属模具上,更重要的是可使塑料的表面光滑美观。常用的润滑剂有硬脂酸及其钙镁盐等。

除了上述助剂外,塑料中还可加入阻燃剂、发泡剂、抗静电剂、相溶剂等,以满足不同的使用功能的要求。

7.2.2　工程塑料的技术性质

1. 物理性质

工程塑料的表观密度一般为 1 000 ～ 2 000 kg/m^3,为混凝土的 1/2 ～ 2/3,是钢材的 1/8 ～ 1/4,属于轻质土木工程材料。塑料的孔隙结构可为人控制,致密的工程塑料孔隙率几乎为零,而经过发泡处理的泡沫塑料孔隙率可达 95% 以上。优质的保温材料的表观密度为 10 ～ 30 kg/m^3,导热系数为 0.02 ～ 0.04 W/(m·K)。工程塑料的耐热性普遍不高,软化温度多在 100 ～ 200 ℃,个别高于 200 ℃,加入无机填充料软化温度能够适当提高。工程塑料普遍具有良好的耐水性,无论是密实塑料还是泡沫塑料,其吸水率均较小,塑料膜材是良好的防水材料。塑料的热膨胀系统普遍较大,为普通无机材料的 5 倍以上。温度较高时,大部分塑料会表现出热缩的性能。

2. 力学性质

力学性质是指在受外力作用时所产生的响应的总称。在受外力作用时,工程塑料表现出明显的黏弹性,其力学行为具有显著的时变性,表现在长时间受恒定外力作用时,变形随时间而增大;在恒应变条件下,其内力随时间而衰减。因此,工程塑料一般不作为结构材料使用。

工程塑料的强度一般在 200 ～ 300 MPa 之间,接近于普通钢材,而密度小于混凝土,仅约为钢材的 1/5,其比强度远超过传统材料,属于轻质高强材料。塑料的弹性模量约为钢材的 1/10,在受力时表现出较大的变形,且变形随时间而增大。

3. 化学性质

工程塑料的化学性质主要指其耐腐蚀性、燃烧性能及耐老化性能。

工程塑料制品对酸、碱、盐等化学物质均有较好的耐腐蚀性，在酸、碱、盐作用下分子结构不受影响或影响甚微。但以热塑性树脂作为胶结料的工程塑料，其表面会一定程度地溶于某些有机溶剂。由于工程塑料结构致密，有机溶剂的腐蚀仅限于表面。

塑料基本属于可燃性材料，加入阻燃剂后，其可燃性可大大降低，但仍属可燃性材料。塑料燃烧时会产生烟气、毒气、浓烟、熔体及火的综合作用，一旦火灾发生，会对人类等生物及环境造成较大的危害。因此作为建筑装饰材料及家居设备的工程塑料要在燃烧性能方面做严格限制。

与水接触时，尤其在较高温度条件下，常有少量小分子物质的溶出，这些小分子物质通常是塑料制备过程中的添加剂，多数是有毒有害物质。在作为饮用水或食品容器时，应对这一方面的指标进行严格检验。

工程塑料在使用环境中，受光、电、热等因素作用，使硬化后的高聚物分子结构发生变化，导致塑料机械性能发生劣化，即所谓的老化。塑料老化的本质是线型分子的交联，或线型及体型分子的裂解。延缓老化的进程，使其在设计使用年限内老化程度在控制范围内是研究的重要内容之一。另外，工程塑料在使用后又希望其在自然环境条件下能够实现裂解，在较短的时间内变成对环境无害的小分子物质。如何实现裂解是工程塑料研究的另一重要课题。

7.2.3 工程塑料制品及应用

工程塑料制品大致包括板材、块材、卷材、管材、异型材等。

1. 塑料装饰板

塑料装饰板是以三聚氰胺树脂、酚醛树脂、脲醛树脂、不饱和聚酯树脂等树脂作为基体材料，将表层纸、装饰纸、覆盖纸、底层纸分别浸渍树脂后，经干燥后组坯，经热压而成的贴面装饰板。其中表层纸是放在装饰板最上层，细薄而洁净，有高度透明性且硬度较高，起到保护装饰板表面的作用；装饰纸位于表层纸下面，提供花纹图案，且有防止底层胶液渗现的覆盖作用。覆盖纸位于装饰纸以下，用以遮盖深色的底层并防止树脂胶液透过。如装饰纸有足够的遮盖性可不用覆盖纸。底层纸是制造装饰板的主要材料，多层压合后成为胎基，占用纸量的 80% 以上，要求有较高的吸收性能和湿强度。常用不加防水剂的牛皮纸作为其原纸。

通用的塑料装饰板厚度在 0.8 ～ 1.5 mm 之间，可分为单面装饰板、双面装饰板、浮雕装饰板等。除较厚的双面装饰板有时直接使用外，一般的单面装饰板均覆贴在其他基材上使用。可做成桃花心木、花梨木、水曲柳、大理石等众多图案，色调丰富、耐潮湿、耐磨、不易燃、耐腐蚀、平滑光亮、极易清洗、装饰效果好，是节约优质木材的好材料。

2.空心塑料扣板

空心塑料扣板是以聚氯乙烯(PVC)作为主要的树脂材料,加入重质碳酸钙粉作为填料,配以适当品种和掺量的稳定剂、润滑剂、增塑剂、着色剂等助剂,经混炼后挤出成型、真空定型、切割并在表面印花后得到的表面具有一定图案的空心板材。因其属于室内装饰材料,所以必须加入阻燃材料,使其能离火即灭,使用更加安全。

PVC塑料扣板通常加工成企口式型材,便于拼装。主要用于墙体装饰、室内吊顶。具有质量轻、安装简便、防水、防潮、防蛀的特点,它表面的花色图案繁多,装饰效果好。

3.塑料地板

塑料地板根据其产品状态不同可分为块材(地板块)和卷材(地板革)两种。按材料的质地可分为硬质、半硬质和软质三种,其中以半硬质较为普遍。聚氯乙烯(PVC)塑料是最常用的地板材料,其次,聚乙烯(PE)塑料和聚丙烯(PP)塑料也可用于塑料地板。

地板块材由聚氯乙烯及各种添加剂经高温混炼,经延压制成片状半成品,表面铺贴经树脂浸渍处理的带花纹的面层,再次热压成型,经表面处理后切割制成成品。塑料地板块厚度为3～5 mm,花色品种多样,与木质地板块相比耐燃、耐磨、尺寸稳定、易打理。

聚氯乙烯卷材地板根据其结构不同分为同质和非同质卷材地板两类。其中同质卷材在厚度方向上成分相同,可以有表面涂层。非同质卷材地板由耐磨层与其他层组成,可含有加强层或稳定层。其中耐磨层和其他层在成分和功能上是不同的。其加强层一般采用无纺布、玻璃纤维布等。依据其中间层是否经发泡处理,分为致密型和发泡型两类。

聚氯乙烯卷材地板厚度为1.0～2.5 mm。依据其适宜的使用环境又分为家用、商用、轻工业三个等级十个细分等级。依据其耐磨性能分为四个等级,即T、P、M、F级,见表7.1。具体可参阅《聚氯乙烯卷材地板》(GB/T 11982.2—2015)。

表7.1　地板耐磨等级

耐磨等级	耐磨性指标/mm^3
T	$F_v \leqslant 2.0$
P	$2.0 < F_v \leqslant 4.0$
M	$4.0 < F_v \leqslant 7.5$
F	$7.5 < F_v \leqslant 15.0$

注:F_v为试件耐磨试验每100转的体积损失。

非同质型卷材地板生产工艺较为复杂,将PVC及各种添加剂充分混合后经密炼、压延、冷却后得到底层料;将加强层(若有)、底层、PVC印刷面料层和PVC透明料层依次进行铺膜,在硫化机中高温处理,再进行表面PU处理等后期处理制得。

4.塑料壁纸

塑料壁纸,也称塑料墙纸,是以纸或玻璃纤维布为基材,在其表面进行涂塑后再经过印花、压花或发泡处理等多种工艺制成的一种墙面装饰材料。塑料壁纸花色品种多样,色泽丰富、美观，施工速度快，易清洗，发泡塑料壁纸还有一定的吸声功能，因而广泛用于室内墙面的装饰。传统壁纸的透气性较差，随着技术进步，这一弱点已经得到克服。

5. 塑料管材

塑料管材是指以合成树脂为主要原材料，加入填充剂、稳定剂、润滑剂、增塑剂等，经挤出法加工而成的管材。塑料管材是化学建材的重要组成部分，按其所用的树脂材料和结构的不同，可分为聚氯乙烯塑料管材（PVC）、氯化聚氯乙烯管材（PVC－C）、聚乙烯塑料管材（PE）、氯化聚乙烯管材（CPE）、聚丙烯塑料管材（PPR），以及铝塑复合管材（PAP）、钢塑复合管（SP）等。

不加入增塑剂的PVC管材属于硬质PVC管材（PVC－U），强度高，内外光滑平整、耐压能力强，是理想的输水管材。由于小分子渗出，输水温度一般不宜超过 45 ℃。加入增塑剂后可制成软质 PVC 管材。

PVC－C 管材产品具有高强度、柔韧性好、耐高温、耐腐蚀、阻燃、绝缘性能良好的特点，管能经受 30 kV 以上的高压，是优质的电缆排管。

PE管材为高密度聚乙烯产品，CPE管材是高密度聚乙烯经氯化取代反应后制得的管材，二者性能相近，质地柔软，韧性好，具有优良的耐候性、耐腐蚀性，可用于低温输水管材。

PPR 管材有更高的抗冲击强度，表面硬度大，抗划痕性能好，耐热性能和抗老化性能好于其他类型的塑料管材，使用温度可达 90 ℃ 甚至 100 ℃。

6. 塑料型材

塑料型材是由以 PVC 为主的合成树脂添加各种助剂后，经高温混炼、挤出成型的型材制品。根据加入增塑的多少，可制成硬质 PVC 型材、半硬质和软质 PVC 型材。其中以硬质 PVC 型材较多，约占市场总量的 2/3。硬质的 PVC 塑料型材的抗冲击性能较差，往往通过添加丙烯酸酯（ACR）、氯化聚乙烯（CPE）、乙烯－醋酸乙烯共聚物（EVA）、甲基丙烯酸甲酯－丁二烯－苯乙烯接枝共聚体（MBS）等对其进行改性，以改善其脆性，提高抗冲击强度。

常见的 PVC 型材包括塑料门窗用型材、楼梯扶手、装饰用塑料方管、线槽、踢脚板、异型管材等。

7. 泡沫塑料

泡沫塑料也称微孔塑料，是将大量互相连通或互不连通的气体微孔分散于固体塑料中而形成的一种高分子材料，具有质轻、隔热、吸音、减震等特性，且介电性能优于基体树脂，在土木工程中广为应用。几乎各种塑料均可制成泡沫塑料，最为常用的泡沫塑料有聚苯乙烯泡沫塑料、聚氨酯泡沫塑料、聚乙烯泡沫塑料、聚氯乙烯泡沫塑料等。

（1）聚苯乙烯泡沫塑料。

聚苯乙烯泡沫塑料是土木工程中应用最广、用量最大的泡沫塑料产品。其中依据其成型工艺不同又分为模塑型聚苯乙烯泡沫塑料（EPS）和挤塑型聚苯乙烯泡沫塑料

(XPS)。EPS是采用聚苯乙烯树脂为主要原材料,加入发泡剂后制成颗粒料,二次加热软化,产生气体,形成封闭孔结构的EPS颗粒,再经模塑后可制成EPS型材,其表观密度一般在15～60 kg/m³之间。作为工程中常用的EPS表观密度一般在15～30 kg/m³,其导热系数在0.024～0.041 W/(m·K)之间。XPS泡沫塑料的封闭孔的比例在99%以上,阻止了空气在孔结构内部的对流,保温性能更好。不带表皮的XPS试件导热系数在0.025～0.035 W/(m·K)之间,带表皮的试件,导热系数在0.024～0.03 W/(m·K)之间。导热系数的测试结果的大小与测试温度、表观密度有关。工程上常用的XPS泡沫塑料的物理及力学指标见表7.2。选用时参阅《绝热用挤塑聚苯乙烯泡沫塑料(XPS)》(GB/T 10801.2—2018)。

表7.2 XPS的绝热性能

等级		024级	030级	034级
导热系数/(W·(m·K)$^{-1}$)	10 ℃	≤0.022	≤0.028	≤0.032
	25 ℃	≤0.024	≤0.030	≤0.034
热阻/(m^2·K·W^{-1})厚度为25 mm时	10 ℃	≥1.14	≥0.89	≥0.78
	25 ℃	≥1.04	≥0.83	≥0.74

EPS和XPS泡沫塑料均是建筑外墙保温系统及其他建筑保温制品中常用的保温材料,综合性能方面XPS要优于EPS。

(2) 聚氨酯泡沫塑料。

聚氨酯泡沫塑料是以异氰酸酯和羟基化合物为主要原材料,加入发泡剂、催化剂、阻燃剂等多种助剂,通过专用设备混合,经高压喷涂现场发泡而成的高分子聚合物。按其硬度可分为硬质和软质两类,其中土木工程中作为保温材料的主要是硬质聚氨酯泡沫塑料(PUR)。

发泡良好的PUR表观密度可在20～60 kg/m³之间,建筑中所用的PUR要求其表观密度不小于30 kg/m³,根据其导热系数的大小分为A、B两级,其导热系数分别不小于0.022 W/(m·K)和0.027 W/(m·K)。其内部为封闭孔隙结构,且有致密的表面和多孔的内芯,既有优异的保温性能又有良好的抗水蒸气透过能力。能够在施工部位现场喷涂,施工方便、快捷,是理想的墙体保温材料。工程选用时可参阅《建筑绝热用硬质聚氨酯泡沫塑料》(QB/T 21558—2008)。

(3) 聚乙烯泡沫塑料。

聚乙烯泡沫塑料也称为发泡聚乙烯(EPE),是由低密度聚乙烯树脂经物理或化学发泡得到的多孔材料。EPE是重要的包装材料,可以起到减震、缓冲作用,在电子、电器设备包装、易碎品包装,以及近年兴起的快递业包装中有重要地位。由于在生产过程中不加入交联剂,因此原本一次性使用的大量的包装材料可以得到回收,较传统的EPS包装材料有较大的优势,也符合环保和循环经济的时代主题。

(4) 聚氯乙烯泡沫塑料。

聚氯乙烯泡沫塑料是以聚氯乙烯树脂与适量的发泡剂、稳定剂、溶剂等,经过捏合、球磨、成型、发泡而制成的一种闭孔的泡沫塑料,是一种使用较早的泡沫塑料。按产品软硬性能不同，可分为软质和硬质两种。土木工程中常用的是硬质聚氯乙烯泡沫塑料，一般为均匀的封闭孔结构。其正常的表观密度在 50 ～ 100 kg/m^3 之间，导热系数为0.035 ～ 0.054 W/(m·K)，在建筑上用于做保温隔热、隔声及防震材料。仅就其保温性能来讲，不如 XPS 及 PUR，在建筑保温工程中使用较少。

7.3 橡　胶

橡胶是指具有可逆形变的高弹性高分子聚合物。它的玻璃化转变温度(T_g)较低，在常温条件下富有弹性。橡胶的分子链可以交联，交联后的橡胶受外力作用发生变形时，具有迅速恢复原状的能力。在外力作用下可以发生较大变形，外力消失后变形可以完全恢复，但变形过程中外力与变形不符合胡克定律。在极寒冷的气候条件下，橡胶也能保持良好的弹性。

橡胶具有独特的物理力学性能和化学稳定性，广泛用于制造轮胎、胶管、胶带、电缆及其他各种橡胶制品。

根据取得的途径不同，橡胶可分为天然橡胶和合成橡胶。天然的橡胶和未经交联的合成橡胶，其分子结构为线型，且分子量很大。在无外力作用下，大分子链呈无规卷曲线团状。当外力作用时，卷曲的分子可以伸展，但撤除外力后，分子链发生反弹，产生强烈的复原倾向，这一独特的特性决定了橡胶的高弹性。

线型的分子之间通过一些原子或原子团之间彼此连接起来，形成三维网状结构，这一过程称为交联，工业上也称为硫化。随着硫化历程的进行，链段的自由活动能力下降，可塑性和伸长率下降，强度、弹性和硬度上升，压缩永久变形和溶胀度降低，可以制成橡胶制品的橡胶均为硫化橡胶。

常用的橡胶产品包括以下几种类型。

1. 天然橡胶

天然橡胶是由橡胶树上采集的天然胶乳，经过干燥、硫化等加工工序而制成的弹性固状物。天然橡胶是以顺－1,4－聚异戊二烯为主要成分的天然高分子化合物，其橡胶烃(顺－1,4－聚异戊二烯)含量一般在 91% ～ 94%。天然橡胶弹性好、强度高、综合性能好，曾经是应用最广的通用橡胶。

2. 异戊橡胶

异戊橡胶，全称为聚异戊二烯橡胶或顺－1,4－聚异戊二烯橡胶，其主要成分是聚异戊二烯，其结构式为 $\left[CH_2-\overset{\overset{\large CH_3}{|}}{C}-CH-CH_2 \right]_n$ ，是由异戊二烯经加聚而成的高顺式(顺－1,4－聚异戊二烯含量为 92% ～ 97%)合成橡胶，因其结构和性能与天然橡胶近似，故又称合成天然橡胶。异戊橡胶具有很好的弹性、耐寒性能好，玻璃化温度－68 ℃，拉伸强度高，因其稳定的化学性质被广泛运用于轮胎制造行业之中。在耐氧化和多次变

形条件下耐切口撕裂比天然橡胶高，但加工性能如混炼、压延等比天然橡胶稍差。

3. 三元乙丙橡胶

三元乙丙橡胶是乙烯、丙烯和少量的非共轭二烯烃的共聚物，由于其主链是由化学稳定的饱和烃组成，只在侧链中含有不饱和双键，在受臭氧、紫外线等作用时，主链不受影响，因此耐候性、耐老化性能优异。三元乙丙橡胶是密度最小的橡胶，仅为 860 ～ 870 kg/m^3，且质地柔软、弹性好、耐低温、抗撕裂，是良好的防水材料，可制成防水卷材和防水密封条或密封带。

4. 丁苯橡胶

丁苯橡胶（SBR），又称聚苯乙烯丁二烯共聚物，是由丁二烯和苯乙烯进行乳化共聚制得的。丁苯橡胶是橡胶工业的骨干产品，是最大的通用合成橡胶品种，也是最早实现工业化生产的合成橡胶品种之一。按聚合工艺，丁苯橡胶分为乳聚丁苯橡胶（ESBR）和溶聚丁苯橡胶（SSBR）。与溶聚丁苯橡胶工艺相比，乳聚丁苯橡胶工艺在节约成本方面更占优势，全球丁苯橡胶装置约有 75% 的产能是以乳聚丁苯橡胶工艺为基础的。

丁苯橡胶物理性能、加工性能及制品的使用性能接近于天然橡胶，在耐磨、耐热、耐老化及硫化速度方面较天然橡胶更为优良，广泛用于轮胎、胶带、胶管、电线电缆、医疗器具及各种橡胶制品的生产等领域。粉末丁苯橡胶能明显改善沥青的高温性能，可用于沥青的改性。

5. 顺丁橡胶

顺丁橡胶（BR），全称为顺式－1，4－聚丁二烯橡胶，是由丁二烯聚合而成的结构规整的合成橡胶，其顺式结构含量在 95% 以上。与其他类型的橡胶比，硫化后的顺丁橡胶的耐寒性、耐磨性和弹性特别优异，动负荷下发热少，耐老化性能好，耐挠曲和动态性能好等。主要缺点是抗湿滑性稍差，撕裂强度和拉伸强度较低。

6. 氯丁橡胶

氯丁橡胶（CR），由氯丁二烯（化学式 $CH_2=CCl—CH=CH_2$）聚合制得，具有良好的综合性能，耐油、耐燃、耐氧化和耐臭氧。但其密度较大，常温下易结晶变硬，储存性不好，耐寒性差，脆化温度为 －35 ～－55 ℃。氯丁橡胶在土木工程中可用于防水卷材或防水密封材料。

7.4　纤维及膜材料

7.4.1　纤维材料

合成纤维是合成高分子材料的重要组成部分。合成纤维是指以高分子树脂为原料，经化学处理和机械加工而成的长径比在 100 以上的丝状材料。合成纤维种类繁多，依据其性能及使用功能的不同，可分为：① 通用合成纤维，如聚酯纤维（涤纶）、聚酰胺纤维（锦纶）、聚丙烯腈纤维（腈纶）、聚丙烯纤维（丙纶）、聚氨基甲酸酯纤维（氨纶）等；② 高性能合成纤维，即强度和弹性模量较高的合成纤维，如碳纤维、高强度聚乙烯纤维、聚芳酯纤维和高强聚乙烯醇纤维等；③ 功能合成纤维，如具有抗静电、阻燃、抗菌性能的纤维等。本节主要讲述在土木工程中广为使用的、用于纤维增强材料的合成纤维。

1. 聚乙烯纤维和高强聚乙烯纤维

合成纤维中，分子构造最简单的是聚乙烯纤维。以线型聚乙烯树脂（高密度聚乙烯）纺制成的聚乙烯纤维又称乙纶。密度 950 ～ 960 kg/m³，熔融温度 124 ～ 138 ℃，玻璃化温度 －75 ～－120 ℃。纤维性能分普通型和高强高模型，其中普通型聚乙烯纤维极限抗拉强度 350 ～ 620 MPa，模量 2.5 ～ 6.5 GPa，断裂伸长率 15% ～ 35%，属低强度、低模量纤维，在土木工程中使用较少。

1979 年，荷兰 DSM 公司对超高分子量聚乙烯（UHMWPE），采用凝胶纺丝和高倍拉伸技术，使柔性大分子链在强力的剪切作用下变为伸直链，几乎没有折叠分子的存在，纤维的强度和模量大幅度提高。20 世纪 80 年代中后期，欧美所研制的超高分子量聚乙烯纤维的极限抗拉强度达到 2.1 ～ 2.4 GPa，弹性模量达到了 100 GPa 以上，断裂伸长率仅 2.7% ～ 3.5%，是一种性能极好的合成纤维材料。同时由于高强聚乙烯纤维的密度特别小，仅有 970 kg/m³，所以它的比强度、比模量比其他纤维更大。

超高分子量聚乙烯纤维可广泛用于绳索、抗冲击及防弹材料、高性能树脂基复合材料等：① 作为绳索，其自重断裂长度达 336 km，是芳纶的 2 倍，是降落伞用绳及其他高强度绳索的首选；② 其优良的吸收冲击能量的性能、良好的可加工性及较小的密度都使它在做防弹或防切割衣服方面具有其他纤维无法比拟的优点；③ 可用于高性能树脂基复合材料的增强材料，如军用及民用头盔，比赛用帆船、赛艇等。

2. 聚丙烯纤维

聚丙烯纤维以等规聚丙烯为原料，经熔体纺丝制成的合成纤维，纺丝温度为 255 ～ 290 ℃，分子量为 10 万 ～ 30 万。商品名为丙纶。

聚丙烯纤维的密度仅为 900 ～ 910 kg/m³，是合成纤维中密度最小的。耐热性能良好，能够在 120 ～ 160 ℃ 温度条件下连续耐热，熔点为 165 ～ 170 ℃。聚丙烯纤维有良好的力学性能，其极限抗拉强度为 300 ～ 500 MPa。弹性模量为 3.5 ～ 6.0 GPa，断裂伸长率 20% ～ 30%，属低模量、低强度普通纤维。在土木工程中主要用于混凝土、砂浆抗裂，对韧性的提高有一定帮助，但对混凝土、砂浆的力学性能影响不大，用量为 0.8 ～ 1.2 kg/m³。

3. 聚乙烯醇纤维

聚乙烯醇纤维，简称 PVA 纤维。聚乙烯醇的分子链与聚乙烯相仿，是锯齿状线型结构，结晶态的聚乙烯醇分子间咬合力更强，因此其也能生产出高强度纤维。

用于制造纤维的聚乙烯醇聚合度一般在 2 000 以上，平均分子量在 6 万 ～ 15 万之间。其极限抗拉强度为 1.5 ～ 2.2 GPa，弹性模量为 35 ～ 50 GPa，极限伸长率为 7% ～ 10%，属于高性能合成纤维。

正是由于聚乙烯醇纤维具有高强、高模的特点，在工程中可作为水泥基材料的增强和增韧材料，可显著改善水泥基材料的性质，提高其抗裂性能和抗冲击韧性，也可用于高性能树脂基复合材料。

4. 凯芙拉(Kevlar) 纤维

凯芙拉(Kevlar) 纤维对位芳酰胺纤维，是芳香族聚合物纤维，是以对苯二胺和对苯二甲酰为原料，在有机溶液中进行低温缩聚，得到高特性黏度、高结晶度的树脂，采用液晶纺丝新技术，溶于浓硫酸或六甲基磷酸酰胺等一些溶剂中配成纺丝原液，然后用干 — 湿法纺丝技术制造的高性能纤维，其分子结构如图 7.5 所示。

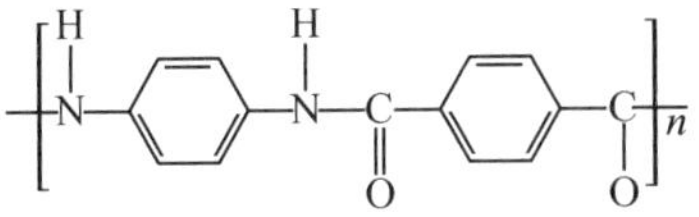

图 7.5　凯芙拉纤维分子结构

凯芙拉纤维的分子链是由苯环和酰胺基按一定规律排列而成。酰胺基团的位置又都在苯环的直位上，赋予了这种聚合物以良好的规整性，使凯芙拉纤维具有较高的结晶度。这种刚性的集聚状分子链在纤维轴向是高度定向的，而且分子链上的氢原子将和其他分子链上的酰胺对的羰基结合成氢键，形成高分子间的横向交联。凯芙拉纤维的这种苯环结构，使它的分子链难于旋转，且高聚物分子不能折叠的伸展状态，形成体状分子结构，从而使纤维具有很高的模量。聚合物线性结构的分子间排列十分紧密，这种高的密实性使纤维具有较高的强度。此外，这种苯环结构的环内电子具有共轭作用，因此纤维具有化学稳定性，又由于苯环结构的刚性，因此高聚物具有晶体的本质，纤维具有高温状态下尺寸稳定性。

凯芙拉纤维的轴向拉伸极限强度为 1.8 ～ 2.1 GPa，大致是碳纤维拉伸极限强度的 1/2，模量约为 70 GPa，是除碳纤维之外的综合力学性能优异的高强度、高模量、高性能合成纤维。凯芙拉纤维增强复合材料具有良好的抗冲击、防爆、防弹性能，是目前兵器、头盔、装甲、安全工事、造船、医疗器械和体育用品等高端复合材料的首选纤维。

5. 碳纤维

碳纤维是由碳元素组成的高强度、高模量特种合成纤维。由于石墨微晶结构沿纤维轴择优取向，因此其沿纤维轴方向有很高的强度和模量，且密度小，比强度和比模量在已有的合成纤维中是最高的。碳纤维以其优异的性能广泛用于纤维增强树脂基复合材料、金属及陶瓷基复合材料，以及特殊功能的水泥基复合材料。20 世纪 80 年代后，日本、美国、英国先后生产出高强、超高强、高模量、超高模量、高强中模以及高强高模等类型高性能产品，碳纤维拉伸强度从 3.5 ～ 4.0 GPa 提高到 5.5 GPa，小规模产品达7.0 GPa。模量从 230 GPa 提高到 600 GPa，这一系列工艺技术上的重大突破，使碳纤维的开发和应用进入了一个新的高水平阶段。

碳纤维从其生产工艺的不同,可分为聚丙烯腈基碳纤维、沥青基碳纤维、纤维素基碳纤维、活性碳纤维等,其中聚丙烯腈基碳纤维是碳纤维的主流产品。其生产工艺流程如图7.6所示。

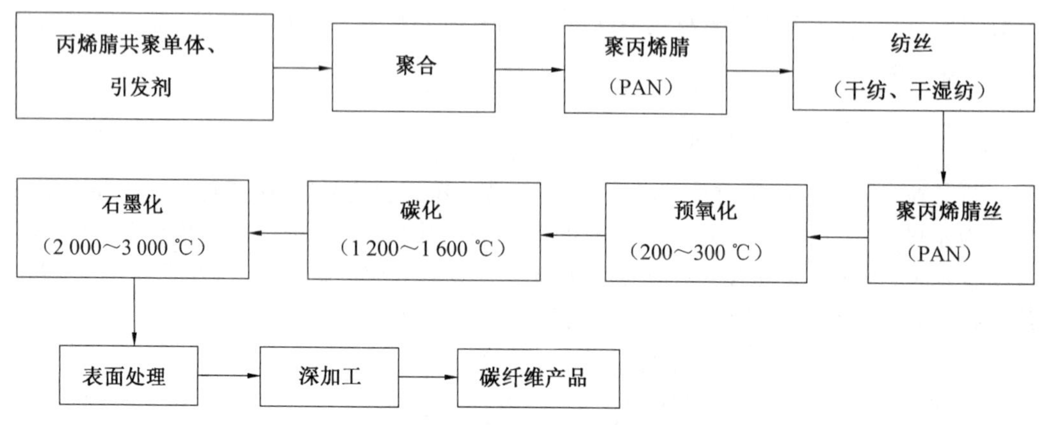

图 7.6 碳纤维生产工艺流程图

在碳纤维的生产过程中,聚丙烯腈原丝的质量是影响碳纤维质量的关键因素之一。因此要求原丝强度高,热转化性能好,杂质少,缺陷更少,线密度均匀。PAN原丝的预氧化在 200 ~ 300 ℃ 的空气介质中进行,其目的是使线型分子链转化为耐热的体型分子结构,使其在高温碳化时不熔不燃,保持纤维形态,从而得到高质量的碳纤维。预氧丝需要在惰性气体保护下,在 1 200 ~ 1 600 ℃ 范围内发生碳化。使纤维中的非碳原子如N、H、O等元素被裂解出去,预氧化时形成的体型大分子发生交联,转变为稠环状结构。纤维中的含碳量从60%左右提高到92%以上,形成一种由体型六元环连接而成的乱层石墨片状结构。碳化时保护气体一般为 99.99% ~ 99.999% 的高纯度氮气。为了获得更高模量的碳纤维,可将碳纤维放入 2 500 ~ 3 000 ℃ 的高温下进行石墨化处理,以得到含碳量在99%以上的石墨碳纤维。石墨化处理是在高温密闭装置中进行的,所用的保护气体为氩气或氦气而不能使用氮气,氮气在 2 000 ℃ 以上可与碳反应生成氰。

7.4.2 膜材料

膜结构是近几十年发展起来的一种新型的大跨度空间结构,膜材料则是与膜结构建筑相伴而生的最重要的组成部分,被称为“第五代建材”。

建筑膜材料通常是以合成纤维织物为基层,在双侧表面涂覆树脂面层而形成的复合材料,膜材的强度取决于基层纤维的强度。从基层织物的结构上看,膜材有纬线嵌入式、胶合叠层式和膜片式等。

无涂层的合成纤维织物必须在其表面涂覆树脂面层,树脂面层的作用包括:① 保护基层纤维使其免受外界环境(紫外线、物理磨损、大气)的侵害;② 赋予膜材以防水、防潮的功能;③ 稳定纤维,从而保持膜材的几何形状,以免在张拉过程中变形;④ 使膜材具有热合可焊性。涂层包括直接涂覆于织物上的双面主涂层(内涂层)、双面外涂层,以及外饰面封闭层、内表面装饰层,如图7.7所示。

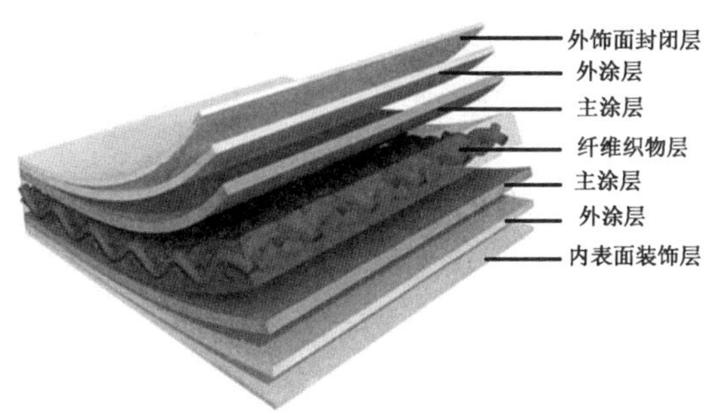

图 7.7　建筑膜材料层次结构示意图

从构成膜材的组成材料上看，其主要分为两类，一类是表面涂覆聚氯乙烯(PVC)的聚酯纤维膜材；另一类是表面涂覆聚四氟乙烯(PTEF)的玻璃纤维膜材。与后者相比，前者在价格、使用性能方面更具有综合优势，应用也更为广泛。另外，作为织物层的还有芳酰胺纤维织物、PTEF 纤维织物、液晶高分子聚合物(LCP)纤维织物等；作为涂层的树脂还包括硅酮树脂、合成橡胶、聚丙烯树脂等。

作为涂层材料，PVC 必须大量加入增塑剂、乳化剂使之调制成糊状。作为建筑材料，对膜材的阻燃性有一定要求，可选用磷酸盐类、丙烯酸类增塑剂。丙烯酸类增塑剂阻燃效果好，但该分子具有活性且易受微生物侵袭，会导致细菌和真菌的滋生，影响表面的清洁。PTEF 涂层具有极强的耐高温性能，耐热温度可达到 260 ℃，因此可以用于太阳暴晒的高温环境，同时抗酸、碱及盐类腐蚀能力较强，不溶于常见溶剂，是理想的涂层材料。另外 PTEF 分子宏观上是无极性的，是表面能最低的材料之一，表现为不黏性，使膜材具有憎水性和自清洁性。

面层材料喷涂于膜材的最表面，主要是使膜材料表面光洁、提高膜材的大气稳定性，防止膜内小分子物质的挥发。适用于 PVC 涂层的有丙烯酸树脂乳液、聚偏二氟乙烯树脂(PVDF)乳液、聚氟乙烯树脂(PVF)乳液等。含氟树脂抗紫外线能力更强，可单独使用，也可与丙烯酸乳液混合使用。

成品的膜材料厚度为 0.6～0.8 mm，拉伸强度可以达到钢材拉伸强度的一半以上甚至接近钢材拉伸强度，与纤维材料强度有关。膜材的弹性模量较低，有利于膜材形成复杂的曲面造型。极轻的自重很好地满足了大跨建筑的要求，能在很大程度上降低大跨建筑的总造价。膜材料具有一定的透光性，自然光的透射率可达 25%，有助于室内采光，且无阴影、无眩光；夜晚在内部及环境灯光作用下，能够展示出特殊的视觉效果。

7.5　其他高分子材料

7.5.1　建筑涂料

建筑涂料是指涂饰于建筑物表面，能够与基体材料很好黏结并形成完整而坚韧的保护膜，对建筑物起到保护、装饰或使建筑物具有某种功能的涂料。建筑涂料与油漆属于同一概念，建筑涂料也称为乳胶漆或墙面漆。

建筑涂料由成膜物质、填充料、颜料、稀释剂和其他助剂复合而成。

1. 成膜物质

成膜物质,顾名思义是指在涂料的组成材料中能够独立形成涂膜的材料组分,也称基料,是组成涂料的基本材料。成膜物质决定了涂料的主要性能,选择什么类型的成膜物质就决定了能够制造具有哪方面性能的涂料。为了施工方便,常把成膜物质制成乳液,即水性成膜物质。水性成膜物质的技术指标如下。

(1) 最低成膜温度。

聚合物粒子形成紧密排列并形成连续薄膜需要有一定的压力,这种压力是由水分蒸发产生的,温度越低,越不易使聚合物粒子产生运动,因而乳液不能形成连续的均匀涂膜,能够成膜的温度下限值称为最低成膜温度。这是乳液的一个重要技术指标,对于低温季节尤其重要。加入增塑剂有助于降低成膜温度。

(2) 玻璃化温度(T_g)。

该指标反映聚合物乳液形成涂膜的硬度大小。T_g 高的乳液,涂膜硬度大,光泽度高,不易污染,易清洗。玻璃化温度越高,其最低成膜温度也越高。

基料有溶剂型基料和乳液型基料之分,为了使用方便,常把溶剂型的树脂制成单体乳液。常用的单体乳液见表 7.3。

表 7.3 常用乳液型基料及性能

基料名称	性能特点	用途
丙烯酸酯乳液(纯丙乳液)	良好的黏附性、耐候、耐紫外线,耐酸碱腐蚀性好,涂膜透明有光泽,不易发黄	外墙涂料、砂壁状涂料(真石漆)
有机硅－丙烯酸酯共聚乳液(硅丙乳液)	除具有纯丙乳液的性能外,极好的耐沾污性和耐老化性,软化温度高	主要用于外墙涂料,自清洁涂料
苯乙烯－丙烯酸酯共聚乳液(苯丙乳液)	与纯丙乳液相近,耐水和耐碱性更好,耐变黄方面不如纯丙乳液	一般的外墙或外用涂料、内墙涂料
醋酸乙烯－丙烯酸酯共聚乳液(醋丙乳液或乙丙乳液)	良好的黏附性,耐水性较苯丙乳液稍差,涂膜光泽性稍差,一般只能制成平光或半光的涂膜	室内或内用乳胶漆及内用丝光乳胶漆
醋酸乙烯－乙烯共聚乳液(VAE 乳液)	乙烯的内增塑作用,克服了醋酸乙烯的不足。耐水性、黏结性、耐酸碱性好	用于内墙平光乳胶漆

2. 颜料和填料

为了赋予涂料一定的颜色,在涂料中常需要加入颜料。颜料是细微的粉状物质,一般是无机矿物。作为颜料,要求其有一定的颜色、遮盖力、着色力和良好的分散性。

颜料分为不同的色系,其中白色系颜料最为常用,包括钛白粉(TiO_2)、氧化锌(ZnO)、立德粉($BaSO_4 \cdot ZnS$)、铅白($2PbCO_3 \cdot Pb(OH)_2$)、锑白(Sb_2O_3);黑色系颜料包括炭黑(C)、铁黑(Fe_3O_4);黄色系颜料包括浅铬黄($5PbCrO_4 \cdot 2Pb_5O_4$)、中铬黄

($PbCrO_4$)、深铬黄($PbCrO_4 \cdot PbO$)及铁黄($Fe_2O_3 \cdot H_2O$)；蓝色系颜料包括钴蓝($CoO \cdot nAl_2O_3$)、铁蓝、酞菁蓝等；绿色系颜料包括酞菁绿、铬绿(Cr_2O_3)、钴绿等。

填料与工程塑料中的填料作用类似，另外涂料中的填料可以增强遮盖力，增加涂膜的厚度。常用的填料包括碳酸钙粉(轻质、重质)、碳酸镁粉、滑石粉、硫酸钡粉等。砂壁状涂料还可以加入不同粗细及颜色的砂粒作为填料。

3. 水和溶剂

为了满足涂料的施工性能，水性涂料需要加入洁净水以调整其工作性能，溶剂型涂料需要加入与基料相溶的溶剂。

4. 其他助剂

涂料的助剂种类繁多，主要包括以下四种：

(1) 润湿剂。

润湿剂是显著降低液体的表面张力及液相与固相间的界面张力的一种表面活性剂。能够使液相与固体颗粒充分润湿，缩短颜料、填料的分散研磨时间，对水性建筑涂料起重要作用。

(2) 分散剂。

分散剂除具有与润湿剂相同的润湿作用外，还可以在固体颗粒表面形成定向分布，依靠电荷斥力使颜料、填料粒子在涂料体系中长时间处于分散悬浮状态。

(3) 增稠剂。

增稠剂能够显著提高涂料的黏度，改变涂料的流变性能，有助于涂料体系长时间保持稳定，如纤维素类、丙烯酸类、聚氨酯类等。

(4) 成膜助剂。

成膜助剂能够降低乳胶漆的最低成膜温度，并在短时间内降低其玻璃化温度的助剂，是一种有助于乳胶漆快速成膜的临时增塑剂。

在涂料生产过程中尚需要消泡剂、pH 调节剂、防冻剂等。

由上述组成材料，根据不同用途对原材料进行适当的配伍，可以制成内墙涂料、外墙涂料、地面涂料、砂壁状涂料等，种类繁多不再一一赘述。

7.5.2　防水涂料

合成高分子涂料的品种较多，但用量最大的防水涂料是聚氨酯防水涂料。

1. 单组分聚氨酯防水涂料

(1) 氨酯油型防水涂料。

氨基甲酸酯改性油脂称为氨酯油或油脂改性聚氨酯涂料。氨酯油型聚氨酯漆比醇酸树脂漆干得快，主要是因为在固化过程中，相邻分子的氨酯键之间能形成氢键，而醇酸树脂的键之间不能形成氢键。涂膜耐磨性好，而且耐水解、耐碱性也较好。

(2) 湿固化聚氨酯涂料。

湿固化聚氨酯涂料是一种靠空气中的湿气固化成膜的单组分涂料。湿固化聚氨酯涂料一般是含游离—NCO基团的多异氰酸酯预聚物，在相对湿度50%～90%的环境中，涂料通过吸收水分缓慢成膜固化。空气中的水汽通过表层向涂层中渗透，与预聚物分子上的—NCO反应，最终生成脲键而固化成膜，同时产生二氧化碳气体。因为要通过水汽渗透固化，涂膜要相对较薄。虽然固化过程可能较慢，但固化后漆膜性能良好。

湿固化单组分聚氨酯涂料的优点是使用方便，避免使用前配制的麻烦和误差以及余漆隔夜凝胶报废的弊端。温度最低可在0 ℃固化成膜。环境湿度越高、气温越高，固化越快，尤其适用于潮湿环境。因温度高、湿度大也会使产生的大量CO_2来不及排出，漆膜出现针孔或起鼓现象。

(3) 封闭型聚氨酯涂料。

封闭型聚氨酯涂料的成膜原料与双组分聚氨酯涂料相似，由多异氰酸酯组分和含羟基的树脂组分组成。所不同的是多异氰酸酯被封闭，形成均匀的两相混合物。两相在常温下不产生化学反应，是实为双组分的单组分涂料。

通过化学反应封闭异氰酸酯的物质称为封闭剂。异氰酸酯与封闭剂反应生成氨酯键产品。常用的封闭剂有苯酚类、丙二酸酯、己内酰胺、二甲基吡唑和甲乙酮肟等。在特定的温度和物质条件下，才能实现高分子间的交联，这一过程称为解封。解封反应温度取决于所用封闭剂和多异氰酸酯的类型，加入催化剂可以降低解封温度。

封闭型单组分聚氨酯涂料的优势在于容易操作，无须使双组分混合，且对大气湿度不敏感。不便的是需要通过加热固化成膜。

2. 双组分防水涂料

所谓传统的双组分聚氨酯树脂，是指含—NCO基的异氰酸酯组分和含—OH基的树脂组分。施工时将两个液态组分按比例混合，利用—NCO和—OH基的反应生成固体聚氨酯。习惯上把多异氰酸酯组分称为甲组分或A组分，把羟基树脂组分称为乙组分或B组分。目前，双组分聚氨酯涂料是我国聚氨酯涂料的主流。

在施工时，甲、乙两组分需要按比例混合，并充分搅拌均匀。甲组分太少则漆膜发软甚至发黏，耐水性、耐化学药品等性能降低。乙组分太少，则多余的—NCO基吸收空气中的水气，交联密度和耐溶剂性提高但漆膜发脆，不抗冲击。—NCO与—OH两组分适当比例为1.05～1.15。双组分聚氨酯涂料可室温固化，也可低温固化。

聚氨酯防水涂料具有以下突出优点：

① 黏附力强。与金属、水泥混凝土、木材等基材的黏附力强，可广泛用于基础底板、地面、墙面、屋面等部位的防水。

② 涂膜具有优良的力学性能。涂膜坚韧、有弹性，可用于易开裂或有活动裂缝的基材的防水。

③ 涂膜耐腐蚀性、耐磨性优异，可适应腐蚀环境及磨损环境的防水。

④ 适用温度范围广，可在常温固化，耐低温性能好。

⑤ 能与多种树脂混用，根据不同要求制成许多新的涂料品种。

7.5.3　防水卷材

合成高分子防水卷材是指以合成橡胶、合成树脂或此两者的共混体为基料，加入适量的化学助剂和填充料，经混炼、压延或挤出工艺制成的片状可卷曲的防水材料，在《高分子防水材料 第 1 部分：片材》(GB 18173.1—2012) 中统称为片材。

上述片材可分为各部位截面结构一致的均质片，以高分子合成材料为主要材料、复合织物等保护或增强层以改变其尺寸稳定性和力学特性、各部位截面结构一致的复合片、以及在高分子片材表面复合一层自粘材料和隔离保护层以改善或提高其与基层的黏接性能、各部位截面结构一致的自粘片等。

根据所用树脂原料类型的不同，防水卷材可分为硫化橡胶类、非硫化橡胶类和树脂类。常用高分子防水卷材的类型及其所用的基本原材料见表 7.4。

表 7.4　卷材的基本类型及主要原材料

分类		代号	主要原材料
均质片	硫化橡胶类	JL1	三元乙丙橡胶
		JL2	橡塑共混
		JL3	氯丁橡胶、氯磺化聚乙烯、氯化聚乙烯
	非硫化橡胶类	JF1	三元乙丙橡胶
		JF2	橡塑共混
		JF3	氯化聚乙烯
	树脂类	JS1	聚氯乙烯等
		JS2	乙烯－醋酸乙烯共聚物、聚乙烯等
		JS3	乙烯－醋酸乙烯共聚物与改性沥青共混
复合片	硫化橡胶类	FL	三元乙丙、丁基、氯丁橡胶，氯磺化聚乙烯等/织物
	非硫化橡胶类	FF	氯化聚乙烯，三元乙丙、丁基、氯丁橡胶，氯磺化聚乙烯等/织物
	树脂类	FS1	聚氯乙烯/织物
		FS2	聚乙烯、乙烯－醋酸乙烯共聚物/织物

续表7.4

分类		代号	主要原材料
自粘片	硫化橡胶类	ZJL1	三元乙丙 / 自粘料
		ZJL2	橡塑共混 / 自粘料
		ZJL3	氯丁橡胶、氯磺化聚乙烯、氯化聚乙烯等 / 自粘料
		ZFL	三元乙丙、丁基、氯丁橡胶,氯磺化聚乙烯等 / 织物 / 自粘料
	非硫化橡胶类	ZJF1	三元乙丙 / 自粘料
		ZJF2	橡塑共混 / 自粘料
		ZJF3	氯化聚乙烯 / 自粘料
		ZFF	氯化聚乙烯,三元乙丙、丁基、氯丁橡胶,氯磺化聚乙烯等 / 织物 / 自粘料
	树脂类	ZJS1	聚氯乙烯 / 自粘料
		ZJS2	乙烯－醋酸乙烯共聚物、聚乙烯等 / 自粘料
		ZJS3	乙烯－醋酸乙烯共聚物与改性沥青共混等 / 自粘料
		ZFS1	聚氯乙烯 / 织物 / 自粘料
		ZFS2	聚乙烯、乙烯－醋酸乙烯共聚物等 / 织物 / 自粘料

合成高分子防水卷材与改性沥青防水卷材相比,各项指标均较高,如优异的弹性和抗拉强度、优异的耐候性能,可广泛使用于屋面、基础墙面、基础底板等的柔性防水工程。由于产品种类繁多,不再一一赘述。

7.5.4 建筑胶黏剂

胶黏剂是指通过黏结作用,使两个接触的表面通过物理力、化学力或二者兼有的力,使被黏结物结合在一起的物质。

1.胶黏剂的分类

依据固化形式,胶黏剂可分为:① 溶剂型。溶剂从黏结处挥发或被黏结物吸收而消失,形成黏结膜而发挥黏结力,如醋酸乙烯酯、氯乙烯－醋酸乙烯、丙烯酸酯、丁苯橡胶等。② 反应型。由不可逆的化学反应使胶黏剂固化,如酚醛、聚氨酯、硅橡胶、聚氨酯橡胶、环氧－聚酰胺等。③ 热熔型。以热塑性高聚物为主要成分,通过加热熔融黏结,随后冷却固化发挥黏结力,如聚醋酸乙烯、丁基橡胶等。

依据固化后的热物理性质,胶黏剂可分为:① 热塑性树脂型,如乙烯基树脂类、聚苯乙烯类、丙烯酸酯类、聚酯类、聚醚类。② 热固型树脂型，如不饱和聚酯类、环氧树脂类、氨基树脂类、聚氨酯类、酚醛树脂类等。③ 弹性体型，如聚丁二烯类、聚烯烃类、卤代烃类、硅、氟橡胶类、聚氨酯橡胶类等。

依据黏结强度特征，胶黏剂可分为：① 结构型，如环氧－酚醛类、环氧－聚硫类、环氧－聚酰胺类、酚醛－丁腈类、酚醛－氯丁类。② 次结构型，如聚氨酯类、酚醛－不饱和聚酯类、聚硫橡胶等。③ 非结构型，如聚乙酸乙烯酯类、聚丙烯酸酯类、淀粉类、松香类等。

2. 胶黏剂的组成

(1) 基料。

基料也称胶料，主要是指各类具有黏结性能的合成高分子化合物(合成树脂、合成橡胶、热塑性弹性体)及其他有机化合物。

(2) 固化剂。

固化剂主要针对热固型(反应型)胶黏剂，促使黏结物质通过化学反应加快树脂固化。

(3) 偶联剂。

偶联剂是分子两端含有性质不同基团的功能性化合物，其一端可与无机物表面发生反应，另一端与有机物分子反应，在两种不同的化合物之间以化学键形式连接，从而改善黏结界面的性质。常用的有硅烷偶联剂。

(4) 增韧剂。

增韧剂是为了改善黏结层的韧性、提高其抗冲击强度的组分。常用的增韧剂有邻苯二甲酸二丁酯和邻苯二甲酸二辛酯等。

(5) 稀释剂。

稀释剂又称溶剂，主要用于降低胶黏剂的黏度以便于施工操作、提高胶黏剂的润湿性和流动性。常用的稀释剂有机溶剂有丙酮、苯和甲苯等。

(6) 填充剂。

填充剂又称填料，一般在胶黏剂中不参与化学反应，它能使胶黏剂的稠度增加、热膨胀系数降低、收缩性减小、抗冲击强度和机械强度提高。常用的填料有滑石粉、石棉粉和铝粉等。

不同功能、不同组成的建筑胶黏剂品类繁多，不再一一赘述。

7.6　高分子材料的生态化发展

合成高分子材料的广泛利用为人类的生活提供了极大的方便，为土木工程的建设提供了大量重要的物质资源，为人类文明进步做出了重大贡献。高分子材料制品的一个重要性能指标是要求有良好的抗老化性能，能够抵御光、热、大气等作用，使其长期保持原有的物理力学性质。换句话说，因为使用功能的要求，高分子材料的裂解极为缓慢，散落于自然界的高分子材料制品(统称塑料制品)通过自然裂解，使高分子变为大分子片段，进而变为小分子，最终变为二氧化碳和水重新回归自然，需经历几十年甚至上百年的时间。大量的食品及货物包装袋、塑料容器、农膜地膜、发泡塑料制品等通常称为白色污染，给环境保护造成了巨大压力。这些白色污染散落在高山陆地、江河湖泊，甚至海洋，严重影响了人类的生态文明。

生活垃圾、医疗及其他工业垃圾中，塑料制品占有相当大的比例，建筑垃圾经分选后得到的轻物质也有一定比例的塑料制品。目前，主流的处理方式是集中焚烧并用于发电。塑料制品在焚烧后产生的气体一般都是有毒有害气体，又会产生新的环境问题。

生态文明建设是未来社会发展的重要课题，为了减轻环境压力，需要在高分子材料的原材料选择、生产工艺、正常使用、再生利用、废弃物处理等方面采取以下相应的技术措施。

1. 原材料的选择

在世界卫生组织下属国际癌症研究机构将物质致癌程度划分的五类标准中：甲醛、氯乙烯、三氯乙烯等为一类致癌物质成分；丙烯酰胺、四氟乙烯、丙烯腈、沥青、丙烯酸乙酯、三聚氰胺、醋酸乙烯酯等为二类致癌物质成分；包括丙烯腈－丁二烯－苯乙烯共聚物(ABS)、聚乙烯、聚氯乙烯、聚甲基丙烯酸甲酯(亚克力，或称有机玻璃)、聚苯乙烯、聚四氟乙烯、聚乙烯醇在内的众多高分子材料为三类致癌物质成分。其在生产、使用及后期垃圾处理阶段都会对大气、环境和人类的健康产生不利影响。因此，在原材料选择方面要逐步减少相关产品的生产，用其他更有助于环保、有助于人类健康的材料取而代之。

2. 热塑性材料与热固性材料的选取

热固性树脂由于具有力学强度高、耐热性好的特点而被广为使用，但存在的问题也很明显：体型的分子结构使其裂解更为困难，散落于自然界后对环境的不良影响时间更长；另外不能被再次软化，不能再生利用，也使固性塑料失去了回收利用的价值。为了减轻环境压力，应尽可能选取热塑性高分子材料，以便随着垃圾分类的日益普及使热塑性树脂得以回收并再次加工利用。目前，已不再提倡大规模应用热固性塑料制品，如发泡酚醛保温材料，虽然保温隔热性能好、耐高温、阻燃性能好，但应环保的相关要求正在淡出市场。

3. 塑料与橡胶制品的再生

以热塑性树脂为基材的塑料制品、合成橡胶是适合再生处理的高分子材料。热塑性塑料及橡胶的再生技术将是研究的重点。

热塑性塑料制品通过再次加热即可再次利用，但首次加工时往往加入各种辅料和助剂，且同种基料的废料分选难度大，使重新作为原材料的再生料质量千差万别，适合作为共混料用于制备质量要求不高的低端产品，或作为新产品生产的原料的一部分。

废弃橡胶制品可以通过“脱硫”处理，使之变成“生橡胶”重新加以利用。但同样也面临橡胶种类繁多，再生橡胶质量不稳定的问题。直接加工成橡胶颗粒或橡胶粉在其他适合的材料中加以利用也是橡胶再生的可行措施之一。如橡胶颗粒或橡胶粉加入混凝土中，可以改善混凝土的脆性，制成弹性混凝土。

4.一次性塑料制品的裂解技术

裂解技术也是高分子材料的重要研究内容之一,其目标是在塑料制品完成其使用功能后,在较短的时间内裂解并最终变成二氧化碳和水,研发高效率的光敏剂、氧化剂、裂解促进剂使塑料制品在适当的条件下裂解、探索及培育能裂解普通塑料的菌株,促使塑料的裂解。

5.加强环保意识,促进垃圾分类

为了方便废弃塑料及橡胶制品的回收与再生,对其进行合理分类、集中回收是十分必要的。要实现这一目的有必要进一步强化国民的环保意识,促进垃圾分类,加强行业管理,使垃圾重新变为资源。

复习思考题

1.什么是高聚物?什么是单体?什么是均聚物?什么是共聚物?

2.线型分子结构与体型分子结构的高聚物的分子结构、性质特点有何不同?

3.热塑性树脂与热固性树脂在分子的几何形状、物理性质、力学性质和应用上有什么不同?

4.高分子聚合物的变形与温度关系曲线说明了聚合物的什么性能?有什么意义?

5.何为高分子材料的老化?其产生的原因及特征如何?

6.常用的合成树脂有哪些?其主要特点及应用如何?

7.工程塑料的主要组成有哪些?其作用如何?常用建筑塑料制品有哪些?

8.塑料燃烧产生的危害有哪些?塑料产生毒性危害的条件是什么?

9.橡胶的特点及主要工程应用产品种类有哪些?

10.工程中使用的主要合成纤维材料有哪些?其主要特点及应用如何?

11.膜材料的主要组成、结构特征及其主要特性间的关系如何?

12.建筑涂料、合成高分子防水卷材及胶黏剂的基本组成、性质要求及主要产品种类有哪些?

13.高分子材料生态化发展的主要途径及方向有哪些?

第 8 章　沥青和沥青混合料

沥青是由一些极其复杂的高分子的碳氢化合物和这些碳氢化合物的非金属(氧、硫、氮)的衍生物所组成的混合物。在常温下,沥青呈黑色或黑褐色的固态、半固态或液态。由于沥青材料具有不透水性,不导电,耐酸、碱、盐的腐蚀等特性,同时还具有良好的黏结性,因此,沥青材料被广泛用于防水、绝缘、防腐及胶黏等土木工程领域。

本章学习内容及要求:主要从石油沥青的组成、结构入手,介绍沥青的主要技术性质及评定方法,沥青的选用原则。与石油沥青比较,介绍煤沥青、高聚物改性沥青的组成、结构、性能特点及应用区别及沥青生态化发展的方向。从应用角度出发,介绍了沥青基及改性沥青基沥青制品及沥青混合料的组成、结构、种类及特点等。

8.1　沥青基本知识

8.1.1　沥青的分类

沥青材料品种很多,按照材料的来源、加工方法、用途、形态等可将沥青分为许多种类。

1. 按沥青在自然界中获得的方式分类

按沥青在自然界中获得的方式,可将其分为地沥青和焦油沥青,见表 8.1。

表 8.1　按沥青在自然界中获得的方式分类

沥青	地沥青	天然沥青:石油在自然条件下,长时间受地球物理因素作用形成的产物。
		石油沥青:石油经各种炼制工艺加工而得的沥青产品。
	焦油沥青	煤沥青:煤经干馏所得的煤焦油,经再加工后得到煤沥青。
		页岩沥青:页岩炼油工业的副产品。

(1) 地沥青。

地沥青即通常所说的沥青,俗称臭油,是由天然产物或石油精制加工而得到的,是以“沥青”占绝对优势成分的有机化合物的混合物。地沥青又分为天然沥青和石油沥青:天然沥青是石油渗出地表经长期暴露和蒸发后的残留物;石油沥青是将精制加工石油所残余的渣油经适当的工艺处理后得到的产品。地沥青可用于制造涂料、塑料、防水纸、绝缘材料、铺路等。

(2) 焦油沥青。

焦油沥青是指煤、木材等有机物干馏加工所得的焦油经再加工后的产品,又称为煤焦油沥青或煤沥青,它是由生产煤或无烟固体燃料经提炼而成。焦油沥青是炼焦的副产品,即焦油蒸馏后残留在蒸馏釜内的黑色物质。

2. 其他分类方式

(1) 按沥青的加工工艺分类。

根据沥青的加工工艺不同，可将沥青分为直馏沥青、溶剂脱沥青、氧化油沥青、调和沥青等。若在前述沥青中加入溶剂稀释，或用水和乳化剂乳化，或加入改性剂改性，即可得到稀释沥青、乳化沥青和改性沥青等。

(2) 按原油的性质分类。

石油按其含蜡量的多少可分为石蜡基、环烷基和中间基原油，不同性质的原油所炼制的沥青性质有很大的差别。

(3) 按沥青用途分类。

沥青按用途的不同，通常分为道路沥青、建筑沥青、专用沥青。专用沥青的主要品种包括防水防潮石油沥青、管道防腐沥青、专用石油沥青、油漆石油沥青、电缆沥青、绝缘沥青、电池封口剂、橡胶沥青等。

8.1.2　沥青的组成与结构

1. 沥青的组成

沥青是由多种极其复杂的碳氢化合物及其衍生物组成的混合物。从化学元素分析来看，其主要由碳(C)、氢(H) 两种化学元素组成，故又称为碳氢化合物。此外，沥青中还含有少量的硫(S)、氮(N)、氧(O) 以及一些金属元素(如钠、铁、镁和钙等)，它们以无机盐或氧化物的形式存在。由于石油沥青化学组成的复杂性，对其化学组成进行分析的难度很大，且化学组成也不能完全反映出沥青的性质，因此，从工程使用角度出发，通常采用组分分离法将沥青分离为化学性质相近而且与技术性质有一定联系的几个组，即沥青的化学组分。将沥青中化学成分和物理力学性质相近的成分或化合物分成组分，以便于研究石油沥青的性质。通常对沥青组分的分析主要有三组分分析法和四组分分析法。

(1) 三组分分析法。

沥青的三组分分析法是将沥青分离为油分、树脂和沥青质三个组分。因我国富产石蜡基或中间基沥青，在油分中往往含有蜡，故在分析时还应进一步将油蜡分离。

三组分分析法又称为溶解 - 吸附法，该分析方法是用正庚烷溶解沥青，沉淀沥青质，再用硅胶吸附溶于正庚烷中的可溶组分，装于抽提仪中抽提油蜡，再用苯 - 乙醇抽出树脂。最后采用丁酮 - 苯作为脱蜡溶剂，在 -20 ℃ 的条件下，将抽出的油蜡冷冻过滤分离出油、蜡。按三组分分析法所得各组分的性状见表 8.2。

(2) 四组分分析法。

沥青的四组分分析法是将沥青分离为饱和分、芳香分、胶质和沥青质。我国现行四组分分析法是将沥青试样先用正庚烷沉淀沥青质，再将可溶分吸附于氧化铝谱柱上，依次用正庚烷冲洗，所得的组分称为饱和分；继而用甲苯冲洗，所得的组分称为芳香分；最后用甲苯 - 乙醇、甲苯、乙醇冲洗，所得组分称为胶质。石油沥青按四组分分析法所得各组分的性状见表 8.3。

表 8.2 沥青三组分分析法的各组分性状及其对沥青性质的影响

组分	质量分数/%	平均分子量	碳氢原子比	密度/($g \cdot m^{-3}$)	物化特征	对沥青性质的影响
油分	45 ～ 60	200 ～ 700	0.5 ～ 0.7	0.7 ～ 1.0	淡黄透明液体，几乎可溶于大部分有机溶剂，具有光学活性，常发现有荧光	决定沥青流动性，影响沥青黏性及温度敏感性
树脂	15 ～ 30	800 ～ 3 000	0.7 ～ 0.8	1.0 ～ 1.1	红褐色黏稠半固体，温度敏感性高，熔点低于 100 ℃	决定沥青塑性及开裂后的自愈能力，影响沥青温度敏感性
沥青质	5 ～ 30	1 000 ～ 5 000	0.8 ～ 1.0	1.1 ～ 1.5	深褐色固体微粒，加热不熔化，分解为硬焦炭，使沥青呈黑色	决定沥青温度敏感性及黏性，影响沥青塑性

表 8.3 石油沥青四组分分析法的各组分性状及其对沥青性质的影响

组分	外观特征	平均相对密度	平均分子量	主要化学结构	对沥青性质的影响
饱和分	无色液体	0.89	625	烷烃、环烷烃	决定沥青流动性，影响沥青黏性及温度敏感性
芳香分	黄色至红色液体	0.99	730	芳香烃、含 S 衍生物	决定沥青流动性，影响沥青塑性
胶质	棕色黏稠液体或无定形固体	1.09	970	多环结构，含 S、O、N 衍生物	赋予沥青可塑性、流动性和黏结性，对沥青的延性、黏结力有很大的影响
沥青质	深棕色至黑色固态	1.15	3 400	缩合环结构，含 S、O、N 衍生物	决定沥青黏性及温度敏感性

2. 沥青中各组分的性质

(1) 沥青质。

沥青质是深褐色至黑色的无定型物质，没有固定的熔点，加热时通常是首先膨胀，然后在到达 300 ℃ 以上时，分解生成气体和焦炭。它的相对密度大于 1，不溶于乙醇、石油醚，易溶于苯、氯仿、四氯化碳等溶剂。当沥青中的沥青质含量增加时，沥青稠度提高，软化点上升。所以沥青质的存在，对沥青的黏度、黏结力、温度稳定性都有很大的影响，所以优质沥青必须含有一定数量的沥青质。沥青质含量对沥青的流变特性有很大影响。增加沥青质含量，便可生产出针入度较小和软化点较高的沥青，因此黏度也较大。沥青中沥青质的含量一般为 5% ～ 25%。

(2) 胶质。

胶质也称为树脂或极性芳烃，是半固体或液体状的黄色至褐色的黏稠状物质，具有很强的极性，使胶质有很好的黏结力。胶质的化学组成和性质介于沥青质和油分之间，但更接近沥青质。因来源及加工条件不同，石油沥青中的胶质一般为半固体状，有时为固体状的黏稠性物质。颜色从黑色至黑褐色，相对密度接近 1.00(0.98 ～ 1.08)，沥青中胶质的分子量为 500 ～ 1 000，或更大。胶质能溶于各种石油产品(不是石油化工产品)及石油醚、汽油、苯等常用的有机溶剂中，但不溶于乙醇或其他醇类。胶质赋予沥青可塑性、流动性和黏结性，对沥青的延性、黏结力有很大的影响。胶质的分子结构中含有相当多的稠环芳香族和杂原子的化合物，在沥青中是属于强极性的组分，主要用于黏结剂的沥青中。此外，胶质对沥青的黏弹性、形成良好的胶体溶液等方面都有重要的作用。

(3) 油分。

在沥青中，油分的含量因沥青的种类不同而异。脱蜡后的油分绝大多数都是混合烃类及非化合物组成的混合物。油分在沥青中主要起柔软及润滑的作用，是优质沥青不可缺少的部分，但对温度敏感，不是理想组分。

① 芳香分。芳香分是深棕色的黏稠液体，由沥青中最低分子量的环烷芳香化合物组成，它是胶溶沥青质的分散介质。芳香分在沥青中含量为 40% ～ 65%，H 与 C 的原子比为 1.56 ～ 1.67，平均分子量为 300 ～ 600。

② 饱和分。饱和分是由直链烃和支链烃组成的，是一种非极性稠状油类，H 与 C 的原子比为 2 左右，平均分子量为 300 ～ 600。饱和分在沥青中含量为 5% ～ 20%，对温度较敏感。

芳香分和饱和分都作为油分，在沥青中起润滑和柔软作用。油分含量越多，沥青的软化点越低，针入度越大，稠度越低。

3. 沥青的胶体结构

现代胶体理论认为，沥青的胶体结构形成是由若干个沥青质聚集在一起，它们吸附了极性半固态的胶质形成胶团。由于胶溶剂 — 胶质的胶溶作用，因此胶团胶溶、分散于液态的芳香分和饱和分组成的分散介质中，形成稳定的胶体。在沥青胶体结构中，从沥青质到胶质，乃至芳香分和饱和分，它们的极性是逐步递变的，没有明显的分界线。所以，只有在各组分的化学组成和相对含量相匹配时，才能形成稳定的胶体。

根据沥青中各组分的化学组成和相对含量的不同，其可以形成不同的胶体结构。沥青的胶体结构可分为下列三种类型。

(1) 溶胶型结构。

当沥青中沥青质分子量较低，并且含量很少，同时有一定数量的芳香度较高的胶质时，胶团能够完全胶溶而分散在芳香分和饱和分的介质中。在此情况下，胶团相距较远，它们之间吸引力很小(甚至没有吸引力)，胶团可以在分散介质黏度许可范围内自由运动，这种胶体结构的沥青称为溶胶型沥青(图 8.1(a))。

(2) 溶 — 凝胶型结构。

沥青中沥青质含量适当，并有较多数量芳香度较高的胶质，这样形成的胶团数量增多、胶体中胶团的浓度增加，胶团距离相对靠近，它们之间有一定的吸引力。这是一种介于溶胶与凝胶之间的结构，称为溶 — 凝胶结构(图 8.1(b))。

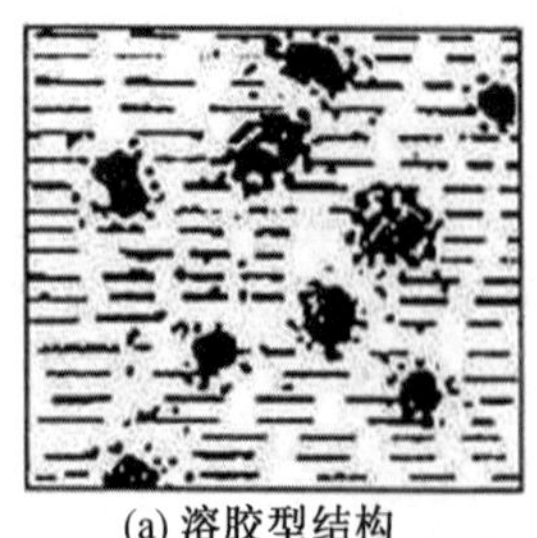
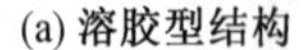
(a) 溶胶型结构

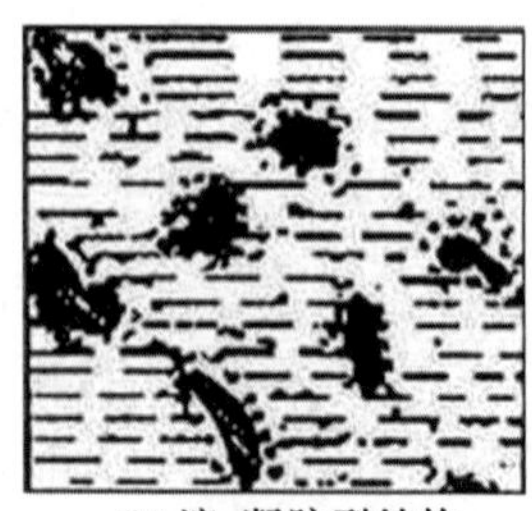
(b) 溶-凝胶型结构

(c) 凝胶型结构

图 8.1 沥青的胶体结构

(3) 凝胶型结构。

沥青中沥青质含量很高,并有相当数量芳香度高的胶质来形成胶团,沥青中胶团浓度大幅度地增加,它们之间的相互吸引力增强,使胶团靠得很近,形成空间网络结构。此时,液态的芳香分和饱和分在胶团的网络中成为“分散相”,连续的胶团成为“分散介质”。这种胶体结构的沥青,称为凝胶型沥青(图 8.1(c))。

8.2 石油沥青

从石油炼制过程中所得的渣油(沥青或生产沥青的原料),是石油中结构最复杂、分子量最大的一部分物质。沥青是各种大分子烃类和非烃类化合物的混合物。

8.2.1 石油沥青的性质

1. 黏性(黏滞性)

沥青的黏性是沥青在外力或自重的作用下,抗变形的能力。黏性的大小反映了胶团之间吸引力的大小,实际上反映了胶体结构的致密程度。

石油沥青黏度的大小取决于组分的相对含量,如地沥青质含量较高,则黏性大;同时也与温度有关,随温度升高,黏性下降。

沥青的黏性通常是通过试验,以测出的相对黏性值大小来表示的。对于在常温下呈固体或半固体的石油沥青,用针入度表示其黏性大小。针入度是指在规定条件,标准针自由贯入到沥青中的深度(以 1/10 mm 为单位),针入度越大,则黏性越小。对于液体沥青,用标准黏性计测定黏度。

2. 塑性

沥青的塑性是指沥青受到外力作用时,产生变形而不破坏,去除外力后,仍保持变形后形状的性质。

沥青中树脂含量高,则沥青的塑性较大。温度升高时,沥青的塑性增大。塑性小的沥青在低温或负温下易产生开裂。塑性大的沥青能随建筑物的变形而变形,不致产生开裂。塑性大的沥青在开裂后,由于其特有的黏塑性裂缝,可能会自行愈合,即塑性大的沥青具有自愈性。沥青的塑性是沥青作为柔性防水材料的原因之一。

沥青的塑性用延度(延伸度)来表示。延度是在规定条件下,沥青试件被拉断时伸长的数值(以 cm 计)。延度越大,沥青的塑性越大,防水性越好。

3. 温度敏感性

温度敏感性是指沥青的黏性和塑性随温度变化而改变的程度,也称温度感应性或温度稳定性。沥青是非晶体高分子物质,没有固定的熔点,随着温度的升高,沥青的状态发生连续的变化,其塑性增大,黏性减小,逐渐软化,此时的沥青如液体一样发生黏性流动。在这一过程中,不同的沥青,其塑性和黏性变化程度也不同。如果性质变化程度小,则此沥青的温度敏感性小;反之,温度敏感性大。在建筑上,特别是用于屋面防水的沥青材料,为了避免温度升高,发生流淌,或温度下降,发生硬脆,应优先使用温度敏感性小的沥青。

沥青温度敏感性取决于地沥青质的含量,其含量越高,温度敏感性越小。次外,与沥青中石蜡的含量有关,石蜡含量高,则其温度敏感性大。

沥青温度敏感性常用软化点表示。它反映了沥青状态改变(由固态或半固态转变为黏流态)时的温度。软化点是在规定试验条件下,沥青受热软化下垂至规定距离(25.4 mm)时的温度。软化点越高,沥青的温度敏感性越小。

4. 大气稳定性

石油沥青的大气稳定性(耐久性)是指石油沥青在很多不利因素(如阳光、热、空气等)的综合作用下,性能稳定的程度。石油沥青在储运、加热、使用过程中,易发生一系列的物理化学变化,如脱氢、缩合、氧化等,使沥青变硬变脆。这一过程,实际上是沥青从中低分子组分向高分子组分转变,且树脂转变为地沥青质的速度比油分转变为树脂的速度快得多,即油分和树脂含量减少,而地沥青质含量增加。因此,沥青的塑性降低,黏性增大,逐步变得硬脆、开裂。这种现象称为沥青的“老化”。

石油沥青的大气稳定性(抗老化性),用“蒸发损失率”和“针入度比”表示。蒸发损失率是将沥青试样加热至160 ℃,恒温 5 h测得的蒸发前后的质量损失率。针入度比为上述条件下蒸发后与蒸发前针入度的比值。蒸发损失率越小,针入度比越大,则大气稳定性越好。

5. 黏附性

黏附性是指沥青与其他物质(如骨料等)之间的黏附能力。沥青在混合料中以薄膜形式裹覆骨料表面,将松散骨料黏结为整体。沥青黏附性越强,沥青裹覆骨料后的抗水性(即抗剥离性)越强。黏附性与黏结性不同,黏结性是指沥青本身内部的黏结能力,当然二者之间是有一定关系的,黏结性大的沥青对同一骨料的黏附性也应该大一些。

6. 脆性

脆性是指沥青在低温条件下,受到瞬间荷载作用时,表现脆性破坏的程度。沥青脆性越小,低温抗开裂性能越好。该性质常用弗拉斯脆点(℃)表征。但是,许多沥青含石蜡多,虽然弗拉斯脆点低,但冬季开裂严重。因此说明,弗拉斯脆点不能表征含石蜡多的沥青低温性能。

7. 其他性质

石油沥青的闪点是指沥青加热至挥发的可燃气体遇火时着火的最低温度;燃点则是若继续加热,一经引火,燃烧就能继续下去的最低温度。因此,在熬制沥青时的加热温度不应超过闪点。

石油沥青具有良好的耐蚀性,对多数酸碱盐都具有耐蚀能力。但是,它可溶解于多数有机溶剂中,如汽油、苯、丙酮等,使用时应注意。

8.2.2 石油沥青的标准及选用

1. 石油沥青的标准

建筑工程中使用的石油沥青有建筑石油沥青、道路石油沥青、防水防潮石油沥青、普通石油沥青等四种。

建筑石油沥青、道路石油沥青、普通石油沥青的牌号主要根据针入度、延度、软化点等划分,并用针入度值表示。各牌号沥青的技术要求须满足表 8.4 的规定。同种石油沥青中,牌号越大,针入度越大(黏性越小),延度越大(塑性越大),软化点越低(温度敏感性越大),使用寿命越长。

表 8.4 石油沥青的技术标准

项目		质量指标		
		10 号	30 号	40 号
针入度(25 ℃,100 g,5 s)/(1/10 mm)		10 ~ 25	26 ~ 35	36 ~ 50
针入度(46 ℃,100 g,5 s)/(1/10 mm)		报告①	报告①	报告①
针入度(0 ℃,100 g,5 s)/(1/10 mm)	不小于	3	6	6
延度(25 ℃,5 cm · min^{-1})/cm	不小于	1.5	2.5	3.5
软化点(环球法)/℃	不低于	95	75	60
溶解度(三氯乙烯)/%	不小于	99.0		
蒸发后质量变化(163 ℃,5 h)/%	不大于	1		
蒸发后 25 ℃ 针入度比②/%	不小于	65		
闪点(开口杯法)/ ℃	不低于	260		

注:① 报告应为实测值。

② 测定蒸发损失后样品的 25 ℃ 针入度与原 25 ℃ 针入度之比乘以 100 后所得的百分比,称为蒸发后针入度比。

防水防潮石油沥青的牌号主要根据针入度指数(表示沥青的温度特性,即感温性)、针入度、软化点、脆点等划分牌号,并用针入度指数值来表示。牌号越大,则针入度指数越大,温度敏感性越小,脆点越低,应用温度范围越宽,使用寿命越长。这种沥青的软化点比 30 号建筑石油沥青高 15 ~ 30 ℃,而其他性能与 30 号建筑石油沥青基本相同,故质量优于建筑石油沥青。

2. 石油沥青的选用

石油沥青牌号应根据工程性质与要求（房屋、防腐、道路）、使用部位、环境条件等条件进行选用。在满足使用条件的前提下，应选用牌号较大的石油沥青，以保证使用寿命较长。

土木工程中，特别是屋面防水工程，应防止沥青因软化而流淌。由于夏日太阳直射，屋面沥青防水层的温度高于环境气温 25 ～ 30 ℃。为避免夏季流淌，所选沥青的软化点应高于屋面温度 20 ～ 25 ℃，并适当考虑屋面的坡度。

建筑石油沥青的黏性较大、温度敏感性较小、塑性较小，主要用于生产或配制屋面与地下防水、防腐蚀等工程用的各种沥青防水材料（油毡、玛蹄脂等）。对不受较高温度作用的部位，宜选用牌号较大的沥青。根据要求可选用 10 号或 30 号，或将 10 号与 30 号、60 号掺配使用。严寒地区屋面工程不宜单独使用 10 号沥青。

防水防潮石油沥青的温度稳定性较高，特别适合用作油毡的涂覆材料及屋面与地下防水的黏结材料。3 号沥青适用于一般温度下的室内及地下工程防水；4 号沥青适用于一般地区可行走的缓坡屋面防水；5 号沥青适用于一般地区暴露屋顶及气温较高地区的屋面防水；6 号沥青适用于一般地区，特别适用于寒冷地区的屋面及其他防水工程。

道路石油沥青多用于配制沥青砂浆、沥青混凝土等，用于道路路面、车间地面等工程中，有时使用 60 号沥青与其他建筑石油沥青掺配使用。

普通石油沥青的石蜡含量较多（一般均大于 5%），因而温度敏感性大，建筑工程中不宜单独使用，只能与其他种类石油沥青掺配使用。

8.3　煤沥青

8.3.1　煤焦油

煤焦油是生产煤沥青的原料，是生产煤气和焦炭的副产品。由烟煤在干馏过程中的挥发物质经冷凝而成的黑色黏性流体称为煤焦油。按照工艺过程分为焦炭焦油和煤气焦油；按照干馏温度不同，分为高温煤焦油（700 ℃ 以上）和低温煤焦油（450 ～ 700 ℃）。高温煤焦油含碳较多，密度较大，含有多量的芳香族碳氢化合物，技术性质较好；低温煤焦油则与之相反，技术性质较差，工程上多用高温煤焦油生产煤沥青和建筑防水材料。

8.3.2　煤沥青

将煤焦油进行再蒸馏，蒸去水分和全部轻油及部分中油、重油和蒽油、萘油后所得的残渣即为煤沥青。煤沥青根据蒸馏程度不同分为低温沥青、中温沥青和高温沥青三种。建筑和道路工程中使用的煤沥青多为黏稠或半固体的低温沥青。

1.煤沥青的化学组分和结构

煤沥青也是一种复杂高分子碳氢化合物及其非金属衍生物的混合物。其主要组分如下：

① 游离碳是高分子有机化合物的固态碳质微粒，不溶于任何有机溶剂，加热不熔化，只在高温下才分解。游离碳能提高煤沥青的黏度和热稳定性，随着游离碳的增多，沥青的低温脆性也随之增加，其作用相当于石油沥青中的沥青质。

② 树脂属于环心含氧的环状碳氢化合物。树脂有固态树脂和可溶性树脂之分。固态树脂（也称硬树脂）为固态晶体结构，类似石油沥青中的沥青质，它能增加煤沥青的黏滞度。可溶性树脂对煤沥青的塑性有利。

③ 油分为液态，由未饱和的芳香族碳氢化合物所组成，类似于石油沥青中的油分，能提高煤沥青的流动性。

此外，煤沥青油分中还含有萘油、蒽油和酚等。萘油影响煤沥青的低温变形能力，酚为苯环中含羟基的物质，呈酸性，有微毒，能溶于水，防腐杀菌力强。但酚易与碱起反应而生成易溶于水的酚盐，降低沥青产品的水稳定性，故其含量不宜太多。

煤沥青具有复杂的分散系胶体结构，其中自由碳和固态树脂为分散相，油分是分散介质。可溶性树脂溶解于油分中，被吸附于固态分散微粒表面。

2.煤沥青技术性质的特点

与石油沥青相比，由于产源、组分和结构的不同，煤沥青的技术性质有如下特点：

① 密度大（$1.1 \sim 1.26\ g/cm^3$）。

② 温度稳定性差。煤沥青的自由碳颗粒较沥青质粗，且树脂的可溶性较高，受热时由固态或半固态转变为黏流态（或液态）的温度间隔窄，故夏天易软化流淌，冬天易脆裂。

③ 塑性较差。煤沥青中含有较多的游离碳，故塑性较差，使用中易因变形而开裂。

④ 大气稳定性较差。煤沥青中含挥发性成分和化学稳定性差的成分（如未饱和的芳香烃化合物）较多，它们在热、阳光、氧气等因素的长期综合作用下，将发生聚合、氧化等反应，使煤沥青的组分发生变化，从而黏度增加，塑性降低，加速老化。

⑤ 与矿质材料的黏附性好。煤沥青中含有较多的酸、碱性物质，这些物质均属于表面活性物质，所以煤沥青的表面活性较石油沥青的高，故与酸、碱性石料的黏附性较好。

⑥ 防腐力较强。煤沥青中含有蒽、萘、酚等有毒成分，并有一定臭味，故防腐能力较好，多用作木材的防腐处理。但蒽油的蒸气和微粒可引起各种器官的炎症，在阳光作用下危害更大，因此施工时应特别注意防护。

3.煤沥青的用途

煤沥青主要适用于地下防水和防腐蚀工程，经改性处理后的煤沥青可用于屋面防水工程。煤沥青与石油沥青及其制品不能混用或直接接触，以免相互作用造成失去胶凝性能，降低防水效果。

8.4　改性沥青及再生沥青

8.4.1　改性沥青

应用于工程上的沥青须具备较好的综合性质，以满足使用要求。如在低温条件下，具有一定的弹性和塑性；而在高温条件下，应具有足够的强度和热稳定性以及在使用条件下的抗老化能力，还应与各种矿物质材料具有良好的黏结性。由于沥青本身不能完全满足这些要求，因此需要对沥青进行改性，以达到使用要求。

所谓改性沥青，也包括改性沥青混合料，是指掺加树脂、橡胶或者其他材料等外掺剂（改性剂），使沥青或沥青混合料的性能得以改善的沥青结合料。目前石油沥青的改性途径大致可分为两类：一类是工艺改性，即从改进工艺着手改进沥青性能；另一类是材料改性，即掺入高聚物等改进其性能。

1. 工艺改性

工艺改性主要是氧化工艺，给熔融沥青吹入少量氧气可产生新的氧化和聚合作用，使其聚合成更大的分子。在氧化时，这种反应将进行多次，从而形成越来越大的分子，分子变大，则沥青的黏性得到提高，温度稳定性得到改善。

2. 材料改性

材料改性主要是在沥青中掺入树脂、橡胶、矿物填充料作为改性剂以进行改性，所得沥青混合物分别称为树脂沥青、橡胶沥青、矿物填充料改性沥青。

(1) 改性剂的种类。

① 热塑性树脂类。热塑性树脂类即塑性体改性树脂，代表树脂为无规聚丙烯(APP)，APP 常温下为白色橡胶状物质，无明显的熔点。因此，生产改性制品时将其加入熔化沥青中，经强烈搅拌均化而成。由于 APP 具有一些良好性能，因此，掺入沥青中也使沥青获得软化点提高，从而降低了温度感应性。同时，其化学稳定性、耐水性、耐冲击性、低温柔性及抗老化能力等性能大大提高。主要用于制备沥青防水卷材。

② 热塑性橡胶类。热塑性橡胶类即弹性体改性树脂，主要是苯乙烯类嵌段共聚物，由于它兼具橡胶和树脂两类改性沥青的结构与性质，故也称为橡胶树脂类。代表树脂为苯乙烯－丁二烯－苯乙烯共聚物(SBS)，热塑性弹性体对沥青结合料的温度稳定性、形变模量、低温弹性和塑性变形能力都有很好的改善，SBS 改性的沥青具有热不黏、冷不脆，塑性好、抗老化及稳定性高等优良性能，是目前用于沥青改性中使用量极大，也是比较成功的一种高分子改性剂。主要用于防水卷材，也可应用于密封材料。

③ 橡胶类。橡胶即聚合物弹性体，主要有天然橡胶、合成橡胶和再生橡胶三大类。丁苯橡胶(SBR) 是应用最广泛的改性剂之一，通常用于沥青改性的多采用苯乙烯含量为 30% 的丁苯橡胶。SBR 能显著提高沥青的低温变形能力，改善沥青的感温性和黏弹性。

④ 橡胶树脂类。同时掺入橡胶和树脂两种改性材料，可使沥青同时具有橡胶和树脂

的特性，取得比只掺某一种改性材料更好的改性效果。

⑤ 矿物填料类。矿物填料类改性剂有炭黑、硫黄、石灰等。矿物填料在沥青中起填充增强改性作用。

⑥ 无机纳米粒子。无机纳米粒子与作为有机物的沥青材料互补性较强，可以较大地改善沥青的高、低温性能，近年来已逐渐成为纳米改性沥青研究的热点。

(2) 改性剂的选择。

改性剂对沥青性能的改善程度取决于多方面的因素，为使改性沥青在工程应用中发挥较好的作用，达到满意的改性效果，选择合适的改性剂是关键。改性剂的选择应从以下几个方面来考虑：

① 相容性。相容性是聚合物改性沥青的一个必要条件。聚合物要对改性沥青有效发挥作用，则本身必须填充到沥青分子中，无论是以颗粒形式还是以网络形式存在，改性沥青必须保持两相的稳定，包括储存、运输及施工过程中的稳定，否则会产生相的分离，使改性效果不明显。

② 有效性。选择改性剂时希望加入尽可能少的改性剂以得到尽可能大的改性效果，各类改性剂对沥青及沥青混合料的性能改善目的有所不同，针对沥青混合料在使用环境下的不同要求，选择改性剂应能最大限度发挥其改性效果。

③ 耐久性。为了使聚合物改性沥青能够在长期使用下保持良好性能，应保证聚合物在使用期间物理力学性能保持稳定。而且还要求聚合物具有一定的抗氧化性及对光和热的稳定性。

(3) 影响沥青改性效果的因素。

① 改性剂。不同种类的改性剂有不同的改性效果，同一类改性剂也会由于剂量、粒子大小等因素不同产生不同的改性效果。剂量是影响改性效果的重要因素，随着剂量的增加，软化点呈增大趋势。当改性剂含量很小，且沥青具有高的芳香度时，聚合物类改性剂是可溶的，聚合物沥青体系呈单相体系，聚合物对软化点影响很小。随着聚合物剂量继续增大，特别是对于橡胶类改性剂，则形成相互贯通的网络，表现为两个连续相，此时沥青的软化点随着聚合物掺量增加很快增大。

② 沥青。沥青影响其改性效果会通过其与改性剂的相容性而体现出来，与改性剂具有良好相容性的沥青改性效果好。沥青质含量过多对相容性有不利的影响，而为了保证相容性，饱和分和芳香分应占有一定的比例。沥青的黏度不仅影响沥青与改性剂的相容性，而且影响改性沥青的性质。随着基质沥青针入度的减小，其相容性降低，网状结构形成所需聚合物量增加，搅拌时间延长，温度敏感性也会增强，所以改性沥青宜采用高标号的基质沥青。另外，高标号沥青修筑的沥青路面，低温柔性好，不易产生温度裂缝，即使产生也会在较高的温度下弥合。

③ 工艺。聚合物改性过程中采用何种工艺应根据聚合物类型、技术要求、设备情况的不同而确定。而生产工艺过程中的机械、温度、时间是决定生产效率及改性效果的三个关键因素。

8.4.2 再生沥青

1. 沥青再生技术及其发展和意义

沥青路面再生利用技术，是将需要翻修或者废弃的旧沥青路面，经过翻挖、回收、破碎、筛分，再和新骨料、新沥青材料、再生剂等适当配合，重新拌和，形成具有一定路用性能的再生沥青混合料，用于铺筑路面面层或基层的整套工艺技术。沥青路面的再生利用，能够节约大量的沥青和砂石材料，节省工程投资，同时有利于处置废料，节约能源，保护环境，因而具有显著的经济效益和社会、环境效益。

(1) 沥青老化程度的评定。

从物理性质的角度来说，目前对旧沥青的品质进行评价时，国内外还是普遍使用黏度(或针入度)、延度、软化点三大指标。老化后的沥青表现为黏度增大、针入度下降、软化点上升、延度减小。一般来说这种表现越明显，沥青的老化程度就越深。但是迄今为止，国内外还未见有对沥青老化进行具体量化评定的报道，一般还是凭经验来判断。

从化学组分的角度来说，三组分法、四组分法等无论何种组分分析，老化沥青与常规沥青材料相比在化学组分上都有明显的变化，其表现为油分减少，胶质和沥青质增加，芳香分减少。

(2) 沥青混凝土老化作用机理。

沥青路面使用过程中，沥青会发生老化现象，这是由于在各种因素作用下，路面材料将发生复杂的结构变化和化学变化。空气中的氧、温度、水和矿料的表面状态等都会对薄沥青膜层产生影响。这种情况下，沥青混凝土的老化速度与它的剩余孔隙率有关。研究认为，沥青表面油分挥发、沥青发生缩聚反应、沥青的聚合作用、沥青的胶质结构胶凝收缩、大气因素、沥青对矿料颗粒表面的吸附力、内部的磨损、沥青混凝土内部存在多余的孔隙、水、沥青混凝土的结构和矿料组分的强度特性将使沥青的组分和性质发生变化。

随着沥青的老化，沥青的内聚力、黏附性和塑性下降，沥青混凝土的形变能力也下降，导致路面在低温下发生破坏。

2. 沥青再生机理与方法

根据再生方式和拌和地点不同，可将沥青再生分为现场冷再生、现场热再生、工厂热再生三种再生模式。具体使用何种再生方式，应根据旧路面的实际情况、新路面应达到的要求以及实际的施工能力等因素综合确定。

(1) 现场冷再生。

沥青路面现场冷再生是利用旧沥青路面材料以及部分基层材料进行现场破碎加工，并根据新拌混合料的级配需要加入一定的新骨料，同时加入一定剂量的添加剂和适量的水，根据基层材料的试验方法确定出最佳的添加剂用量和含水量，从而得到混合料现场配合比，在自然的环境温度下连续完成材料的铣刨、破碎、添加、拌和、摊铺以及压实成型，重新形成结构层的一种工艺过程。

(2) 现场热再生。

现场热再生是采用特殊的加热装置在短时间内将沥青路面加热至施工温度，然后利用一定的工具将面层铣刨一定深度，再根据混合料的性能要求掺配新骨料、再生剂、新沥青等材料，充分搅拌后进行摊铺碾压成型的一整套工艺流程。

(3) 工厂热再生。

工厂热再生是将旧路面翻松，就地打碎后运到再生处理厂或运到厂内再打碎，利用一种可以添加旧沥青混合料的沥青混凝土搅拌设备，根据路面不同层次的质量要求，进行配合比设计，确定旧混合料的添加比例，并加入新骨料、稳定处理材料或再生剂等，得到满足路面性能要求的新的沥青混合料。

3. 沥青再生剂

用以改善结合料的物理化学性质而添加于沥青之中的材料，或具有能改善已老化的沥青物理性能的碳氢化合物称为再生剂。再生沥青路面混合料的生产过程中使用再生剂的目的是恢复再生沥青的性质，使混合料在施工中和施工后具有适宜的黏度。从耐久性角度考虑，恢复再生沥青材料应有的化学性能。其用以提供混合料所需的结合料。

8.5 沥青及改性沥青的工程应用

防水工程中，除直接使用沥青或改性沥青外，更多的是使用以它们为主生成或制成的防水制品。部分沥青制品需在加热熔化或软化后施工，称为热施工，但大多数沥青制品可在常温下直接施工，称为冷施工。后者使用方便，已得到广泛的应用。

8.5.1 乳化沥青

1. 乳化沥青的定义

乳化沥青是将黏稠沥青加热至流动态，再经高速离心、搅拌及剪切等机械作用，而形成细小微粒(粒径为 2 ～ 5 μm)，沥青以细小的微滴状态分散于含有乳化剂的水溶液中，形成水包油状的沥青乳液，由于乳化剂、稳定剂的作用而形成均匀稳定的分散系。这种乳状液在常温下呈液状。乳液包括油包水型和水包油型两种。当连续相为水、不连续相为油时，即为水包油型，反之为油包水型。

2. 乳化沥青的特点

乳化沥青具有无毒、无臭、不燃、干燥快、黏结力强等特点，特别是它在潮湿基层上使用，常温下作业，不需要加热，不污染环境，同时避免了操作人员受沥青挥发物的危害，并且加快了施工速度。在建筑防水工程中采用乳化沥青黏结防水卷材做防水层，造价低、用量省，既可减轻防水层质量，又有利于防水构造的改革。

现在乳化沥青筑养路技术已被越来越多的施工人员所掌握，乳化沥青应用量越来越大，应用范围越来越广。实践证明，用乳化沥青筑养路可以提高道路质量、扩大沥青使用范围、可常温施工节约能源、施工便利、节省材料、延长施工季节、减少环境污染，改善施工条件和保障施工人员健康等优点。

3. 改性乳化沥青

改性乳化沥青目前主要有 SBS 改性乳化沥青和 SBR 改性乳化沥青，也有其他聚合物改性乳化沥青。一般 SBS 改性乳化沥青要用改性沥青做，SBS 含量一般为沥青的 3%，乳化方法跟普通乳化基本相同，但是，改性沥青的温度一般要加热到 180 ℃ 左右，SBR 改性乳化沥青一般是向皂液或者是乳化沥青中添加胶乳，对温度没有特殊要求。

4. 乳化沥青的应用

(1) 乳化沥青的应用。

乳化沥青在道路工程中应用很广，既可用于沥青表面处理，沥青贯入式、沥青碎石、沥青混凝土等路面结构及冷拌沥青混合料路面的裂缝修补，也可用作透层油、黏层油、封层油、稀浆封层等，还可用于旧沥青路面材料的冷再生及砂石路面的防尘处理。

(2) 改性乳化沥青的应用。

目前应用较多的是用作黏层油及下封层的喷洒型改性乳化沥青，以及微表处用的拌和型改性乳化沥青。

(3) 乳化沥青稀浆封层。

稀浆封层是由连续级配骨料、填料、乳化沥青、水拌匀后摊铺在路面上的一层封层，主要有防水、防滑、耐磨耗、填充等作用。

乳化沥青稀浆混合料中有较多的水分，拌和后呈稀浆状态，具有良好的流动性。这种稀浆有填充和调平作用，对路面上的细小裂缝和路面松散脱落造成的路面不平，可用稀浆封闭裂缝和填平浅坑来改善。

乳化沥青稀浆封层施工技术在我国还是一项新技术，在目前主要用于旧沥青路面的维修养护、新铺沥青路面的封层、在砂石路面上铺磨耗层、水泥混凝土路面和桥面的维修养护等。

(4) 聚合物改性乳化沥青稀浆封层。

微表处的应用具有施工速度快、提高路面的防滑能力、增加路面色彩对比度、改善路面性能、延长路面使用寿命、成型快、工期短、施工季节长、可夜间作业的优点，尤其适于交通繁忙的公路、街道和机场道路、常温条件下作业，降低能耗，不释放有毒物质，符合环保要求，在面层不发生塑性变形的条件下，可修复深达 38 mm 的车辙而无须碾压。

8.5.2　SBS 改性沥青

SBS 改性沥青在高等级公路、城市干道和机场跑道等的应用，显著提高了路面的使用性能，延长了路面使用寿命，大大降低了养护费用，收到了良好的社会与经济效益。在温差较大的地区有很好的耐高温、抗低温能力。SBS 改性沥青具有较好的抗车辙能力，其弹性和韧性提高了路面的抗疲劳能力，特别是在大流量、重载严重的公路上具有良好的应变能力，可减少路面的永久变形。其黏结能力特别强，能明显改善路面遇水后的抗拉能力，并极大地改善沥青的水稳定性。其提高了路面的抗滑能力，增强了路面的承载能力，可减少路面因紫外线辐射而导致的沥青老化现象，能减少因车辆渗漏柴油、机油和汽油而造成的破坏。

1. 改性沥青的相容性与热储存稳定性

改性沥青是由高分子聚合物改性剂作为分散相，用物理的方法以一定的粒径均匀地分散到沥青连续相中而构成的体系。聚合物与沥青相之间仅仅存在部分吸附、相容，而并非完全熔融。这种体系属于热力学不稳定体系，极易发生两相之间的分离，造成离析现象。

相容性好是指作为分散相的SBS聚合物能以一定的粒径，均匀地分布在沥青相中，改性效果显著。沥青与SBS之间相容性不好，现场加工的改性沥青成品一旦外力停止作用，SBS就会从沥青中分离上浮，在表面凝聚，形成较大颗粒的粗糙表皮。同时发现，相同剂量、相同标号的SBS改性剂掺到不同的基质沥青中会有不同的改性效果，说明SBS与沥青之间存在匹配问题。

沥青中含有较多的极性化合物，SBS则属非极性化合物，并且SBS的黏度大，易聚集在上部，而沥青则沉在下部，即产生分离现象。这种不稳定性对工厂规模生产SBS改性沥青的存储是不利的，甚至使所做的所有工作重新归零，尤其在长途运输时更不容易解决。影响存储稳定性的因素是多方面的，外部因素有混合方法、混合时间、混合温度等，内部因素有沥青组分、SBS的结构、分子量、SBS的掺量及稳定剂的加入等。

在加了稳定剂后，发现改性沥青的聚合物的形态结构发生了变化。这说明稳定剂的加入降低了沥青相与SBS之间的界面能，也促进了SBS相的分散，并阻止了SBS相的凝聚，强化了相间的黏结。

2. SBS改性沥青的生产工艺

SBS改性沥青的加工过程一般包括改性剂的溶胀、磨细分散、发育三个阶段。每一阶段的加工温度和时间是关键因素，加工时间则视加工工艺及技术质量控制确定。因SBS与沥青之间存在相容性问题，容易在热储存条件下发生离析现象，所以可根据实际情况采用施工现场加工的办法来生产SBS改性沥青。

8.5.3 沥青胶与冷底子油

1. 沥青胶

沥青胶又称沥青玛蹄脂，它是在熔化的沥青中加入粉状或纤维状的填充料经均匀混合而成。粉状填充料有滑石粉、石灰石粉、白云石粉等，纤维状填充料有石棉屑、木纤维等。沥青胶的常用配合比为：沥青70%～90%，矿粉10%～30%。如采用的沥青黏性较低，矿粉可多掺一些。一般矿粉越多，沥青胶的耐热性越好，黏结力越大，但柔韧性降低，施工流动性也变差。

2. 冷底子油

冷底子油是用汽油、煤油、柴油、工业苯等有机溶剂与沥青材料溶合制得的沥青涂料。它的黏度小，能渗入到混凝土、砂浆、木材等材料的毛细孔隙中，待溶剂挥发后，便与基材牢固结合，使基面具有一定的憎水性，为黏结同类防水材料创造了有利条件。因它多在常温下用作防水工程的打底材料，故名冷底子油。冷底子油常随配随用，通常是采用 30% ~ 40% 的 30 号或 10 号石油沥青，与 60% ~ 70% 的有机溶剂配制而成。

8.5.4　沥青基防水涂料

除乳化沥青外，沥青基防水涂料还包括橡胶沥青防水涂料及水性沥青基薄质防水涂料。橡胶沥青防水涂料是以沥青为基料，加入改性材料橡胶和稀释剂及其他助剂等而制成的黏稠液体。以化学乳化剂配制的乳化沥青为基料，掺入氯丁胶乳或再生橡胶等形成的防水涂料，称为水性沥青基薄质防水涂料。

8.5.5　建筑防水沥青嵌缝油膏

建筑防水沥青嵌缝油膏是以石油沥青为基料，再加入改性材料废橡胶粉和硫化鱼油、稀释剂（松焦油、松节重油和机油）及填充料（石棉纺和滑石粉）等，经混拌制成的膏状物，为最早使用的冷用嵌缝材料。沥青嵌缝油膏的主要特点是炎夏不易流淌，寒冬不易脆裂，黏结力较强，延伸性、塑性和耐候性均较好，因此广泛用于一般屋面板和墙板的接缝处，也可用作各种构筑物的伸缩缝、沉降缝等的嵌填密封材料。

8.6　沥青及其应用的生态化发展

8.6.1　新型改性沥青和改性剂的应用

实践表明，可以通过改性沥青的应用（如乳化沥青）来实现温拌的目的，从而达到节约能源、减少排放且延长施工窗口、改善施工条件的目的。然而，普通乳化沥青还不能很好地满足路用性能的要求，因此改性乳化沥青应运而生，能适应更为广泛的地区，还能用于预防性养护。由于它们具有常温施工、节能环保的性质，符合国家大力支持的节能减排政策，对于建设未来节能环保型沥青路面具有非常重要的作用。

为实现沥青混合料温拌或冷拌的目的，除了使用乳化沥青以外，还可以通过添加改性剂来达到相似的效果。新型改性沥青和改性剂的应用均能达到降低拌和、摊铺温度，从而实现节能、减排的目的。因此，这是未来节能环保型沥青路面发展的重要途径之一。

8.6.2　发展生态环保沥青路面

为了使沥青路面最大限度地实现资源节约、环境友好，需要发展生态环保型沥青路面。只有在道路的设计、建设、养护过程中坚持环保理念，才能促使道路工程乃至整个行业向着生态环保化方向发展。

1. 排水降噪沥青路面

排水降噪沥青路面优良的排水性能，降低了路面的水膜厚度，减少了水雾及雨后眩光等的产生，大大提高了行车安全性。其不仅能降低行车噪声，减小对周围环境的影响，同时还能减少车辆在行驶过程中消耗的燃料，而且乘客的舒适性也大为提高。

2. 多孔沥青路面

多孔沥青路面是通过特殊的、具有多孔性质的沥青制备而成的沥青混合料所铺筑的路面。在高温时，可以延缓路表以下的混合料温度升高的速度，从而减少车辙的产生；在低温时，由于其导热系数比较低，因此在环境温度骤降的情况下，路面内部温度所受影响并不明显，从而可以减少低温开裂的发生。由于多孔介质材料的存在，因此沥青混合料具有较强的应力松弛作用，提高了混合料的抗疲劳性能，同时，在一定程度上具有降噪的作用。

3. 长寿命沥青路面

永久性路面、长寿命路面，初期的投资较大，但由于整个使用寿命期内不需要进行结构性维修，养护维修费用很低，行车延误也大大减少，从整个使用周期来看，较为经济。随着长寿命路面技术的不断成熟，其减少大量维修费用、对环境的重复破坏最低化等优势将会越来越明显。因此，长寿命路面是将来生态环保型沥青路面发展的主流趋势之一。

4. 沥青路面再生技术

沥青路面的再生技术，可以重复利用原有的沥青混合料，从而节省骨料和沥青的用量。采用沥青路面再生技术，可以充分利用旧料再生，得到质量较好的再生混合料，具有可观的经济效益和社会效益。

8.7 沥青混合料

8.7.1 沥青混合料概述

1. 沥青混合料的定义

沥青混合料是由矿料与沥青结合料拌和而成的混合料的总称。工程上最常用的沥青混合料有沥青混凝土混合料和沥青碎石混合料两类。

① 沥青混凝土混合料。沥青混凝土混合料是由适当比例的粗骨料、细骨料及填料组成的符合规定级配的矿料，与沥青结合料拌和而制成的符合技术标准的沥青混合料（以AC表示，采用圆孔筛时用LH表示）。

② 沥青碎石混合料。沥青碎石混合料是由适当比例的粗骨料、细骨料及填料（或不加填料）与沥青拌和的沥青混合料（以AM表示）。

2. 沥青混合料的分类

(1) 按混合料拌和与摊铺温度分类。

① 热拌热铺沥青混合料。通常将沥青加热至 150 ~ 170 ℃,矿质骨料加热至 160 ~ 180 ℃,在热态下拌和并摊铺、压实成型的混合料称为热拌热铺沥青混合料。由于在高温下拌和,沥青与矿质骨料能形成良好的黏结,具有较高的强度。一般高等级公路和城市干道多采用这种混合料。

② 冷拌冷铺沥青混合料。采用乳化沥青、稀释回配沥青或低黏度的液体沥青,在常温下与骨料直接拌和且摊铺、碾压成型的沥青混合料,称为冷拌冷铺沥青混合料。由于冷态下拌和摊铺,沥青与骨料裹覆性差、黏结不良,路面成型慢、强度低,一般只适用于低等级交通道路,或路面局部修补。

③ 热拌冷铺沥青混合料。热拌冷铺沥青混合料是用黏度较低的沥青与骨料在热态下拌和成混合料,在常温下储存,使用时在常温下直接在路面上摊铺、压实,一般作为沥青路面的养护材料。

(2) 按骨料的公称最大粒径分类。

按照公称最大粒径分类,可将混合料分为特粗粒式、粗粒式、中粒式、细粒式和砂粒式等几类。

(3) 按矿料级配类型分类。

① 连续密级配沥青混凝土混合料。该类沥青混合料主要特点是级配采用连续密级配,空隙率比较低,主要有密级配沥青混凝土混合料和密级配沥青稳定碎石混合料。

② 连续半开级配沥青混合料。该混合料的主要特点是空隙率较大,一般为 6% ~ 12%,粗细骨料的含量相对密级配的要多,填料较少或不加填料。主要代表混合料是沥青碎石混合料。

③ 开级配沥青混合料。开级配沥青混合料的主要特点是矿料级配主要由粗骨料组成,细骨料和填料较少,沥青结合料黏度要求较高,所以通常采用优质的改性沥青材料。主要代表混合料是用于表面层的排水式沥青磨耗层混合料和用于基层的排水式沥青稳定碎石基层混合料。

④ 间断级配沥青混合料。间断级配沥青混合料的特点是矿料级配组成中缺少一个或几个档次而形成的所谓的间断级配,形成"三多一少"的结构,即粗骨料和填料含量较多,沥青用量多,中间骨料含量较少。最具代表性的混合料是沥青玛蹄脂碎石混合料。这些混合料各有其特点,在选择沥青混合料的类型时,必须根据其功能特点,选择适宜的混合料类型。

8.7.2　沥青混合料的主要类型和性质

1. 沥青混凝土混合料

经过加热的骨料、填料和沥青,按适当的配合比所拌和成的均匀混合物为沥青混凝土混合料,经压实后为沥青混凝土混合料。

(1) 沥青混凝土混合料分类。

沥青混凝土混合料按所用结合料不同,可分为石油沥青混凝土混合料和煤沥青混凝土混合料两大类。按所用骨料品种不同,可分为碎石的、砾石的、砂质的、矿渣的四类,以碎石的最为普遍。按混合料最大颗粒尺寸不同,可分为粗粒、中粒、细粒、砂粒等。按混合料的密实程度不同,可分为密级配、半开级配和开级配等,开级配混合料也称沥青碎石。其中热拌热铺的密级配碎石混合料经久耐用、强度高、整体性好,是修筑高级沥青路面的代表性材料,应用得最广。

(2) 配料情况。

沥青混凝土混合料的强度主要表现在两个方面:一方面是沥青与矿粉形成的胶结料的黏结力;另一方面是骨料颗粒间的内摩阻力和锁结力。矿粉细颗粒(大多小于 0.075 mm)的巨大表面积使沥青材料形成薄膜,从而提高了沥青材料的黏结强度和温度稳定性。选择沥青混凝土混合料矿料级配时要兼顾两者,以达到加入适量沥青后混合料能形成密实、稳定、粗糙度适宜、经久耐用的路面的目的。配合矿料有多种方法,可以用公式计算,也可以凭经验规定级配范围。沥青混凝土混合料中的沥青适宜用量,应以实验室试验结果和工地实用情况来确定。

(3) 制备工艺。

在制备工艺上,过去多采用先将砂石料烘干加热后,再与热沥青和冷的矿粉拌和的方法。近年来,又发展一种先用热沥青拌好湿骨料,然后再加热拌匀的方法,以避免骨料在加热和烘干时飞灰。采用后一种工艺时,要防止残留在混合料中的水分影响沥青混凝土混合料使用寿命,最好能同时采用沥青抗剥落剂,以增强抗水能力。

(4) 连续密级配的沥青混凝土混合料。

连续密级配的沥青混凝土混合料是我国沥青混凝土混合料中的主要类型。沥青混凝土混合料具有较高的强度和密实度,但它们在常温或高温下具有一定的塑性。沥青混凝土混合料的高密实度使得它水稳定性好,具有较强的抗自然侵蚀能力,故寿命长、耐久性好,适合作为现代高速公路的柔性面层。

2. 大粒径沥青碎石混合料

大粒径透水性沥青混合料是指混合料最大公称粒径大于 26.5 mm,具有一定空隙率,能够将水分自由排出路面结构的沥青混合料,LSPM 通常用作路面结构中的基层。级配良好的 LSPM 可以抵抗较大的塑性和剪切变形,承受重载交通的作用,具有较好的抗车辙能力,提高了沥青路面的高温稳定性。

3. 沥青玛蹄脂碎石混合料

沥青玛蹄脂碎石混合料,是一种由沥青结合料、矿粉、纤维与少量的细骨料组成的沥青玛蹄脂结合物填充在间级配的粗骨料骨架间隙所形成的沥青混合料,属于骨架密实结构。沥青玛蹄脂碎石混合料基本结构是具有强度的沥青玛蹄脂胶浆填充粗骨料形成的石一石嵌挤结构的空隙中。

8.7.3　沥青混合料的材料组成

沥青混合料是由沥青、骨料、填料以及少量添加材料组成的复合材料。在沥青混合料中,沥青作为连续相主要起固结作用,通常称之为沥青结合料。它的用量虽然较少,却是沥青混合料发挥良好性能的保障,因此沥青材料的性能和质量好坏至关重要。骨料按照粒径大小可以分为粗骨料和细骨料,主要由各种石料如石灰石、花岗石等粉碎而成,在沥青混合料中起骨架作用,赋予沥青混合料强度和摩擦性能等,是沥青混合料发挥良好性能的基础。填料主要指矿粉和生石灰粉等,在沥青混合料中主要起填充作用。在沥青混合料中,需要同时用到粗骨料、细骨料和填料以形成良好的级配,因此首先需要进行沥青混合料矿料组成的配合比设计,然后再与沥青配合,形成沥青混合料配合比设计,满足沥青混合料的各项优良路用性能。为了提高沥青混合料的性能,有时要加入一些添加材料,如木质纤维、环氧树脂、水泥、粉煤灰等。

1. 石料的种类

用于拌制沥青混合料的骨料主要由天然岩石破碎而成,因此石料是公路建设的基础材料之一。天然岩石按其形成条件可分为火成岩(岩浆岩)、沉积岩和变质岩。

2. 沥青混合料用粗骨料

骨料是岩石经人工破碎,成为粒径大小不等的碎石材料,也称为轧制骨料。天然形成的沙砾料,也是一种骨料。骨料按其粒径大小分为粗骨料和细骨料,粒径大于 2.36 mm 的骨料为粗骨料,小于 2.36 mm 为细骨料。

(1) 沥青混合料用粗骨料的基本要求。

工程上应尽可能选用洁净、不含杂质且无风化,干燥、表面粗糙,形状接近立方体且富有棱角的粗骨料,且按照骨料配比计算的质量指标应符合要求。

(2) 沥青混合料用粗骨料的规格要求和技术性质。

① 各结构层面对沥青混合料用粗骨料的要求。在路面中粗骨料起着支承荷载的作用,在选择粗骨料岩石的品种时,应分别对路面结构层次提出要求。如对于中、下面层,对石料的硬度、磨光值可不予强求,而适当放宽要求;但对于上面层,对石料的硬度、磨光值、沥青的黏附性等指标,则必须满足要求,有时可以高于规范的标准。

② 沥青混合料用粗骨料粒径规格要求。粗骨料应符合一定的级配要求,以便在沥青混合料生产时能保证骨料矿料级配始终符合设计要求而不致偏差过大。对于骨料粒径分布不均衡的碎石料,应进行过筛处理。

③ 沥青混合料用粗骨料黏附性、磨光值的技术要求。高速公路、一级公路沥青路面的表面层(或磨耗层)的粗骨料的磨光值、黏附性等应符合相关标准要求。当使用不符合要求的粗骨料时,宜掺加消石灰、水泥或用饱和石灰水处理后使用,必要时可同时在沥青中掺加耐热、耐水、长期性能好的抗剥落剂,也可采用改性沥青的措施,使沥青混合料的水稳定性检验达到要求。

3.沥青混合料用细骨料

沥青路面的细骨料包括天然砂、机制砂、石屑。细骨料必须由具有生产许可证的采石场、采砂场生产。细骨料应洁净、干燥、无风化、无杂质,并有适当的颗粒级配,其质量应有规定。

石屑是采石场破碎石料时通过4.75 mm或2.36 mm筛孔的筛下部分,它与机制砂有着本质不同,是石料加工破碎过程中表面剥落或撞下的边角,强度一般较低,且针片状含量较高,在沥青混合料的使用过程中还会进一步细化,其用量应有严格限制或最好不采用。

4.沥青混合料用填料

填料在沥青混合料中的作用非常重要,沥青混合料主要是依靠沥青与矿粉的交互作用形成高黏度的沥青胶浆,将粗、细骨料结合成一个整体。用于混合料的填料最好采用石灰岩或岩浆岩中的强基性岩石等憎水性石料经磨细得到的矿粉,生产矿粉的原石料中泥土杂质应清除。矿粉要求干燥、洁净,能自由地从石粉仓中流出。

5.沥青混合料用纤维稳定剂

在沥青混合料中掺加的纤维稳定剂宜选用木质素纤维、矿物纤维等。

6.沥青混合料用沥青

(1)沥青混合料用沥青的基本要求。

沥青结合料指的是在沥青混合料中起结合作用的沥青材料,可以是普通沥青、改性沥青、乳化沥青等。沥青标号的选择,应根据气候条件和沥青混合料类型、道路等级、交通性质、路面类型、施工方法以及当地使用经验等,经过技术论证后确定。乳化沥青、改性乳化沥青适用于沥青表面处理、沥青贯入式、冷拌沥青混合料等路面结构的裂缝修补及喷洒透层、黏层与封层等。液体石油沥青适用于透层、黏层及拌制冷拌沥青混合料。根据使用目的与场所,可选用快凝、中凝、慢凝的液体石油沥青。道路用煤沥青的标号根据气候条件、施工温度、使用目的选用。改性沥青可单独或复合采用高分子聚合物、天然沥青及其他改性材料制作。

在气温常年较高的地区,沥青路面热稳定性是设计必须考虑的主要方面,宜采用针入度较小、黏度较高的沥青,对于交通量较大的道路也同样如此。在冬季寒冷地区,宜采用稠度低、劲度较小的沥青。对于昼夜温差较大的地区还应考虑选择针入度指数较大、感温性较低的沥青。

对于重载交通、高速公路等渠化交通公路,山区及丘陵地区上坡路段,服务区、停车场等行车速度较慢的路段,为了提高沥青混合料的强度和承载力,应选用稠度大的沥青,即提高高温气候分区的温度水平来选择沥青。对于交通量小、公路等级低的路段可选用稠度略小的沥青。

(2) 沥青混合料用沥青的基本性质。

① 物理常数。

a. 密度。在规定温度条件下，单位体积的质量称为密度，单位为 kg/m^3 或 g/cm^3。

b. 相对密度。在规定温度下，沥青质量与同体积水质量之比。我国现行方法规定测定 25 ℃ 下的相对密度。沥青混合料配合比设计要求使用 25 ℃ 的相对密度。

② 黏滞性。反映沥青材料内部阻碍沥青粒子产生相对流动的能力，简称为黏性，以绝对黏度表示。沥青的黏度是沥青首要考虑的技术指标之一，沥青绝对黏度的测定方法精密度要求高，操作复杂，不适于作为工程试验。因此，工程中通常采用条件黏度反映沥青的黏性。

③ 延性。延性是沥青材料受到外力拉伸作用时，所能承受的塑性变形的总能力，以延度作为条件延性的表征指标。

④ 温度敏感性。温度敏感性可用软化点、针入度指数及脆点表征。

⑤ 耐久性。沥青材料在施工时需要加热，工程完成投入使用过程中又要长期经受大气、日照、降水、气温变化等自然因素的作用而影响耐久性。

沥青的老化是在上述因素的综合作用下产生不可逆的化学变化，而导致工程性能逐渐劣化的过程。其评价方法有蒸发损失试验和薄膜加热试验。

⑥ 安全性。沥青使用时必须加热，由于沥青在加热过程中挥发出的油会与周围的空气组成混合气体，遇到火焰会发生闪火，此时的温度称为闪点。若继续加热，挥发的油分饱和度增加，与空气组成的混合气体遇火极易燃烧，燃烧时的温度称为燃点。

安全性的评价指标为闪点，闪点和燃点是保证沥青安全加热和施工的一项重要指标。通常采用克利夫兰开口杯法(简称 COC 法) 测定。

8.7.4　沥青混合料的结构和特性

1. 沥青混合料的结构类型

(1) 组成结构理论。

沥青混合料是由沥青、粗骨料、细骨料和矿粉按照一定的比例拌和而成的一种复合材料。由于组成材料质量的差异和级配不同，可形成不同的组成结构，在不同温度及不同的受载方式下，表现出不同的力学特性。

(2) 组成结构类型。

沥青混合料按其强度构成原则的不同，可分为按嵌挤原则构成的结构和按密实级配原则构成的结构两大类。介于两者之间的还有一些半嵌挤(部分形成了嵌挤作用) 的结构，最理想的则是嵌挤而又紧密的结构，如沥青玛蹄脂碎石混合料结构。沥青混合料按其结构特点可分为：悬浮密实结构、骨架空隙结构、骨架密实结构。

2. 沥青混合料的强度理论

沥青混凝土路面产生破坏的主要原因，一是夏季高温时因抗剪强度不足或塑性变形过大而引起的高温变形；二是冬季低温时抗拉强度不足或应力松弛模量降低太慢而抵抗变形能力较差，引起温度开裂；三是车辆荷载的重复作用以及沥青性能的老化，引起结构性的疲劳开裂。抵抗低温变形能力主要取决于沥青胶浆的性质。因此，提高沥青路面高温抗剪切能力是减少路面永久破坏的关键。

3. 沥青混合料的破坏特性和强度特性

(1) 沥青混合料的破坏特性。

① 沥青混合料的破坏模式。对沥青混合料来说，在不同的温度域的破坏模式有很大的不同。在低温温度域，沥青路面的破坏主要是由于温度降低过快，沥青混合料收缩产生的应力来不及松弛而产生积聚，当收缩应力超过破坏强度或破坏应变、破坏劲度模量时而产生开裂。温缩裂缝也可以是反复降温的温度疲劳所致。在低温温度域，混合料的模量很高，既不会产生高温时常见的车辙流动变形，也不会由荷载作用产生导致混合料开裂的很大的拉应力。在常温温度域，沥青混合料的模量既不太高，又不太低，荷载反复作用造成的疲劳破坏成为沥青路面的主要破坏模式。

② 沥青混合料的破坏特性。在较低的温度区域内，沥青混合料具有明显的脆性破坏特征。在较高的温度区域内，沥青混合料的破坏具有明显的流动特征。由于材料通常不发生断裂，因此形式地把最大应力定为材料强度。沥青混合料的破坏模式由脆性向流动的过渡不是突变的，而是逐渐的。过渡区破坏模式被称为转移区破坏。

③ 应力累积。由于沥青混合料这类黏弹性材料的破坏强度是温度与加载速度的函数，因此沥青路面的破坏判据也变得比较复杂。其中一个是沥青路面的温度应力破坏，当累积的温度应力超过材料的破坏强度时，沥青路面产生开裂。

(2) 沥青混合料的强度特性。

① 剪切强度。由于沥青混合料，特别是在高温情况下，其力学性质较为复杂，常使抗剪强度理论的应用处于半理论、半经验的状态。加上高等级公路对沥青面层材料的高标准要求，因而对剪切强度验算的重视程度有所下降。

② 断裂强度。沥青混合料的断裂强度可由直接拉伸或间接拉伸(劈裂) 试验确定。沥青混合料的断裂强度是温度和加荷时间(或速率) 的函数，随着温度的下降与加荷速率的增大而提高。当温度继续下降时，强度还会略有下降，因拉伸强度与温度曲线存在一个峰值，其大小与加荷速率有关。

③ 临界应变。临界应变和强度一样是材料组成结构的特征值，并随温度和加荷时间而有规律地变化。进行弯曲试验时，沥青混合料的临界应变值因温度不同而在很大范围内变化。临界应变不仅在每一温度与加载条件下有足够灵敏度的变化，而且对应每一破坏现象都有一个典型的数值。

(3) 提高沥青与矿料黏附性的措施。

提高沥青混合料的强度包括两个方面：一是提高矿质骨料之间的嵌挤力与内摩阻力；二是提高沥青与矿料之间的黏结力。

为了提高沥青混合料的嵌挤力和内摩阻力，要选用表面粗糙、形状方正、有棱角的矿料，并适当增加矿料的粗度。提高沥青混合料的黏聚力可以采取下列措施：改善矿料的级配组成，以提高其压实后的密实度；增加矿粉含量；采用稠度较高的沥青；改善沥青与矿料的物理－化学性质及其相互作用过程。

矿料表面的改性处理有三个方法：改进矿料与沥青间相互作用的条件；改善吸附层中的沥青性质；扩大矿料的使用品种和改善其性质。

4. 沥青混合料的强度影响因素

（1）影响沥青混合料强度的内因。

① 沥青黏度的影响。从沥青本身来看，沥青的黏度是影响其黏聚力的重要因素，矿质骨料由沥青胶结为一整体，沥青的黏度反映沥青在外力作用下抵抗变形的能力，黏度越大，则抵抗变形的能力越强，可以保持矿质骨料的相对嵌锁作用。沥青混合料可作为一个具有多级空间网络结构的分散系，从最细一级网络结构，它是各种矿质骨料（分散相）分散在沥青（分散介质）中的分散系，因此它的黏聚力（强度）与分散相的浓度和分散介质黏度有着密切的联系。在其他因素固定的条件下，沥青混合料的黏聚力随沥青黏度的提高而增加。

② 沥青与矿料化学性质的影响。沥青与矿料表面的相互作用对沥青混合料的黏聚力和内摩阻力有重要的影响，沥青与矿料相互作用不仅与沥青的化学性质有关，而且与矿粉的性质有关。在不同性质矿粉表面形成结构和厚度不同的吸附溶化膜，在沥青混合料中，当采用石灰石矿粉时，矿粉之间更有可能通过结构沥青来联结，因而具有较高的黏聚力。由于不同成分的矿料和沥青会产生不同的效果，石油沥青与碱性石料（如石灰石）有较好的黏附性，而与酸性石料黏附性较差。这是由于矿料表面对沥青的化学吸附是有选择性的，如碳酸盐类或其他碱性矿料能与石油沥青组分中活度最高的沥青酸和沥青酸酯产生化学吸附作用，这种化学吸附比石料与沥青之间的分子力吸附（即物理吸附）要强得多，可产生较大的黏聚力，而酸性石料与石油沥青之间的化学吸附作用较差。

③ 沥青混合料中矿料比表面积的影响。由前述沥青与矿粉交互作用的原理可知，结构沥青的形成主要是矿料与沥青的交互作用引起的沥青化学组分在矿料表面的重分布。所以在相同的沥青用量条件下，与沥青产生交互作用的矿料比表面积越大，则形成的沥青膜越薄，在沥青中结构沥青所占的比率越大，沥青混合料的黏聚力也越高。

④ 沥青用量。在固定质量的沥青和矿料的条件下，沥青与矿料的比例（即沥青用量）是影响沥青混合料抗剪强度的重要因素。沥青用量很少时，沥青不足以形成结构沥青的薄膜来黏结矿料颗粒。随着沥青用量的增加，结构沥青逐渐形成，沥青更为完满地包裹在矿料表面，使沥青与矿料间的黏附力随着沥青用量的增加而增加。当沥青用量足以形成薄膜并充分黏附矿料颗粒表面时，沥青胶浆具有最强的黏聚力。沥青用量继续增加，由于沥青过多，逐渐将矿料颗粒推开，在颗粒间形成未与矿料交互作用的自由沥青，则沥青胶浆的黏聚力随着自由沥青的增加而降低。当沥青增加至某一用量后，沥青混合料的黏聚力主要取决于自由沥青，所以抗剪强度几乎不变。

过多的沥青用量和矿物骨架空隙率的增大，都会使削弱沥青混合料结构黏聚力的自由沥青量增多。沥青与矿粉在一定配比下的强度，可达到二元系统（沥青与矿粉）的最高值。也就是矿粉在混合料中的某种浓度下，能形成黏结相当牢固的空间结构。

⑤ 矿料级配类型、粒度、表面性质的影响。矿料级配影响矿料在沥青混合料的分布

情况，从而影响在混合料中矿料颗粒相互嵌挤的程度，由此对沥青混合料的内摩阻力产生影响。沥青混合料的强度与矿质骨料在沥青混合料中的分布情况有密切关系。沥青混合料有密级配、开级配和半开级配等不同组成结构类型。已如前述，矿料级配类型是影响沥青混合料强度的因素之一。

沥青混合料中，矿质骨料的粗度、形状和表面粗糙度对沥青混合料的抗剪强度都具有极为明显的影响，因为颗粒形状及其粗糙度在很大程度上将决定混合料压实后颗粒间相互位置的特性和颗粒接触有效面积的大小。通常具有显著的面和棱角、各方向尺寸相差不大、近似正立方体以及具有明显细微凸出的粗糙表面的矿质骨料，在碾压后能相互嵌锁而具有很大的内摩阻角。在其他条件相同的情况下，这种矿料所组成的沥青混合料较之圆形而表面平滑的颗粒具有较高的抗剪强度。

试验证明，要获得具有较大内摩阻角的沥青混合料，必须采用粗大、均匀的颗粒。在其他条件相同的情况下，矿质骨料颗粒越粗，所配制的沥青混合料的内摩阻角越大。

(2) 影响沥青混合料强度的外因。

① 温度的影响。沥青混合料黏聚力的形成主要是由于沥青的存在。沥青作为一种热塑性材料，其状态及性能必然受到温度的影响，从而影响到沥青混合料的黏聚力，它的抗剪强度随着温度的升高而降低。沥青混合料的黏聚力随温度的升高而逐渐降低，特别是温度从 10 ℃ 上升到 40 ℃ 左右时，黏聚力的降低速率较大，其后趋于平缓。

② 形变速率的影响。沥青混合料是一种黏弹性材料，其抗剪强度与形变速率有密切关系。在其他条件相同的情况下，变形速率对沥青混合料的内摩阻角影响较小，而对沥青混合料的黏聚力影响较为显著。试验资料表明，黏聚力随变形速率的减少而显著提高，而内摩擦阻角随变形速率的变化很小。

8.7.5 矿质混合料级配设计

国内广泛使用的沥青混合料设计方法仍然是马歇尔设计法，即目标配合比设计、生产配合比设计、生产配合比验证。

1. 矿质混合料的级配类型

沥青混合料的矿料级配组成设计，是指满足该沥青混合料类型的矿质混合料级配范围，选配一个具有足够密实度，并且具有较高内摩阻力的矿料配合比设计，并确定粗、细骨料及填料质量比例的过程。矿料合成级配是将各种材料按一定比例配合而得到的整体颗粒级配，也就是说其组配要求为多种骨料按照一定的比例搭配起来，以达到较高的密实度和较大的摩擦力。

2. 矿质混合料的配合比设计

确定沥青混合料矿质混合料配合比的方法有图解法、试算法、正规方程法和电算法。

试算法适用于 3 ～ 4 种矿料组配，正规方程法可用于多种矿料组成，所得结果准确，但计算较为繁杂，不如图解法简便。图解法最简单，但结果比较粗糙，必须进行复核，或与其他方法联合使用效果比较好。试算法是先假定混合料中某一粒径的颗粒是由对这一粒径占优势的矿料组成，其他各种矿料不含这种颗粒，这样根据各种主要粒径去试探各种矿料在混合料中的大致比例，如果比例不合适，则稍加调整，逐步逼近，最终达到符合混合料级配要求的各种矿料配合比例，但这种方法仅适用于矿料比较少的情况（一般 2 ～ 3 种矿料比较适宜）。正规方程法则可适用于多种矿料的组成设计，所得结果准确，但手算比较麻烦，一般借助计算机或相应的计算软件。其基本思路是，设有 k 种矿料，各种矿料在 n 级筛析的通过率为 $P_i(j)$，欲配置某级配中值的矿质混合料，则其任何一级筛孔的通过量 $P(j)$ 是由各种组成矿料在该级的通过率 $P_i(j)$ 乘以各种矿料在混合料中的用量 X_i 之和，即

$$\sum P_i(j)X_i = P(j) \tag{8.1}$$

式中　i—— 矿料的种类，$i=1,2,3,\cdots,k$；

j—— 筛孔数，$j=1,2,3,\cdots,n$。

解出这个方程即可得到矿料配合比。

由于计算机已经比较普及，且计算机可在级配曲线图上反复调整，配合比例更为合理，因此尽量采用计算机计算出符合要求级配范围的各组成材料用量比例。

(1) 图解法的主要设计步骤。

矿质混合料配合比组成设计的目的是选配一种具有足够密实度并且有较高内摩阻力的矿质混合料配合比，可以根据级配理论，计算出需要的矿质混合料的级配范围。但是为了应用已有的研究成果和实践经验，通常是采用规范推荐的矿质混合料级配范围来确定。

矿质混合料配合比设计的主要工作有三方面：

① 组成材料的筛分和密度测定。首先选择符合质量要求的各种矿料，根据现场取样，对粗骨料、细骨料和矿粉进行筛分试验，并绘制相应的筛分曲线，测定各种矿料的相对密度。

② 组成材料的配合比计算。实际施工中，往往人工轧制的各种矿料的级配很难完全符合规范中某一级配范围要求，必须采用几种矿料进行组配，才能达到给定级配范围要求。根据各种矿料的颗粒组成（筛分试验结果），确定达到规定级配要求时的各种矿料的配比情况。根据 ① 中测定的各组成材料相对密度计算合成混合料相对密度，进而预估沥青用量，然后进行试拌，求有效相对密度。

③ 调整配合比。对高速公路和一级公路，宜结合当地已建成公路沥青路面沥青混合料的设计经验，在工程设计级配范围内计算 1 ～ 3 组粗细不同的配比，绘制设计级配曲线，分别位于工程设计级配范围的上方、中值及下方。设计合成级配不得有太多的锯齿形交错，并使 0.075 mm、2.36 mm、4.75 mm 及公称最大粒径筛孔的通过率接近工程设计级配范围的中值，在 0.3 ～ 0.6 mm 范围内不出现“驼峰”。当反复调整不能满意时，宜更换材料设计。

(2) 调整工程设计级配范围宜遵循的原则。

① 首先依据工程需要确定采用粗型（C 型）或细型（F 型）的混合料。对夏季温度高、高温持续时间长、重载交通多的路段，宜选用粗型密级配沥青混合料（AC－C 型），并取较高的设计空隙率。对冬季温度低且低温持续时间长的地区，或者重载交通较少的路段，宜

选用细型密级配沥青混合料(AC－F型),并取较低的设计空隙率。

② 为确保高温抗车辙能力,同时兼顾低温抗裂性能的需要,配合比设计时宜适当减少公称最大粒径附近的粗骨料用量,减少0.6 mm以下部分细粉的用量,使中等粒径骨料较多,形成S型级配曲线,并取中等或偏高水平设计空隙率。

③ 确定各层的工程设计级配范围时应考虑不同层位的功能需要,经组合设计的沥青路面应能满足耐久、稳定、密水、抗滑等要求。

④ 根据公路等级和施工设备的控制水平,确定的工程设计级配范围应比规范级配范围窄,其中4.75 mm和2.36 mm通过率的上下限差值宜小于12%,配合比设计应充分考虑施工性能,使沥青混合料容易摊铺和压实,避免造成严重的离析。

(3) 矿质混合料配合比计算。

根据各组成材料的筛析试验资料,采用图解法或电算法,计算符合要求级配范围的各组成材料用量比例。下面主要介绍图解法的设计步骤:

① 绘制级配曲线坐标图。依据上述原理,按规定尺寸绘一方形图框。通常纵坐标(通过率)取100,横坐标(筛孔尺寸或粒径)取13.2 mm。连对角线OO'(图8.2)作为要求级配曲线中值。纵坐标按算术标尺,标出通过百分率(0～100%)。将要求级配中值的各筛孔通过百分率标于纵坐标上,从纵坐标标出的级配中值引水平线与对角线相交,再从交点作垂线与横坐标相交,其交点即为各相应筛孔尺寸的位置。

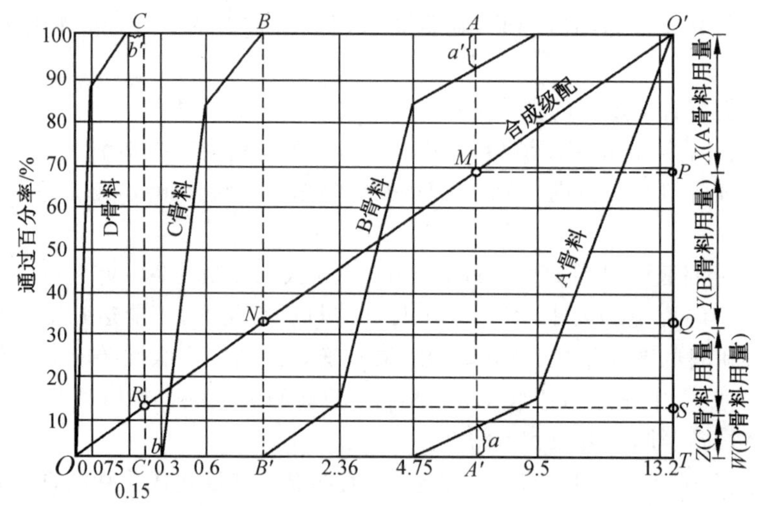

图 8.2 矿质混合料的图解法设计计算图

② 确定各种骨料用量。将各种骨料(如A、B、C、D四种骨料)的通过率绘于级配曲线坐标图上。实际两相邻骨料级配曲线的位置关系可能有下列三种情况,根据各骨料级配曲线之间的位置关系,按下述方法确定各种骨料的用量比例。

a. 两相邻级配曲线重叠。如A骨料与B骨料中均含有某些相同的粒径,则A骨料级配曲线的下部与B骨料级配曲线的上部位置上下重叠,如图8.2所示。此时,应在A、B骨料两级配曲线之间的重叠部分处引一条垂直于横坐标的直线AA'(即$a=a'$的垂线),与对角线OO'相交于点M。通过点M作一条水平线与纵坐标交于点P。$O'P$即为A骨料的用量。

b. 两相邻级配曲线相接。如果B骨料的最小粒径与C骨料的最大粒径恰好相等，则B骨料级配曲线的末端与C骨料级配曲线的首端正好处在一条垂直线上，如图8.2所示。此时，应将两点直接相连，作出垂线 BB'，与对角线 OO' 相交于点 N。通过点 N 作一水平线与纵坐标交于点 Q。PQ 即为B骨料的用量。

c. 两相邻级配曲线相离。如果混合料中某些粒径，C骨料和D骨料中均不含有，则C骨料的级配曲线与D骨料的级配曲线在水平方向彼此离开一段距离，如图8.2所示。此时，应作一条垂直平分相离距离的垂线 CC'（即平分距离 $b=b'$ 的垂线），与对角线 OO' 相交于点 R。通过点 R 作一水平线与纵坐标交于 S 点，QS 即为C骨料的用量。剩余 ST 即为D骨料的用量。

③ 校核。按图解法所得各种骨料的用量比例，计算校核所得合成级配是否符合设计要求的级配范围。如果不能符合要求，即超出级配范围或不满足某一特殊设计要求时，应按要求调整各骨料的用量比例，直至符合要求为止。

(4) 矿质混合料合成级配曲线设计。

高速公路和一级公路沥青路面矿料配合比设计宜借助电子计算机的电子表格用试配法进行，其他等级公路沥青路面也可参照进行。

8.7.6　沥青混合料再生工艺

1. 旧料的回收与加工

(1) 旧路的翻挖。

用于再生的旧料不能混入过多的非沥青混合料材料，故在翻挖和装运时应尽量排除杂物。翻挖面层的机械一般有刨路机、切割机、风镐及在挖掘机上的液压钳，也有的是人工挖掘。路面翻挖是一项费工、费时且必不可少的工序。

(2) 旧料破碎与筛分。

再生沥青混合料用的旧料粒径不能过大，否则再生剂掺入旧料内部较困难，影响混合料的再生效果。轧碎的旧料粒径一般小于25 mm，最大不超过35 mm。

2. 旧沥青混凝土质量要求

再生沥青混凝土应满足行业标准对路用沥青混凝土混合料的要求。对各种沥青混凝土提出的要求，不应低于额定指标。额定指标首先应根据采用该指标道路结构的用途和特点以及汽车的行驶条件来确定。再生沥青混凝土的外观应该均匀一致，没有未被沥青裹覆的白色颗粒和黏块。用作矿质添加剂的有火成岩、变质岩和沉积岩碎石，以及砂料。为了制备再生混合料应选用不含其他杂质矿料的块状旧沥青混凝土。砂和亚砂土混合物的允许含量不大于3%，而黏土含量则不能超过0.5%（质量比）。在旧沥青混凝土中所含的沥青性质由于老化而逐渐变差，应合理地掺入一定数量的新沥青，作为旧沥青的稀释剂。

3. 再生沥青混合料的制备

(1) 配料。

旧料、新骨料、新沥青及再生剂(如有需要)的配置方法视再生混合料的拌和方式不同而异。人工配料拌和的方法较为简单。采用机械配料拌和再生混合料,按拌和方式分为连续式和间歇分拌式两种。连续式是将旧料、新料由传送带连续不断地送入拌和筒内,在与沥青材料混合后连续地出料。间歇分拌式是将旧料、新料、新沥青经过称量后投入拌和缸内拌和成混合料。

(2) 掺加再生剂。

再生剂的添加方式有:在拌和前将再生剂喷洒在旧料上,拌和均匀,静置数小时至一两天,使再生剂渗入旧料中,将旧料软化;静置时间的长短,视旧料老化的程度和气温高低而定;在拌和混合料时,将再生剂喷入旧料中;先将旧料加热至 70 ~ 100 ℃,然后将再生剂边喷洒在旧料上边加以拌和。将掺有再生剂并预热的旧料加入新沥青材料拌和至均匀。这种掺入方式由于再生剂先与热态的旧料混合,便于使用黏度较大的再生剂。因简化了施工工序,所以大多都采用这种掺加方式。

(3) 再生混合料的拌和。

拌和工艺按拌和机械来分主要有滚筒式拌和机和间歇式拌和机两大类。用间歇式拌和机拌和,与一般生产全新沥青混合料工艺相比较,其不同之处在于新骨料经过干燥筒加热后分批投入拌缸内,而旧料却不经过干燥筒加热,而按规定配合比直接加入拌和缸。在拌缸内,旧料和新骨料发生热交换,然后加入沥青材料或再生剂,继续拌和直至均匀后出料。

(4) 再生混合料的摊铺与压实。

由于再生混合料摊铺前与普通沥青混合料的性能已基本相同,所以其摊铺与压实的过程与普通沥青混合料基本一致。要注意的是,在翻挖掉旧料的路面上摊铺混合料前,更应注意基层表面的修整处理工作。

复习思考题

1. 沥青的组分是如何划分的? 沥青各种组分对沥青的性能有哪些影响?

2. 沥青有哪些胶体结构? 不同胶体结构的沥青性质有何区别?

3. 石油沥青主要评价哪些性质? 其主要评价指标是什么?

4. 石油沥青的牌号是根据什么划分的? 牌号的高低与沥青的性质有哪些关系?

5. 与石油沥青相比,煤沥青有何优缺点?

6. 为什么要对沥青改性? 沥青可以采取哪些方式进行改性?

7. APP 改性沥青、SBS 改性沥青分别有哪些优点? 更适用于哪些工程?

8. 乳化沥青、沥青胶、冷底子油、沥青及改性沥青防水卷材等沥青制品的主要组成、特点及应用如何?

9. 沥青材料生态化发展的方向如何?

10. 何为沥青混合料? 其主要类型、特点如何?

11. 如何配制沥青混合料?

第9章　木　　材

本章学习内容及要求：认识木材资源与应用的重要关系；了解木材的主要优、缺点及其在建筑应用中的关系；掌握木材宏观结构、显微结构对木材主要物理力学性能的影响规律；了解木材主要的应用形式与意义。

木材是人类使用历史最长的土木工程材料之一，其以隔热保温、抗冲击、轻质高强、易加工、质感温暖、纹理丰富等众多优点，被广泛地用于建筑、桥梁等土木工程领域。但是木材也存在着易燃、易虫蛀，各向异性显著，材料结构与性能受含水及疵病影响波动较大等缺点，特别是由于其成材周期较长，加上各种天灾(森林火灾、虫灾等)、人祸(滥砍、滥伐等)的影响，木材的资源越来越紧张，价格越来越高。因此，保护木材资源，合理应用木材是现代土木工程行业应该重视的问题。

木材按树种可分为针叶树类木材和阔叶树类木材两种，针叶树干直、高大，易得大材，但材质较软，易加工，如松、杉、柏等树种属于此类，其也称软木材；阔叶树干矮、粗壮，一般材质硬，干湿变形大，但多具有美丽的纹理，水曲柳、柞木、榆木属于此类，其也称硬木材。木材还可按加工程度分原条、原木、板、枋等种类。

9.1　木材基本知识

由于木材的组成都为同一物质(纤维素)，因此，木材的性质更主要地取决于其构造。而树种和生长环境不同，使得木材的构造相差很大。

木材的构造一般分为宏观构造和显微构造。

9.1.1　木材的宏观构造

木材的宏观构造是指用肉眼或放大镜所能观察到的内部构造。由于木材构造具有不均匀性，因此主要从其三个切面进行剖析(图9.1)：横切面，垂直于树干主轴的切面；径切面，通过树轴心，与树干平行的切面；弦切面，与树轴心有一定距离，与树干平行的切面。

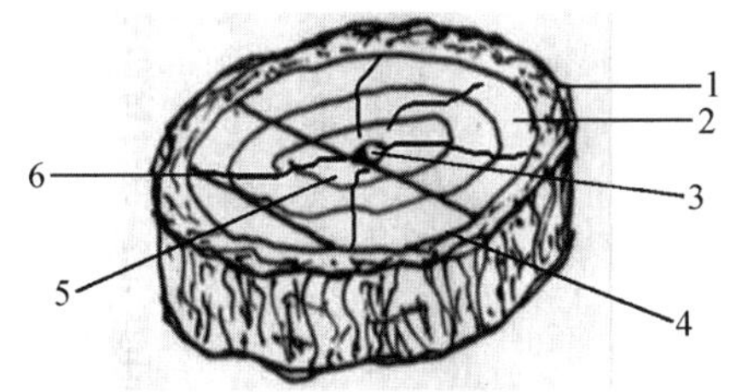

图9.1　木材宏观构造

1— 树皮；2— 木质部；3— 髓心；4— 边材；5— 心材；6— 髓线

由横切面可观察到，树木由树皮、木质部和髓心三个部分组成。

树皮主要是对树木起保护作用的构造，其在建筑结构中常不被利用，但可在体现实木本质特色的建筑装饰中加以应用。

木质部是树木的主体，是建筑材料使用的主要部分。其靠近髓心部分颜色较暗，称为心材，该部分不易翘曲变形，且耐腐朽性较强；靠近树皮部分颜色较浅，称为边材，该部分含水率较高，易翘曲变性，且耐腐朽性较差，因此，心材比边材的利用率高。木质部还可看到深浅相间的同心圆环，即年轮。同一年轮内，春天生长的木质，色较浅，木质松软，称为春材（早材）；夏秋两季生长的木质，色较深，木质坚硬，称为夏材（晚材）。一般年轮越密而均匀的木材，材质越好；夏材部分越多，木材强度越高。

髓心也称树心，其质松软、强度低、易腐朽。从髓心向外的辐射线，称为髓线，它与木质联结差，干燥时易沿此开裂。

9.1.2 木材的显微构造

木材的显微构造是指借助显微镜才能看到的木材内部构造（图 9.2）。

在显微镜下可观察到，木材是由无数管状细胞紧密结合而成的。每个细胞由细胞壁和细胞腔组成，其中细胞壁由细纤维组成。木材的细胞壁越厚，细胞腔越小，木材越密实，其表观密度和强度越大，但胀缩也越大。一般夏材的细胞壁较春材厚。

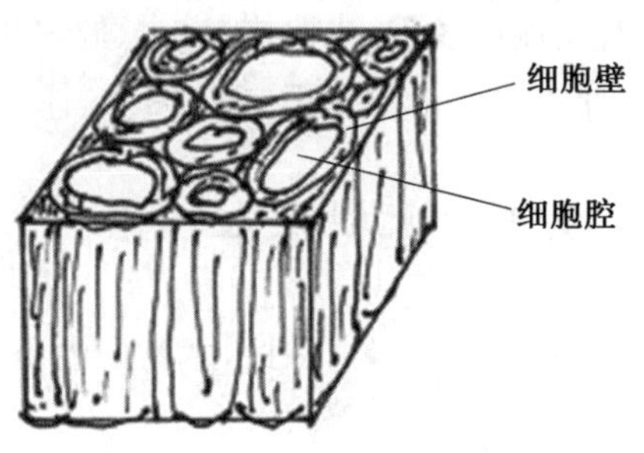

图 9.2 木材显微构造

9.2 木材主要技术性质

9.2.1 木材的物理性质

1. 密度及表观密度

由于木材都是同一物质（纤维素）组成的，所以，其密度波动不大，约为 1.55 g/cm³。但是，木材表观密度随树种变化较大，即使同一树种，也会随着其生长环境的气候、土壤等条件的不同而导致构造差异。如台湾的二色轻木的表观密度只有186 kg/m³，而广西的砚木的表观密度可达 1 128 kg/m³。

2. 吸湿性及含水率

木材中的水分依存在的状态分为自由水、吸附水和化合水三种。自由水存在于细胞腔与细胞间隙中，其变化一般不显著影响木材的体积与强度的改变，但对木材表观密度、隔热、保温等性质影响较大；吸附水存在于细胞壁内的纤维中，其变化会显著影响木材的体积与强度的改变；化合水是木材化学成分中的结合水，其对木材的性质影响不大。

木材中含的水与所处环境的湿度平衡时的含水率称为木材的平衡含水率。达到平衡含水率的木材，在所处环境中性能保持相对稳定，因此，在木材加工和使用之前，应将木材干燥至使用周围环境的平衡含水率。木材细胞壁中充满吸附水，而细胞腔及细胞间隙中无自由水时的含水率，称为木材的纤维饱和点，一般在25％～35％之间，其是木材物理、力学性能变化的转折点。

3. 干缩湿胀

木材具有较大的湿胀干缩性，其变化规律是：湿木材脱水至纤维饱和点之前时，由于脱去的是自由水，其几何尺寸不发生明显变化，达到纤维饱和点以后脱水，脱去的是吸附水，会引起细胞壁纤维的紧密靠拢，木材将随之产生收缩；反之，干木材吸水，细胞壁纤维肿胀，木材随之膨胀，达到纤维饱和点之后再吸水，木材几何尺寸基本不变。

由于木材构造上的各向异性，其产生的胀缩在不同方向上也不相同，一般规律是弦向胀缩最大，其次是径向，而纵向(沿纤维方向）最小。对从原木锯下的板材，距离髓心较远的一面，其横向更接近于典型的弦向，因而收缩较大，使板材背离髓心翘曲(图9.3)。

图9.3　木材构造与变形的关系

4. 导热性

木材的导热系数随其表观密度、含水率增大而降低，另外，沿纤维方向(纵向）的导热系数大于垂直于纤维方向(横向）的。

9.2.2　木材的力学性质

在顺纹方向(作用力与木材纵向纤维方向平行)，木材的抗拉和抗压强度都比横纹方向(作用力与木材纵向纤维方向垂直）高得多；在横纹方向，弦向又不同于径向；当斜纹受力(作用力方向介于顺纹和横纹之间）时，木材强度随着力与木纹交角的增大而降低。

1. 基本强度

工程上主要常评价木材的几种基本强度为抗压、抗拉、抗弯和抗剪。但是，由于木材构造上的各向异性，不仅影响木材的物理性质，也影响木材的力学性质，因此木材的不同纹理方向的力学强度也具有明显的区别，即木材的强度与其受力方向和纤维方向的角度有关。一般木材顺纹方向(沿纤维方向)上的抗拉和抗压强度要高于横纹方向的。当顺纹抗压强度为1时，理论上木材的各种强度见表9.1。

表9.1 木材各项强度关系(顺纹抗压强度为1的比例关系)

抗拉强度		抗压强度		抗剪强度		抗弯强度
顺纹	横纹	顺纹	横纹	顺纹	横纹	
2～3	1/3～1/20	1	1/3～1/10	1/7～1/3	1/2～1	1.5～2

2.影响强度的主要因素

(1) 含水率的影响。

木材的含水率对木材强度影响很大。当细胞壁中水分增多时，木纤维相互间的联结力减弱，使细胞壁软化。因此，当木材含水率小于纤维饱和点时，随含水率的增加，强度将下降，尤其是木材的抗弯强度和顺纹抗压强度；当木材含水率超过纤维饱和点时，含水率的变化不影响木材的强度。

为了便于比较各种木材在不同含水量时的强度，国家标准规定将15%作为标准含水率，以含水率为15%时的强度作为木材的标准强度。

(2) 木材的构造及疵病的影响。

木材属非均质材料，特别是木材常不可避免地含有木节、裂纹、腐朽及虫眼等疵病，从而使木材的强度受到不同程度的影响。如木节使顺纹抗拉强度明显降低，而顺纹抗剪强度有所提高；又如斜纹使木材的抗弯强度和抗拉强度降低；疵病对木材强度的影响程度与疵病严重程度及部位有关。

(3) 温度的影响。

当环境温度升高时，木材纤维中的胶结物质处于软化状态，其强度和弹性均降低，当温度达50 ℃时，这种现象开始明显。

(4) 时间的影响。

木材长时间承受荷载时，其强度会降低。将木材在长期荷载下不致引起破坏的最大强度称为持久强度。木材的持久强度为标准强度的0.5～0.6倍。木材产生的蠕变(即徐变)是木材强度随时间下降的主要原因。

9.3 木材工程应用

木材由于其独特的性能优势，自古以来始终是建筑工程中非常重要的建筑材料。但是，也由于其存在生长周期长、资源需要保护等现实问题，提高木材的综合利用，是木材在建筑工程中应用的必然趋势。

9.3.1 天然木材

天然木材是传统建筑工程中主要的建筑材料。由于其具有轻质高强、抗冲击、隔热保温、易加工等性能优势，在建筑工程中常制成木板、木枋等基本型材，主要应用于屋架、屋顶及梁、柱、地板、门窗、天花板等建筑部件。但是，天然木材由于其结构、性质具有明显的各向异性，如受力方式、变性特点等不均匀性影响严重，因此，天然木材的应用受到限制。

9.3.2　木材的综合利用

木材的综合利用具有重大的现实意义。它既可节约木材，避免浪费，以做到物尽其用；同时也可使木材在性能上扬长避短，充分发挥其建筑功能。其中，人造板是从节省木材资源、提高利用率、改善性能等目的出发，主要利用木材边角废料加工制得，其既保持了木质材料的隔热保温、轻质高强、柔韧、易加工等特点，更明显地改变了木材各向异性的缺点，而且成本低廉，是木材综合利用的主要产品，主要用作墙体、地面、吊顶、家具及装饰造型的基础材料。木材综合利用的产品主要有胶合板、纤维板和型压板等。

1. 胶合板

胶合板是将原木沿年轮方向旋切成的一组单板，按相邻两板木纹方向互相垂直铺放，经胶合而成的复合板材。其单板层数一般为奇数，主要有 3、5、7、9、11、13 层，分别称为三合板、五合板、七合板等。

胶合板可分室内用和室外用的两种；也可分普通、装饰、特种胶合板等特性种类及防水、防潮、阻燃等功能种类。其中装饰胶合板有预饰面、贴面、印刷、浮雕等种类。

胶合板最大的特点是改变了木材的各向异性，使材质均匀、变形小，且板幅宽大，仍有天然木质的纹理，适用于建筑墙面、顶棚、家具及造型装饰。

2. 纤维板

纤维板（也称密度板）是以森林采伐剩余物（如枝丫、树皮等）或木材加工的边角废料等为原料，经粉碎、研磨后，加胶结料热压而制成的人造板材。其根据压实后板的表观密度不同，分为硬质纤维板（高密度板）、中密度板和软质纤维板（低密度板）三种，建筑上常用的是硬质纤维板。由于其没有了天然木材的各向异性的纹理构造产生的各向异性的性能缺陷，且无明显天然疵病的影响，因此，可代替木板广泛应用于建筑装修及家具制作。但是，由于其组成中加入了大量胶结料，因此，使用时一定注意有否甲醛等有害释放物的危害作用。

3. 型压板

型压板是利用木材加工时的废料木丝、刨花和木屑加以胶结剂，加压成型，经热处理制成的板材，如木丝的板材、刨花板和木屑板等。胶结剂可用某些合成树脂，也可用水泥、菱苦土、石膏等无机胶结材料。这些人造板除了具有与纤维板类似的各向同性结构和性能特点之外，还可具有刨花、木丝等形成的特殊纹理图案，除可以用作隔热、吸音或隔墙板等，目前已用于制造家具的面板。

9.3.3 木材的生态化发展

木材虽是可再生的天然资源，但其成材周期较长，加上森林火灾、虫灾等自然灾害的影响，使得木材的资源越来越紧张。更由于天然生长的木材具有净化环境、防止水土流失等生态化优势。因此，是需要保护的重要资源。

木材复合化、废旧制品再生循环及加工制造过程中废料的资源化等综合利用技术的研发具有重大的现实意义。其不仅可以改善天然木材各向异性等缺点，更能获得节省木材资源、提高利用率、降低成本等生态优势。木材综合利用的产品主要有胶合板、纤维板、刨花板、木屑板、木丝板等。

木材生态化的发展方向：研发前期软化、干燥、成品加工的节能技术；节省原木资源、提高原木利用率及人造木材产品加工技术等；发展低毒甚至无毒、绿色设计及方便回收再利用的生态化产品。

复习思考题

1. 木材不同层次构造及其与木材的性质的关系如何？
2. 木材纤维饱和点及标准含水率的概念是什么？其实际意义是什么？
3. 木材随内部含水率变化，其干缩湿胀变化规律及原因是什么？
4. 木材导热、湿胀干缩及强度的各向异性规律及特点分别是什么？
5. 分析木材强度主要影响因素的影响规律。
6. 通过胶合板的构造特点，解释其与天然木板比较的性能优势是什么。
7. 为什么发展人造木板更具实际意义？其关键要解决的生态问题是什么？

第 10 章　功能材料

土木工程涵盖了除军事工程之外的所有工程范围，广泛的应用范围要求土木工程材料具有多种功能。需要指出的是，许多土木工程材料的功能并不单一，往往具有两种及以上的较为突出的性能或功能。因此，在按功能分类时，同一功能材料可以出现在不同类别中，如烧结砖既可以作为结构材料使用，也可以作为保温材料使用。

本章学习内容及要求：主要通过热、电、声、水及智能等功能材料的组成、种类、及性能产生的基本原理，介绍主要建筑功能材料的基本特点及工程选择和使用的基本要求。

10.1　热功能材料

热功能材料是土木工程中非常重要的功能材料，以建筑工程为例，其建筑材料的热功能不仅影响着建筑结构的应用舒适性及安全性，更是决定建筑能耗及生态性的重要部分。

10.1.1　保温材料

保温材料是指用于建筑物和热气设备的表面，起到防止或减少热量散失或隔绝外界热量的传入的作用的材料，其导热系数小于0.25 W/(m·K)，表观密度小于1 000 kg/m^3，也称隔热材料。

1. 热量的传递方式

物质与物质之间只要存在着温差就会出现热量传递的现象，热量会自发地由高温处传向低温处。通常，热量传递方式分为三种：导热、热对流和热辐射。无论实际过程中热量传递的方式有多么复杂，实际上都是这三种传热方式的组合。

(1) 导热。

导热是指依靠物质中的分子、原子以及电子的振动、位移和相互碰撞产生热量的传递方式。这种传热方式可以发生在任何状态下的不同物质中，但是它们的传递机理又有所不同。气体中的分子运动空间较大，高温区的分子就会具有更大的动能，当它们运动到低温区域时，分子之间可能会产生碰撞，在碰撞中热量实现了传递；固体间的导热是由晶格的振动或者自由电子的转移两种方式完成，除金属外的其他物质导热是由平衡位置不变的质点振动引起的；金属则主要是通过自由电子的转移而导热。液体间的分子之间的距离介于固体和气体之间，热量的传递既可以依靠分子的振动导热，也可以依靠分子之间的碰撞导热。

导热具有两个基本特征。第一，需要导热的介质；第二，需要物质之间的热差。因此需要引出一个物理量来表征材料的导热能力高低 —— 导热系数，通常用 λ 表示。λ 所表示的物理意义是，在稳定传热状态下，单位厚度材料，两个表面温度相差 1 K 时，经过 1 h 通过 1 m^2 截面积的导热量。

(2) 热对流。

热对流是指流体的宏观运动，两个温度不同的流体相互掺入混合，一方的热量传递到另一方的现象。因此，热对流也需要介质，并且这种传热方式只发生在气体和液体这样的流体中。按照流体产生对流的原因可分为“自然对流”和“强制对流”。自然对流的原理是：流体内温差不同，造成流体的密度不同，进而形成密度差产生对流。自然对流的速度主要取决于流体各部分之间的温差，温差越大则对流速度就越快。强制对流是指借助外部其他力量迫使流体相互掺混，进而发生传热的现象。因此，强制对流的速度取决于外部力量的大小，外部力量越大，强制对流速度就会越大。

热对流是这三种传热方式效率最高的一种途径。影响热对流的因素比较多，包括流体的温差、流体的运动速度、流体的运动方向以及流体表面的粗糙程度等。

(3) 热辐射。

在自然界中，温度只要高于绝对零度的物质都会向空间中发出热辐射，同时也会吸收其他物质发出的热辐射，这是自然界中常见的两种热辐射现象。当空间中的物体与环境处于相同温度时，发出的热辐射和吸收的热辐射相等，两者处于动态平衡状态。热辐射传热具有以下特点：

① 热辐射传热既不需要物体之间接触，也不需要两者之间有传热介质，可以在真空条件下传热。

② 热辐射传热过程中伴随着能量形式的转化。物体发生热辐射时，自身的热能转化为辐射能，吸收热辐射时，由辐射能转化为自身的热能。

③ 一切高于绝对零度的物体都会发生热辐射，也会吸收热辐射。

2. 保温材料的分类

外墙保温材料种类繁多，并且划分原则复杂。根据材料的主要成分可以划分为无机保温材料和有机保温材料。

(1) 无机保温材料。

无机保温材料是目前为止应用效果最好、最理想的保温材料，对建筑节能保温起到了积极的作用。无机保温材料具有稳定性强、不腐、不燃、不受虫害、耐高温等优点。在工程中常用的无机保温材料有纤维状材料、粒状材料、多孔状材料。

① 纤维状保温材料。工程中常用的纤维状保温材料有天然纤维质材料(如石棉) 和人造纤维质材料(如矿渣棉、火山岩棉、玻璃棉等)。

石棉是对天然石棉矿加工而成的纤维状材料，是一种耐高温的保温材料，具有防火、绝热、耐碱、防腐、保温等特点。工程上通常把纤维较短的石棉加工成石棉粉、石棉纸或石棉板、石棉毡等制品。

矿渣棉是以工业废料矿渣为主要原料，经高温熔化，用喷吹法或离心法制成的棉丝状保温材料，它具有质轻、不燃、防蛀、耐腐蚀、导热系数小、吸音、价廉、化学稳定性好等优点。缺点是直接用于工程时，有吸水性大、弹性小、纤维可引起人体刺痒等问题。一般常用沥青或酚醛树脂作为胶结材料制成矿渣棉毡、矿渣棉板及矿渣棉管壳等制品。

火山岩棉是以火山玄武岩为主要原料，加入一定数量的辅助料（石灰石）等，经高温熔化、蒸汽喷吹而成的短纤维新型保温材料，具有与矿渣棉相同的特点和用途。

玻璃棉是熔融的玻璃液经过纤维化形成的棉状短纤维。玻璃棉一般采用离心喷吹法生产。其生产工艺与岩棉生产相近。玻璃棉具有密度小、导热系数低、不燃、抗冻、吸声系数高的特点，是用于 400 ℃ 以下的优良的保温绝热材料。

② 粒状保温材料。珍珠岩是一种酸性岩浆喷出的玻璃质熔岩，由于具有珍珠裂隙结构而得名。膨胀珍珠岩是白色（或灰白色）多孔粒状材料，是珍珠岩经过破碎、瞬时高温预热（1 260 ℃）焙烧，使其内部所含结合水及挥发性成分急剧膨胀而成的，具有质轻、绝热、吸音、不燃、无毒等特点，是一种很好的轻质、高效能的保温材料。

膨胀珍珠岩除可以直接作为保温材料外，也可用胶结材料胶结制成各种形状的制品。如水泥膨胀珍珠岩、水玻璃膨胀珍珠岩、磷酸盐膨胀珍珠岩及沥青膨胀珍珠岩等制品。

膨胀蛭石是一种新型的保温材料。它是经过开采、选矿、烘干、破碎、筛分及煅烧等工艺过程制成。蛭石是一种复杂的铁、镁含水硅铝酸类矿物，在 800 ～ 1 000 ℃ 的温度下煅烧，在短时间内体积急剧增大和膨胀。因其膨胀时的形态似水蛭的蠕动，故得此名。

膨胀矿渣珠是高炉矿渣熔融后，经喷水膨胀，并用高速滚筒打出，抛散冷却后而成的多孔粒状矿渣。其表观密度为 80 kg/m^3，导热系数为 0.05 W/(m · K)，常用作轻混凝土细骨料。

③ 多孔状保温材料。多孔状保温材料在工程中常用的品种有泡沫混凝土、加气混凝土、微孔硅酸钙和泡沫玻璃等。

泡沫混凝土是以水泥、发泡剂、掺合料、增强纤维及外加剂等原料经化学发泡方式制成的轻质多孔水泥板材。发泡水泥保温板具有质轻，防火隔热性、耐震性、隔音性、抗压强度强，使用寿命高，无毒无害，施工方便等特点。

微孔硅酸钙保温材料，是一种新颖的保温材料。它是用硅藻土、石灰再加入水（为调节性能还可再加入石棉和水玻璃），经拌和成型、蒸压、烘干而成。其表观密度小于 250 kg/m^3，导热系数为 0.21 W/(m · K)，抗压强度大于 0.5 MPa，抗折强度大于 0.3 MPa，最高使用温度为 650 ℃。

泡沫玻璃是由碎玻璃、发泡剂、改性添加剂和发泡促进剂等，经过细粉碎和均匀混合后，再经过高温熔化，发泡、退火而制成的无机非金属玻璃材料。泡沫玻璃是一种性能优越的绝热（保冷）、吸声、防潮、防火的轻质高强土木工程材料，使用温度范围为 −196 ℃ ～ 450 ℃。

(2) 有机保温材料。

有机保温材料占保温材料主导地位，主要产品有聚苯乙烯泡沫板（EPS 板，也称苯板或模塑板）、挤塑板（即 XPS 板）、聚氨酯硬质泡沫板以及胶粉聚苯颗粒砂浆干粉系统。有机保温材料的化学组成决定了这一类保温材料具有质轻、保温、隔热、吸声等良好的性能，在寒冷地区有较长的使用历史，生产与施工技术已经成熟，达到了规模化、规范化。

① 聚苯乙烯泡沫板（EPS 板）是以聚苯乙烯树脂为主要成分，通过发泡、模塑成型而

成的具有微细闭孔结构的泡沫板。EPS板质量轻，导热系数较低，一般不大于0.042 W/(m·K)，保温性能好，易加工，施工方便，价格低。其主要缺点是防火性能差，一般防火性能即使改性后最高只能达到B1级，如用于高层建筑，一旦发生火灾，容易点燃，存在安全隐患。

② 挤塑板(XPS板)是以聚苯乙烯树脂或其共聚物为主要成分，添加少量添加剂，通过加热挤塑而制成的具有连续性闭孔结构的硬质泡沫板。与模塑聚苯乙烯板相比，XPS板导热系数不大于0.03 W/(m·K)，其保温性能更佳，而且强度、抗水渗透性能都更好，但其防火性能较差，仅为B2级。

③ 聚氨酯(PU泡沫板)是一种导热系数更低的保温板，其导热系数可以达到0.022 W/(m·K)，远低于传统的有机保温材料，保温隔热性能好，还具有高抗压、低吸水率、不透气、质轻、吸水性低、不易降解等特点。然而其是一种可燃材料，燃烧等级为B2级，因此防火性能的缺陷影响了其应用。

EPS、XPS、PU等有机保温材料保温效果好，但易燃烧，且燃烧时大量释放热量，同时产生有毒烟气。这些问题使得大量使用的外墙外保温有机材料的防火弊端暴露出来，也越来越引起土木工程中对使用有机保温材料如何改善防火性能的重视。

10.1.2 防火材料

1. 燃烧理论

(1) 燃烧的本质。

所谓燃烧，是指各种可燃物质在一定温度下快速氧化的化学过程，是可燃物与氧化剂作用发生的放热反应。由于反应热的增加，因此被氧化物质达到发光的程度，这种现象就是燃烧现象。多数可燃物质在燃烧时都具有火焰，火焰是燃烧着的气体或蒸发气体。液体可燃物质受热时能转变为蒸发气体或挥发成可燃气体，因此过程中会有各种气体或液体可燃物质均会产生强烈的火焰。可产生火焰的可燃固体物质，在燃烧过程中会有部分或全部蒸发气体或可燃气体产生。由于燃烧不完全等原因，产物中含有一些微小颗粒，因此形成了烟。

(2) 燃烧的条件。

作为一种特殊的氧化还原反应，燃烧反应必须有氧化剂和还原剂参加，此外还要有引发燃烧的能源。

① 可燃物(还原剂)。凡是能与空气中的氧或其他氧化剂发生燃烧反应的物质，均称为可燃物，如氢气、乙烯、酒精、汽油、木材、纸张、塑料、橡胶、纺织纤维、硫、磷、钾、钠等。这些物质的共同特点是在较低的温度下就能发生燃烧且释放出大量的热。

各种贴有装饰面的多层板、木屑板等木质材料在170～180 ℃的热作用下，就开始产生分解，如果温度继续升高或引火，燃烧就不可避免地发生了。因此，各种木质材料是引起火灾的主要因素之一。

② 助燃物(氧化剂)。凡是与可燃物结合能导致和支持燃烧的物质，都称为助燃物，如空气(氧气)、氯气、氯酸钾、高锰酸钾、过氧化钠等。空气是最常见的助燃物。一般情况

下，可燃物的燃烧都是指在空气中进行的。由于氧气供给的方式和速度不同，燃烧的状态也不同，凡是氧气的供给稳定而又迅速时，则燃烧就剧烈；反之，如氧气的供给不充足或不稳定，燃烧就时高时低，有时剧烈，有时缓慢。如果燃烧过程中隔离了氧气，则燃烧就不能持续下去并最终熄灭。

③ 点火源(着火点或热源)。凡是能引起物质燃烧的点燃能源，统称为点火源，如明火、高温表面、摩擦与冲击、自然发热、化学反应热、电火花、光热射线等。

可燃物、助燃物和点火源三者的相互作用：燃烧不仅必须具备可燃物、助燃物和点火源，而且还必须满足彼此间的数量比例，同时还必须相互结合、相互作用，否则燃烧将不能发生。

(3) 燃烧的基本过程。

除组成、结构简单的可燃气体(如氢气) 外，绝大多数可燃物质的燃烧不是物质本身在燃烧，而是物质受热分解出的气体或液体蒸气在气相中的燃烧，这个过程极其复杂，为了简化问题，只考虑最基本的燃烧过程，即物质因受热而发生的燃烧过程。

2. 常用的防火材料

防火材料是指在火灾条件下仍能在一定时间范围内保持其使用功能的材料，包括防火板材、防火涂料、防火玻璃、防火分隔设施、阻燃剂等。

(1) 防火板材。

防火板材是指具有防火功能的板材，其本身具有一定的耐火性，还可以保护其他构件，或者在火灾中可以阻止火势的蔓延。这种板材可以用于建筑物的隔墙、装饰墙、天花板等处。对防火板材的基本要求有：较好的防火和隔热性能、干缩值小、抗老化、较低的表观密度。按照化学成分，防火板材可以分成有机和无机两大类。无机防火板以其优良的防火性能、高温抗变形性能、防虫蛀、成本低廉等优势，成为该领域的主要产品，在防火板材产品中占有相当大的比率。但由于大部分有机材料在燃烧中释放出大量的烟雾和毒气，所以在工程中安全设计与应用无机材料及开发安全的有机防火板材还有待于进一步研究。因此，在土木工程中目前安全应用较多的是无机防火板材。

① 水泥刨花板(植物纤维水泥复合板)。以水泥做胶凝材料与刨花等植物纤维(木纤维、竹纤维、芦苇纤维和农作物纤维) 增强材料及适量的化学助剂和水搅拌制成的混合料浆，经一定工艺加压固结的坯体，适当养护后形成的复合板材称为水泥刨花板，又称为植物纤维水泥复合板。

② 无机纤维增强水泥板。将植物纤维水泥复合板中的植物纤维用玻璃纤维或石棉(纤维) 代替，水泥用低碱水泥制得薄型无机纤维增强水泥板，又称为 TK 板。

TK 板具有质量轻、抗弯强度高、抗冲击强度较高、防火性好等特点。主要用于各种建筑物的内隔墙、吊顶和外墙；特别适用于高层建筑有防火、防潮要求的隔墙。和 TK 板相似的产品还有玻璃纤维增强水泥(GRC) 板。

③ 钢丝网夹芯复合板。钢丝网夹芯复合板是以焊接钢丝网为双层框架，中间填充防火阻燃的保温材料，两面喷涂或抹水泥砂浆而成。中间填充的防火阻燃保温材料为自熄型聚苯乙烯泡沫塑料或聚氯乙烯泡沫塑料，称为泰柏板；用半硬质岩棉板为芯材的则称为

GY 板。

④ 耐火纸面石膏板。耐火纸面石膏板是以建筑石膏为主要原料,掺入适量的纤维材料和外加剂等,在与水搅拌后,浇筑于护面纸的面纸与背纸之间,并与护面纸牢固地黏结在一起,经搅拌、成型(辐压)、切割、烘干等工序制得的旨在提高防火性能的建筑板材。

⑤ 无石棉硅酸钙板。以非石棉类纤维为增强材料制成的纤维增强硅酸钙板,制品中石棉成分含量为零。由于火灾现场的火焰温度在 800 ～ 1 200 ℃ 之间,因此采用耐热 1 000 ～ 1 100 ℃ 的硬硅钙石型无石棉硅酸钙板作为钢结构防火板,可以有效地保护钢结构在一定时间内不受到火灾的破坏。防火时间是由防火板的隔热性能、钢结构的散热性能和热容所决定的。由纯硬硅钙石组成的防火板,不但具有其他无机防火涂料的隔热性能和耐热性能,而且在生产、存储、施工以及遇火时不产生任何对人体有害的物质,属于真正的绿色防火材料。

⑥ 氯氧镁水泥防火板。氯氧镁水泥防火板是以氯氧镁水泥为凝胶材料,添加纤维增强的一种复合板。常见的有氯氧镁水泥植物纤维板、空心条板、化学发泡氯氧镁水泥板等。

作为轻质防火板,氯氧镁水泥防火板具有良好的综合性能。具有凝结硬化快、机械强度高、表观密度小、弹性好、耐冲击、成型方便、生产工艺简单、能耗小、可加工性强及成本低等优点,在建材工业中有较高的开发和利用价值。菱苦土珍珠岩圆孔空心条板隔墙(氯氧镁水泥防火板)属于轻质混凝土墙材,厚度 80 mm 的墙材耐火极限为 1.30 h,属不燃烧体。防火性能达到 A1 级要求。该材料还具有防老化、防霉变、防白蚁、无毒、防潮、不开裂、不变形、弹性好、隔声性能好等特点。由于氯氧镁水泥防火板的优异性能,其主要用于各类建筑物的天棚、非承重隔墙板和地板,还可用于门框、窗框、通风管道、排烟道、波形瓦、活动板房墙体材料以及机电产品的包装箱等。

⑦ 难燃铝塑建筑装饰板。难燃铝塑建筑装饰板(以下简称铝塑板)是由涂装铝板与塑料芯材靠高分子黏结膜(或热熔胶)经热压复合而成的一种新型金属塑料复合材料。该板具有外观高雅美观、质轻、施工方便等优点。该材料既具优异的阻燃抑烟性和成炭阻滴性,又有良好的力学性能和挤出加工性能。采用该阻燃 PE 芯材制作的防火铝塑板,所测燃烧性能均达到或超过国家难燃材料(B 级)指标要求。

铝塑板质量轻,表观密度小,强度满足要求,难燃烧,导热系数小,易加工,可钉、可锯、可钻,因此可用于重要的公用建筑的防火装修,如礼堂、影院、剧场、宾馆饭店、人防工程、商场、医院和生产车间、机房、船顶舱室的吸音、防火装修。

(2) 防火涂料。

防火涂料是涂料的一种,除了具备涂料的基本功能外,更重要的是对底材具有防火保护功能。防火涂料是指涂覆于可燃性基材表面,能降低被涂材料表面的可燃性,防止火灾发生,阻止火势蔓延传播或隔离火源,延长基材着火时间或增加绝热性能以推迟结构破坏时间的一类涂料。防火涂料涂覆在基材表面,除具有阻燃作用以外,还应具有防锈、防水、防腐、耐磨、耐热作用以及使涂层具有坚韧性、着色性、黏附性、易干性和一定的光泽等作用。

(3) 防火玻璃。

玻璃是建筑物不可缺少的建筑材料,而防火玻璃则是根据建筑规范设计防火等级,在防火重点区域使用的玻璃组件，它在一定程度上能够阻止火灾的蔓延，且必须等于或高于该区域要求的防火级别。防火玻璃是指透明、能阻挡和控制热辐射、烟雾及火焰，防止火焰蔓延的玻璃。确切地说，防火玻璃是一种在规定的耐火试验条件下能够保持完整性和隔热性的特种玻璃。性能良好的防火玻璃可以在近1 000 ℃高温下仍能较长时间保持完整不炸裂，从而有效地抑制火灾。

(4) 防火分隔设施。

防火分隔设施是指在一定时间内能把火势控制在一定空间内，阻止其蔓延扩大的一系列分隔设施。常用的防火分隔设施有防火门、防火卷帘、防火阀、阻火圈。

(5) 阻燃剂。

在建筑、电器及日常生活中使用的木材、塑料和纺织品等，多数都是可燃或易燃的材料，一旦发生火灾，其后果是非常严重的。为了使火灾发生时能延缓火灾的蔓延，经常在上述材料内加入阻燃剂进行阻燃处理，使易燃的材料变为难燃或不燃的材料。用来提高材料的减缓、抑制或终止火焰传播特性的物质称为阻燃剂。阻燃剂是通过吸热作用、覆盖作用、抑制链反应、不燃气体的窒息作用等若干机理共同作用发挥阻燃效能的。

10.2 吸声与隔声材料

改善人类生活工作的声环境，是保证生活质量非常重要的部分。虽然，改善声环境的重点应放在声源上，但是抑制声源难度颇大，因此要更多地想办法从传播途径和接收条件入手研究。对环境入射声波的作用特性是建筑声学材料和结构的基本特性。由于声波入射到物体上会产生反射、衍射、吸收和透射，所以阐述物体声学特性也要从这几个方面着手。任何材料和结构都会对入射声波产生反射、吸收和透射作用，但三者比例各有差异。因为材料和结构的声学特性与入射声波的频率有紧密的关系，所以探究材料和结构的声学特性时，必须要和入射声波的频率和入射的条件相对应。按照用途不同，建筑声学材料分成建筑吸声材料和建筑隔声材料两种，其中建筑吸声材料是最主要的一类建筑声学材料。

10.2.1 声学基本知识

1. 声波的产生和传播

一般把产生声音的振动物体称为声源。声源可以是固相、液相或者气相。声音是由物体振动产生，但物体振动不一定都能产生声音，声源的振动需要通过介质传播，才能把声音传出去。声源振动，向外传播声能，驱动附近的介质层一起振动，该介质层振动又驱动其相邻介质层一起振动。这样介质就由近及远依次振动，从而使声源的振动以一定的速度传播出去。

2. 声波的基本参数

(1) 频率。

声源每秒钟的振动次数称为频率，频率也是每秒经过一给定点的声波数量，以 f 表示，单位是赫兹(Hz)。正常情况下人耳能感受到的声音频率范围在 20 ～ 2 000 Hz，这个范围通常被称为可听声范围。频率比 20 Hz 低的声波称为次声波，地震发生时就伴随着次声波产生。频率高于 2 000 Hz 的声波被称为超声波，它的方向性好，穿透能力强，不易衍射，可接收到较集中的声能，超声波在水中可以传播很远，可用于测速、测距、探伤、清洗、杀菌消毒等方面。超声波在军事、工业、农业、医学上有很多的应用。

(2) 周期。

声源完成一次振动所需的时间是周期，用 T 表示，单位为秒(s)。周期与频率的关系是互为倒数，即

$$T=\frac{1}{f} \tag{10.1}$$

式中 T—— 周期，s；

f—— 频率，Hz。

(3) 波长。

波在一个振动周期内传播的距离是波长(wave length)，用 λ 表示，单位是米(m)。

(4) 声速。

声波在介质中的传播速度称为声速，即单位时间内声波沿传播方向传递的距离，用 C 表示，单位为米每秒(m/s)。声速与周期、频率和波长的关系为

$$C=\lambda f=\frac{\lambda}{T} \tag{10.2}$$

式中 C—— 声速，m/s；

λ—— 波长，m；

f—— 频率，Hz；

T—— 周期，s。

声音在一些材料中的传播速度见表 10.1。

表 10.1 声波在一些材料中的传播速度

材料名称	传播速度 /($m \cdot s^{-1}$)	材料名称	传播速度 /($m \cdot s^{-1}$)
混凝土	3 100	水(常温)	1 500
砖	3 700	水蒸气(100 ℃)	405
玻璃	3 658	硬橡皮	415
钢铁	5 200	软橡皮	1 400
松木	3 600	大理石	3 800

(5) 频带。

声音按照频率的分布称为频谱，在对声音进行测量时，规定将声音的频率范围分划成若干个小段，这些小段称为频带。每个频带都有一个下界频率 f_L 和上界频率 f_H，称 $\Delta f=f_L-f_H$ 为频带宽度，简称带宽。f_L 和 f_H 的几何平均称为频带的中心频率 f_n，即

$$f_n=\sqrt{f_L f_H} \tag{10.3}$$

10.2.2　材料的吸声性

实际生活中，声波在空间内（室内或管道）传播，当碰到各类材料或结构壁面时，一部分声能会被反射，一部分会被材料所吸收，还有一部分透射穿过材料。当声波进入材料内部互相贯通的孔隙之后，空气介质振动与孔壁之间产生摩擦和黏滞阻力作用，以及驱使细小纤维（针对纤维状吸声材料而言）做机械振动，使声能转化为热能而被吸收。由于进入材料的声能被吸收，因此反射声能减少，从而使噪声得以降低。这种具有吸声特性的材料被称为吸声材料，一些特定结构也能起到吸收声能的效果，这种结构称为吸声结构。

依据不同材料的吸声机理，可以把吸声材料（结构）分为多孔性吸声材料、共振吸声结构以及空间吸声体、帘幕吸声体、吸声尖劈结构（强吸声结构之一）四大部分。

(1) 吸声系数。

材料的吸声能力一般通过吸声系数 α 来衡量，吸声系数 α 等于被材料吸收的声能（包括透射声能在内）与入射到材料的总声能之比：

$$\alpha = \frac{E_a + E_t}{E} = \frac{E - E_r}{E} = 1 - r \tag{10.4}$$

式中　E—— 入射到材料的总声能，J；

E_a—— 材料吸收的声能，J；

E_t—— 透过材料的声能，J；

E_r—— 被材料反射的声能，J；

r—— 反射系数。

吸声系数表示吸声材料或结构吸收声能的能力，不同的材料吸声能力也不相同。当 $\alpha = 1$ 时，表示所有声能都被材料吸收了，没有发生反射；当 $\alpha = 0$ 时，表示声能全被材料反射，材料不吸声。材料的吸声系数一般都在 0 ～ 1 之间，吸声系数 α 越大，说明材料的吸声性能越好。

同种材料和结构对于不同频率的声波吸声系数不同。工程上通常采用 125 Hz、250 Hz、500 Hz、1 000 Hz、2 000 Hz、4 000 Hz 六个频率的吸声系数来表示某一种材料和结构的吸声特性。有时也把 250 Hz、500 Hz、1 000 Hz、2 000 Hz 四个频率吸声系数的算术平均值（取 0.05 的整数倍）称为“降噪系数”。一般把六个频率吸声系数的平均值大于 0.2 时的材料称为吸声材料，一般混凝土、普通砖墙、钢板面层以及厚玻璃等硬质且表面光滑的材料，其平均吸声系数仅为 0.02 ～ 0.08，不能作为吸声材料。

(2) 吸声量。

吸声系数表示吸收声能所占入射声能的百分比，可以用它来比较在相同尺寸下不同材料和不同结构的吸声能力，但这不能反映不同尺寸的材料和结构的实际吸声效果。

吸声量（A），又称等效吸声面积，可以表征某个具体吸声构件的实际吸声效果。即与某表面或物体的声吸收能力相同而吸声系数为 1 的面积。吸声量规定为吸声系数与吸声面积的乘积，即

$$A = \alpha S \tag{10.5}$$

式中　A—— 吸声量，m^2；

α—— 频率声波的吸声系数；

S—— 吸声面积，m^2。

材料的吸声特性，除了与材料自身的性质（如空气流阻、表观密度、孔隙率和孔隙构造特征等）、厚度及材料表面的条件（有无空气层以及空气层的厚度）有关以外，还与声波的方向、入射角及其频率有关。

10.2.3 材料的隔声性

能减弱或隔断声波传递的材料称为隔声材料。隔声性能的优劣用材料的入射声能与透过声能相差的分贝数表示，差值越大，隔声性能越优。对于一个建筑空间，它的围蔽结构受到外部声场的作用或直接受到物体撞击而发生振动，就会向建筑空间内部发射声能，于是空间外部的声音通过围蔽结构传到建筑空间内，这称为“传声”。传进来的声能总是或多或少地小于外部的声音或撞击的能量，所以围蔽结构隔绝了一部分作用于它的声能，这称为“隔声”。

1. 透射系数和隔声量

(1) 透射系数。

建筑空间外部声场的声波传递到建筑空间的围蔽结构上，一部分声能透过构件传到建筑空间中来。如果入射声能为 E_0，透过构件的声能为 E_τ，则构件的透射系数 τ 为

$$\tau=\frac{E_\tau}{E_0} \tag{10.6}$$

(2) 隔声量。

工程上常常用隔声量 R 来表示材料及构件对空气声的隔绝能力，它与透射系数 τ 的关系是

$$R=10\lg\frac{1}{\tau} \tag{10.7}$$

隔声量的单位是分贝(dB)，对于给定的隔声构件，隔声量与声波频率有很大关系。

2. 声波频率特性和隔声量的关系

同一结构或材料对不同频率的入射声波有着不同的隔声量。在工程应用中，常使用中心频率为 125 ～ 4 000 的 6 个倍频带或 100 ～ 3 150 Hz 的 16 个 1/3 倍频带的隔声量来评估某一个构件的隔声性能。前者用于一般表示，后者用于标准的表示，构件的隔声量通常在标准隔声实验室中按规定的程序和要求测量得到。有时为了简化，也用单一数值表示构件的隔声性能。常用的有两种：一种是平均隔声量，它是各频带隔声量的算术平均；另一种是计权隔声量(R_w)，它与平均隔声量相比，能较好地反映构件的隔声效果，使不同构件之间有一定的可比性，并考虑人耳听觉的频率特性和一般构件的隔声频率特性。

3. 隔声类型

假如围蔽结构隔绝的是外部空间声场的声能，则称为“空气声隔绝”；若是使撞击产生

能量传递到建筑空间中的声能有所减少，称为“固体声或撞击声隔绝”。两者的隔声原理截然不同。隔声不但与材料有关，而且与建筑结构密切相关。

(1) 空气声隔绝。

材料隔绝空气声的能力，可以用材料对声波的透射系数或隔声量来衡量，其主要服从质量定律：

$$R = 20\lg m + 20\lg f - 43 \tag{10.8}$$

式中　R—— 隔声量，dB；

m—— 墙体的单位面积质量，kg/m^2；

f—— 入射声的频率，Hz。

根据质量定律，可以推出一个规律：单层墙越重，隔声性能越好；单位面积质量提高一倍，隔声量增加 6 dB。同时还可以推出：入射声频率增加一倍，隔声量就增加 6 dB。

(2) 固体声隔绝。

材料隔绝固体声的能力是用材料的撞击声压级来评估的。隔绝固体声最有效的措施是采用不连续的结构组合，即在房屋的框架和墙板之间、墙壁和承重梁之间加弹性垫，如毛毡、软木、橡皮等材料，或在楼板上加弹性地毯。

4. 吸声材料和隔声材料的区别

(1) 概念不同。

吸声与隔声是完全不同的两个声学概念。吸声是指声波传播到某一边界面时，一部分声能被边界面反射，一部分声能被边界面吸收(这里不考虑在媒质中传播时被媒质的吸收)，这包括声波在边界材料内转化为热能被消耗掉或是转化为振动能沿边界构造传递转移，或是直接透射到边界另一面空间。对于入射声波来说，除了反射到原来空间的反射(散射)声能外，其余能量都被看作被边界面吸收，在一定面积上被吸收的声能与入射声能之比称为该边界面的吸声系数。

(2) 原理不同。

吸声是利用吸声材料将入射的声能吸收耗散掉，减少反射声，从而降低噪声的影响。

对于开启的窗户，吸声系数可近似为 1，其隔声效果为 0，即隔声量为 0 dB。对于又重又厚的砖墙或厚钢板，单位面积质量大，声波入射时只能激发起此隔层的微小振动，使对另一空间辐射的声波能量(透射声能)很小，所以隔声量大，隔声效果好。但对于原来空间而言，绝大部分能量被反射，所以吸声系数很小。

(3) 采取措施的着眼点不同。

吸声所关注的是在屏障与噪声源之间的空间中，由屏障反射回来的声能的大小，反射声越小则表示材料的吸声能力越好；而隔声所关注的是在声波透过屏障之后的空间中，透射过材料的声能的多少，投射声能越小，则隔声效果越好。

(4) 使用材料结构的不同。

吸声材料多是一些多孔的材料，例如玻璃棉、矿渣棉、泡沫塑料和穿孔板等，这类材料的内部要求蓬松多孔，各孔之间要连通，同时这些连通的孔隙和外界的边界面也要连通。而隔声材料刚好与之相反，要求用坚硬密实不透气的材料，例如钢板、铅板、混凝土板、砖墙等。作为一种较好的隔声材料必须满足两方面的要求，一方面要求其具有密实无空隙的结构，另一方面要求其面密度要尽量大。这是由于在不考虑材料弹性的情况下，无限大面积材料的传声损失遵循“质量定律”，即隔声性能与材料单位面积的质量有关，质量越大，传声损失越大，则隔声性能越好。

5.常用的吸声材料与结构

(1) 多孔类吸声材料。

多孔类吸声材料应用广泛，它具有良好的中、高频吸声性能。多孔类材料具有大量的内外连通的微孔和连续的气泡，当声波入射到材料表面时，一部分声波会透入材料内部，另一部分声波在材料表面反射。透入材料内部的声波在微孔和缝隙中传播时，会引起孔隙内的空气运动，空气运动会产生黏滞和摩擦作用，同时小孔内空气受压缩时温度升高，稀疏时温度降低，以及材料的热导效应，从而使声能转变成热能被消耗。这种能量转换是不可逆的，因此材料就产生了吸声作用。

① 纤维吸声材料。纤维材料是应用最早而且至今仍在使用的一种吸声材料，并且其种类多，用途广，按照其化学成分一般可分有机纤维材料和无机纤维材料两大类。有机纤维材料又可以分为天然纤维材料和合成纤维材料。天然纤维吸声材料一般包括棉、麻、棕丝、椰子丝、海草、甘蔗纤维、木纤维等植物纤维和羊毛等动物纤维；合成纤维一般包括腈纶棉、涤纶棉等化学纤维。无机纤维一般包括玻璃棉、矿渣棉、岩棉、硅酸铝棉等。矿棉、矿渣棉、玻璃棉等无机纤维状材料及它们的板状制品或毡状品是目前建筑行业较为常用的吸声材料。

有机纤维和无机纤维材料性能方面的差异主要为：有机纤维柔软富有韧性，不易折断，但如果不经特殊处理，会存在易燃、吸湿、霉烂和虫蛀等耐久性问题；而无机纤维则具有不燃、不腐、不蛀、不老化等特性，但纤维性脆，易折断，安装过程中会产生粉尘，污染环境，无机纤维还会刺痒皮肤，造成过敏反应。同时无机纤维不易降解，会产生固体废弃物，造成二次污染。

② 泡沫类吸声材料。泡沫材料根据泡孔类型不同，可以分为开孔型和闭孔型两种。前者泡孔是相互连通的且直通材料表面，后者正好相反，泡孔相互封闭不相互连通。开孔材料因入射到材料表面的声波能通过泡孔传递到材料内部，因摩擦作用使声能转变成热能而被消耗，所以具有良好的吸声作用。现在常用的泡沫类吸声材料包括聚氨酯泡沫塑料、泡沫玻璃砖、镁水泥泡沫吸声板等。

③ 颗粒材料。颗粒类吸声材料是以一定粒径大小范围内的颗粒材料，通过黏结剂加工成的吸声制品。由于颗粒之间存在相互连通的孔隙，所以这种吸声制品具有较好的透气性，当声波入射到材料表面时，颗粒材料之间孔隙所形成的微孔对空气运动产生摩擦和黏滞作用，使一部分的声能转化为热能。同时，由于空气绝热压缩时温度升高，膨胀时温度降低，材料的热传导也会消耗一部分声能，从而实现材料对声波的吸声作用。

根据颗粒材料材质的不同，现在常用的大致可分为珍珠岩吸声制品和陶土颗粒吸声制品等；根据吸声制品的形状，又可分为吸声板和吸声砖。

④ 金属吸声材料。金属类吸声材料是以金属为结构基材与吸声材料复合而成的复

合材料。按照形态和生产工艺的不同，其可分为纤维吸声、泡沫吸声、粉末吸声三种。其金属基材材质主要是铝或者铝合金。

与一般多孔类吸声材料相比，金属类吸声材料具有以下特点：力学性能好、强度高、韧性好，材料受到撞击一般只产生形变，而不是碎裂；耐久性好、耐水、耐热、耐冻，能适应多种环境，具有较长的使用寿命；属不燃材料，具有优异的防火性能；声学性能稳定，长期使用过程中吸声系数衰减变化很小；不吸水，其孔隙内的水分能快速蒸发，对自身吸声性能影响较小等等。

(2) 常见的吸声结构。

空间的围蔽结构和空间中的物体，在声波激发下会发生振动，振动着的结构和物体由于自身内部的摩擦和与空气的摩擦，要把一部分振动能量转化为热能而损耗掉。根据能量守恒定律，这些损耗的能量都来自于激发结构和物体振动的声波能量，因此振动结构和物体都要消耗一定的声能，从而产生相应的吸声效果。而结构和物体各自都有固有振动频率，当声波频率与结构和物体的固有频率相同时，就会发生共振现象。这时，结构和物体的振动最强烈，振幅和振速达到极大值，从而引起的声能损耗也最多，即吸声系数达到最大值，在离开这个频率附近的吸声系数逐渐降低，在远离这个频率的频段则吸声系数很低。

共振吸声材料和结构主要对中低频有很好的吸声特性，而多孔性吸声材料的吸声频率范围主要在中高频，因此在进行声学装修时，合理地将共振吸声材料和结构与多孔性吸声材料相结合，可以达到全频吸声的效果。利用共振原理设计的共振吸声结构一般分为三种：一种是空腔共振吸声结构，另一种是薄板或薄膜共振吸声结构，第三种称为微穿孔板吸声结构。

6. 常用的隔声材料与构造

隔声材料与吸声材料不同，吸声材料多为轻质、疏松、多孔性材料，而隔声材料一般为沉重、密实性材料。通常来讲，隔声性好的材料吸声性较差，吸声性好的材料隔声能力较弱。所以，若将二者结合起来，就可以制备出吸声性能和隔声性能都比较好的声学材料。

对于空气声的隔声应选用不易振动的且单位面积质量大的材料，因此，必须选用密实厚重的材料(如黏土砖、混凝土等)。柔性化的表面结构处理是对固体声最有效的隔声措施，即在构件之间加弹性衬垫如软木、棉毡等，从而隔断声波的传递。

(1) 单层墙的空气声隔绝。

单层匀质构件的隔声性能由控制其振动的三个物理量来决定，即墙板的面密度、墙板的劲度和材料的内阻尼。不透气的固体材料，对于在空气中传播的声波都有隔声效果，隔声效果的好坏从根本上讲取决于材料单位面积的质量，因此像砖墙、水泥墙或铅板等单位面积质量大的材料，隔声效果都比较好。单层隔声的高频隔声好，低频隔声差。

(2) 双层墙的空气隔绝。

从质量定理可以知道，单层墙的单位面积质量增加一倍，即材料不变，厚度增加一倍，从而质量增加一倍，隔声量增加 6 dB。实际上还不到 6 dB。因此在使用单层墙实现高隔声要求时，往往会显得十分笨重。如果把单层墙一分为二，做成双层墙，中间留有空气层，那么墙的总重没有变，可隔声量却比单层墙提高很多。换句话说，两边等厚的双层墙虽然比其中一叶单层墙用料多一倍，质量增加一倍，但是其增加的隔声量却超过了 6 dB。

双层墙的隔声量可以用单位面积质量等于双层墙两侧墙体单位面积质量之和的单层墙的隔声量加上一个空气间层附加隔声量来表示。空气间层附加隔声量与空气间层的厚度有关，大量试验证明，附加隔声量随着空气间层厚度的增加而增加，但当厚度增加到 10 cm 以后，隔声量基本不再增加。

(3) 轻型墙的空气声隔绝。

现代土木工程材料的发展方向就是“轻质高强”，传统的黏土砖墙已渐渐被纸面石膏板、加气混凝土板、石膏－珍珠岩墙板等新型墙体材料取代。根据质量定律，自重轻的板材隔声性能很差，这又与建筑隔声的要求相矛盾，所以必须通过一定的构造措施来提高轻型墙的隔声效果。

用多孔材料(如玻璃棉、泡沫塑料等) 分隔多层密实板做成夹层结构，则隔声量比同质量的单层墙可以提高很多。多层复合板的层次也不要做得太多，一般 3 ～ 5 层即可。每层厚度也不宜太薄。相邻层间的材料在构造合理的条件下尽量做成软硬结合的形式，如木板－玻璃纤维板－钢板－玻璃纤维板木板等。

轻型板材常常是固定在龙骨上的，如果板材和龙骨间垫有弹性垫层(如弹性金属片弹性材料垫)，比板材直接钉在龙骨上有更大的隔声量。对于薄壁型钢龙骨和木龙骨的选择，钢龙骨是较好的，它可以提高 2 ～ 4 dB 的隔声量。

双层或多层薄板的叠合，和采用同等质量的单层厚板相比，一方面可使吻合临界频率上移出主要声频范围，另一方面多层板交错放置可避免板缝隙处理不好的漏声，此外叠合层间的摩擦也可使隔声比单层板有所提高。

提高薄板的阻尼是改善隔声量的有效措施。因此常在薄钢板上粘贴超过板厚三倍的沥青玻璃纤维或沥青麻丝之类的材料，以削弱共振频率和吻合效应产生的影响。

采用双层墙。在双层墙间填充多孔吸声材料，会获得较好的隔声效果。

(4) 门窗隔声。

门窗的隔声能力往往比墙体低得多，因为一般门窗结构轻薄，而且存在较多缝隙，被认为是隔声的“薄弱环节”。若要提高门窗的隔声，要改变轻、薄、单的门窗，即采用厚重的门窗。但在门窗扇与门窗框之间的缝隙较大的情况下，即使门窗再厚重，隔声效果也不好。另外要对缝隙进行密封，以减少缝隙的透声。

7. 声学材料的生态化途径

(1) 利用固体废弃物生产吸声材料。

常用的吸声材料，如岩棉、矿渣棉、玻璃棉、聚氨酯纤维和木丝板等，其原料绝大多数是不可再生资源，需要寻找新的可代替资源。目前各国学者都在致力于固体废弃物的研究。实现对固体废弃物的回收再利用，不仅可以降低对环境的污染，减少不可再生资源的消耗，还可以降低成本，产生巨大的经济效益。

在有机纤维方面，目前已投入应用的固体废弃物有蔗渣纤维、椰丝纤维等。以蔗渣纤维为例，它是制糖产业的副产品，可以用来造纸，与其他材料混合发酵作为饲料，也可作为可燃物用作火力发电的热源。在蔗渣纤维的应用方面,制作人造板等吸声材料是一个新兴的方向,不仅污染小,还可以提高蔗渣纤维的利用价值。

利用工业固体废弃物,如粉煤灰、矿渣粉、煤矸石等作为吸声材料的制备原料已成为研究的热点,制品不仅吸声系数高,适用频带范围宽,同时还具有价格低廉、易加工、无污染、耐尘、耐潮湿和良好的装饰效果等优点。

(2) 材料及构造的复合化。

通过复合其他材料,改善吸声材料在某一频带的吸声性能,赋予吸声材料其他优良的性能,可以减少一些资源的消耗,同时在建造装修过程中复合材料的使用可以达到其他多种材料共同使用的效果,减少材料消耗,降低建筑自重。

共振结构对特定频率吸声性能很强,对广谱吸声性能稍差。将穿孔板与其他吸声材料贴合,中间留一定深度空腔,既可以改善一般吸声材料对低频带吸声性较差的缺点,也可以提高穿孔板的广谱吸声性。

根据隔声质量定律,一般新型墙体材料,如石膏空心条形板、GRC 空心条形板、泰柏板、混凝土泡沫板及砌块等的墙体,其单位面积的质量要比传统的黏土砖轻得多,因此新型墙体的隔声性能较差,难以达到传统砖墙的隔声效果。对于由轻钢龙骨组成的轻质薄板墙,由于两面板之间存在空气层,因具有弹性能起减震作用,从而提高隔声效果;而且还可以通过增加薄板的层数来提高板墙的隔声量。如果在板墙中的空气层填充玻璃棉、岩棉或矿渣棉等多孔性吸声材料,还可增加板墙的阻尼作用,使吻合效果产生的隔声低谷提升,从而提高板墙的计权隔声量。

10.3　光学材料

光学材料是具有一定光学性质和功能的材料的统称。材料的光学性质在土木工程中的作用很重要,其不仅影响着以建筑工程为主的工程采光、控光等功能需要,也对在土木工程中的节能及开发新能源意义重大。

10.3.1　光学基本原理

1. 光的产生

光的产生总是和原子中电子的跃迁有关。假如原子处于高能态 E_2,然后跃迁到低能态 E_1,则它以辐射形式发出能量,其辐射频率为

$$\nu=\frac{E_2-E_1}{h} \tag{10.9}$$

能量发射可以有两种途径:一是原子无规则地转变到低能态,称为自发发射;二是一个具有能量等于两能级间能量差的光子与处于高能态的原子作用,使原子转变到低能态同时产生第二个光子,这一过程称为受激发射。

2.材料光学性质

(1) 光通量。

辐射通量是指光源在单位时间内向各个方向辐射的能量。光的辐射通量只表示光源辐射功率的大小,不能反映这些能量所引起的主观视觉。而光通量是人眼对光能量的感觉量。

(2) 发光强度。

发光强度简称光强,是描述光通量的空间分布的物理量。

(3) 光照强度。

光照强度指单位面积上所接受可见光的光通量,简称照度。用于指示光照的强弱和物体表面积被照明程度的量。

(4) 亮度。

亮度是指发光体光强与人眼所"见到"的光源面积之比,定义为该光源单位的亮度,即单位投影面积上的发光强度。亮度是人对光的强度的感受。它是一个主观的量。与光照度不同的,由物理定义的客观的相应的量是光强。这两个量在一般的日常用语中往往被混淆。亮度也称明度,表示色彩的明暗程度。人眼所感受到的亮度是色彩反射或透射的光亮所决定的。

10.3.2 光的传播方式

光在材料中的传播分为反射、吸收和透射。据能量守恒,入射光通量等于反射、吸收和透射光通量之和,有 $F=F_\rho+F_\alpha+F_\tau$。反射、吸收和透射光通量与入射光通量之比,分别称为反光系数 ρ、吸收系数 α 和透光系数 τ,即

$$\rho=F_\rho/F$$
$$\alpha=F_\alpha/F$$
$$\tau=F_\tau/F$$
$$\frac{F_\rho}{F}+\frac{F_\alpha}{F}+\frac{F_\tau}{F}=\rho+\alpha+\tau=1 \tag{10.10}$$

1.光的反射

反射光的分布形式包括定向反射、定向扩散反射、均匀扩散反射等。

(1) 定向反射。

定向反射指光反射后按一定的方向传播,入射角等于反射角。反射光的亮度和发光强度比入射光有所降低,因为有一部分被吸收或透射。

(2) 定向扩散反射。

定向扩散反射兼有定向反射和完全扩散反射两种特性,它的反射光线出现在一定的范围内:在定向反射方向上具有最大的亮度,在该方向附近的某一区域内也有一定的亮度。但其扩散范围不是全空间的,离开了某个区域,就没有反射光线。

(3) 均匀扩散反射(漫反射)。

均匀扩散是将入射光线均匀地向全空间反射。因此在各个方向和角度,反射的亮度完全相同,可又看不见光源。如石膏、氧化镁等,以及大部分粗糙、无光泽的建筑材料。利用这类反射材料,可以获得一个比较均匀的光环境。

2. 光的透射

透射光的分布形式包括规则透射、定向扩散透射、均匀漫透射等。

(1) 规则透射(或定向透射)。

光线射到光滑的透明材料上,会发生定向透射。如果材料的两个表面相互平行,则透过材料的光线和入射方向保持一致。

规则透射的特点:透射光线与入射光线平行;透射光线、入射光线与法线在一个平面内;在透射方向可以清晰看见光源的像。

(2) 定向扩散透射。

这种材料有定向和扩散两种特征,如磨砂玻璃,透过它们可以看到光源的大致情况,但轮廓不清。

定向扩散透射的特点:入射光线不均匀地向某空间透射;在定向透射方向具有最大的强度;在透射方向可以模糊地看到光源的像。

(3) 均匀漫透射。

这种材料将入射光线均匀地向四面八方透射。各个方向所看到的亮度相同,可又看不到光源形象,透射后亮度有所降低。

均匀漫透射的特点:入射光线均匀地向四面八方透射;表面亮度均匀;看不见光源像。乳白玻璃、半透明塑料等就属于这种材料。透过它们看不见光源的形象,常用于灯罩及发光天棚的透光。它们可以降低光源的亮度,以减少对眼睛的强烈刺激,也可以使透过的光线均匀分布。

10.3.3　常见光学材料

1. 透光材料

按材料的光分布特性,透光材料可分为以下三种。

(1) 透明材料。

透明材料为表面光洁的透明均匀介质,具有良好的正透射和正反射性能。材料的正反射系数和透光系数主要与材料的折射率和光的入射角有关。当材料的折射率越高、入射角越大时,材料的反射系数越高,透光系数则越低。一般入射角大于45°时,反射系数和透光系数变化显著。

无色透明材料吸收系数低,对各种色光的吸收系数相近。无色透明材料透明度和透光系数均高,适宜做观察窗、侧窗。在使用时应防止太阳辐射热和眩光。有色透明材料吸收系数高,而且对光谱有选择性,使透射光呈现不同颜色,可用于调节光色。但一般有色透明材料透光系数较低。此外,特种有色透明材料能吸收或反射红外线(如吸热玻璃或热反射玻璃),用于采光时可起遮阳作用,并能降低发光体表面亮度和改善眩光。

(2) 扩散透光材料。

在透明介质中若含有大量不同折射率的粒子时,光线在粒子与介质的界面上的散射,形成扩散透射。介质主体与粒子的折射率差别越大,粒子的直径与入射光的波长越接近,粒子的浓度越大,则散射效果越好。乳白玻璃就是在透明介质中混入乳浊剂而形成扩散透光材料。此外,如气泡、未熔透的玻璃体和表面凹凸的玻璃等也能引起散射。

扩散透光材料一般透光系数较低,能有效地降低玻璃表面亮度,防止眩光和太阳辐射热,提高室内采光均匀度。半透明和半扩散透光材料的性能介于透明材料与扩散透光材料之间,均为混合透射性能。半扩散透光材料的特性更接近扩散透光材料。

(3) 指向性透光材料。

指向性透光材料是表面呈有规则排列的棱镜体透明介质。利用光的折射原理,将光线折射到要求的方向。用于侧窗时,可提高房间进深的照度,改善采光均匀度,同时对防止眩光和减少太阳辐射热也有一定作用。

2. 反光材料

(1) 镜反射材料。

镜反射材料是具有良好的正反射特性和表面光滑呈镜面的材料。镜反射材料的反射系数与光的入射角有关,对一般抛光的金属面,垂直入射时,其反射系数较大。银的反射系数最大,可达0.93,但易氧化,因而反射系数不稳定。玻璃的反射系数约为0.08,玻璃表面镀银后反射系数可提高到0.85,同时又可防止银的氧化,反射系数较稳定。

(2) 扩散和半扩散反射材料。

绝大多数建筑饰面材料属于这两类。扩散反射材料表面极粗糙,可将入射光均匀地向各个方面反射,光分布符合朗伯定律;反射光柔和,不易产生眩光。半扩散反射材料如有光泽的油漆面,表层为正反射,光透入内层微粒时产生散射。表层的正反射特性与透明体表层反射相同,光泽度越大,反射越明显,也越容易引起反射眩光。因此,室内装修、家具等宜采用无光泽或低光泽的材料。

10.4 电、磁功能材料

电、磁功能材料对高新技术的发展起着重要的推动和支撑作用,在全球功能材料的研究领域中占有很大比重,是21世纪信息生物、能源、环保、空间等高技术领域的关键材料。

当前电、磁功能材料及其应用技术正面临新的突破,诸如超导材料、微电子材料、信息材料、能源转换与储备材料、生态材料等正处于高速的发展之中。实用超导材料已实现了商品化,在核磁共振人体成像、超导磁体及大型加速器磁体等多个领域获得了应用;高温氧化物超导体的出现突破了温度壁垒,把超导应用温度从液氦提高到液氮温区。太阳能电池材料是新能源材料研究开发的热点,多层复合太阳能电池,转化率高达40%。在生态环境领域,可开发能使经济可持续发展的环境协调性材料,如仿生材料、环境保护材料等。

10.4.1　电功能材料

电功能材料是以特殊的电学性能或者电效应作为主要性能指标的一类材料。电功能材料包括传统的导电材料、超导材料、电阻材料、半导体材料、引线框架材料、搭焊金属导线、阴极材料和电敏感功能材料等。

1. 电功能材料的特性

(1) 绝缘性是使用不导电的物质将带电体隔离或包裹起来的特性，以防止触电的一种安全措施。良好绝缘性是电气设备与线路安全运行的保证。

(2) 介电性是指如果将某一均匀的电介质作为电容器的介质而置于其两极之间，则电介质的极化，将使电容器的电容量比真空为介质时的电容量增加若干倍的性质。其使电容量增加的倍数即为该物体的介电常数，用以表示物体介电性的大小。

(3) 铁电性是指在一些电介质晶体中，晶胞的结构使正负电荷中心不重合而出现电偶极矩，产生不等于零的电极化强度，使晶体具有自发极化，且电偶极矩方向可以因外电场而改变，呈现出类似于铁磁体特点的性质。

(4) 离子导电性是指离子本身带有电荷，当离子定向运动时，电荷定向运动，从而产生电流的性质。

(5) 半导体是指一种导电性可受控制，范围在绝缘体至导体之间的材料。

(6) 超导体的直流电阻率在一定的低温下突然消失，被称为零电阻效应。导体没有了电阻，电流流经超导体时就不发生热损耗，电流可以毫无阻力地在导线中形成强大的电流，从而产生超强磁场。

2. 常用的电功能材料

(1) 半导体材料的特性。

物体根据导电能力(电阻率) 的不同，可划分导体、绝缘体和半导体。

随着温度增高，半导体导电能力增强；当半导体受到光照时，其导电能力增强；在半导体掺入少量杂质，其导电能力增强。

(2) 陶瓷半导体。

陶瓷半导体主要包括发热元件和电极、压敏电阻、热敏电阻、气敏电阻、湿敏电阻。

高温陶瓷导电体是通过电流发热产生高温或在高温状态导电而不会熔化或氧化的陶瓷。该陶瓷具有高硬度、高强度、高导热性、导电性、低膨胀系数、良好的抗震性。SiC 发热元件已广泛用于陶瓷、玻璃及冶金工业的高温车间和实验室。

(3) 超导体。

① 超导体的物理特性。零电阻是超导体的一个重要特性。试验表明超导状态中零电阻现象不仅与超导体温度有关，还与外磁场强度和通过超导体的电流有关，这意味着存在临界电流，超过临界电流就会出现电阻。

a. 完全抗磁性。不管超导体内原来有无磁场，一旦进入超导态，超导体内的磁场一定等于零，即具有安全抗磁性，超导体的完全抗磁性会产生磁悬浮现象。磁悬浮现象在工程技术中有许多重要的应用，如用来制造磁悬浮列车和超导无摩擦轴承等。

b. 临界磁场。逐渐增大磁场到达一定值后，超导体会从超导态变为正常态，把破坏超导比电性所需的最小磁场称为临界磁场。超导体无阻载流的能力也是有限的，当通过超导体中的电流达到某一特定值时，又会重新出现电阻，使其产生这一相变的电流称为临界电流。

② 超导材料的应用。超导技术的应用十分广泛，涉及输电、电机、交通运输、微电子和电子计算机、生物工程、医疗、军事等领域。

超导输电在原则上可以做到没有焦耳热的损耗，因而可节省大量能源；用超导线圈储存能量在军事上有重大应用，超导线圈用于发电机和电动机可以大大提高工作效率，降低损耗。

利用超导体产生的强磁场可以研制成磁悬浮列车，车辆不受地面阻力的影响，可高速运行，车速达 500 km/h 以上，若让超导磁悬浮列车在真空中运行，车速可达 1 600 km/h，利用超导体制成无摩擦轴承，用于发射火箭，可将发射速度提高 3 倍以上。

用超导技术制成各种仪器，具有灵敏度高、噪声低、反应快、损耗小等特点，如用超导量子干涉仪可确定地热、石油、各种矿藏的位置和储量，并可用于地震预报。

10.4.2 磁功能材料

磁性功能材料不仅具有传统功能材料的物理性质和化学反应特性，同时还具备了极佳的磁响应性能，具有转换、传递、处理信息、存储能量等功能，广泛应用于能源、电信、自动控制、家用电器、军工等领域。磁功能材料包括稀土永磁材料、铁氧体磁性材料、硅钢片、黏结磁体、非晶态软磁材料、铝基复合磁性材料、磁流体、磁屏蔽材料、磁伸缩材料、磁致冷材料、磁敏感功能材料等。

10.5 防水材料

随着人们的生活质量不断提高，对土木工程的使用要求也随之提高，特别是建筑物的防水与排水的功能。关注和重视防水的重要性，在土木工程中，设计与施工人员需能优化选择防水功能材料及采取合理的防水措施。然而，目前以建筑物为代表的土木工程防水问题仍然无法彻底解决，研发性能优异的放水材料，探索有效的防水技术，发挥技术的全部功效与作用，达到预期的防水效果，是土木工程技术人员努力的方向。

防水技术包括了防水材料的研制、防水工程的设计、防水工程的施工等诸多内容。

10.5.1 建筑防水材料的种类

建筑防水材料按制品种类可分为防水卷材、防水涂料、止水材料及密封材料等。

防水卷材由特制的纸胎或其他纤维纸胎及纺织物，浸透石油沥青、煤沥青和高聚物改性沥青制成的(有胎)，或以合成高分子材料为基料加入助剂及填充料经过多种工艺加工而成的(无胎)长条形、片状，成卷供应并起防水作用的产品。常用的防水卷材根据材料组分的变化通常可分为沥青防水卷材、高聚物改性沥青防水卷材与合成高分子防水卷材三大系列，各系列又包含了多个品种。

防水卷材种类复杂、性能不同，在工程设计中需考虑各种各样的影响因素。在防水卷材的选择上，需要注意以下两方面问题：

(1) 严格遵守防水卷材的质量技术与防水工程相关的技术规范要求。

(2) 需考虑工程部位、地区气候、气温、环境等诸多因素的影响。

1. 弹性体(SBS)改性沥青防水卷材

高聚物改性沥青防水卷材在建筑防水材料中起着越来越重要的作用。它的结构是以纤维织物作为涂抹胎体，合成高分子聚合物改性沥青作为涂盖层，形状为可卷曲片状。高聚物改性沥青防水卷材中以SBS改性沥青防水卷材为主。

SBS是对沥青改性效果最好的高聚物，它是一种热塑性弹性体，是塑料、沥青等脆性材料的增韧剂，加入到沥青中的SBS(添加量一般为沥青的10% ～ 15%)与沥青相互作用，使沥青产生吸收、膨胀，形成分子键合牢固的沥青混合物，因而明显改善了沥青的弹性、伸长率、高温稳定性、低温柔韧性、耐疲劳性与耐老化等性能。

SBS改性沥青防水卷材常用的胎基有两种，即聚酯无纺布和玻纤毡。两种胎基产品的化学性能相同，但在机械性能方面聚酯胎大大优于玻纤胎。如：高质量SBS改性沥青和聚酯胎组成的卷材有优良的抗拉强度与撕裂强度，耐疲劳，可以适应建筑物的反复运动拉伸。

SBS改性沥青油毡不仅适用于一般工业和民用建筑的防水，也适用于高层建筑物的屋面、地下室、卫生间等的防水防潮，以及桥梁、停车场、屋顶花园、游泳池、蓄水池、隧道等建筑的防水。由于该卷材有优良的低温韧性与极高的弹性延伸性，更适合于北方寒冷地区和结构易变形的建筑物防水。

2. 自黏聚合物改性沥青防水卷材

自黏卷材是在常温下能够自行与基层或卷材黏结的改性沥青防水卷材，简称自黏卷材。自黏卷材黏结层由具有优良的黏附性的蠕变胶料组成，它的变形能力较强，在外力作用下蠕变，不产生和传递应力，保护防水层不受损坏，并可以较好地解决基层影响和潮湿基面施工的难题。

自黏聚合物改性沥青防水卷材是以基质沥青、增塑剂、SBS、粉末丁苯橡胶、增黏树脂、稳定剂、填料等为基料，以聚乙烯膜、铝箔为表面材料，使用防黏隔离层的一种新型防水材料。

自黏卷材具有良好的抗基层变形开裂能力、抗刺穿性与刺穿自愈合性，而且与混凝土基面的黏结力强、铺贴施工便捷、施工速度快，使其应用领域从房屋建筑工程防水迅速扩展到基础设施工程防水。

3. 合成高分子防水卷材

由于合成高分子材料的快速发展，出现了以合成橡胶、合成树脂为主的新型防水卷材——合成高分子防水卷材。合成高分子防水卷材是以合成橡胶、合成树脂或其两者的共混体为基础，再加入硫化剂、软化剂、促进剂、补强剂和防老剂等助剂和填充料，经过密炼、拉片、过滤、挤出成型、硫化、检验和分卷等工艺和工序而制成的可卷曲的片状防水卷材。常用的合成高分子防水卷材为聚氯乙烯防水卷材。

聚氯乙烯防水卷材是以聚氯乙烯为主要原料，同时加入适量的填料、增塑剂、改性剂、抗氧剂、紫外线吸收剂等材料，经过捏合、塑合、压延成型等工艺和工序加工而成的防水卷材。

聚氯乙烯防水卷材具有拉伸强度高、伸长率较大、耐高低温性能较好的优点，同时热熔性能好，当卷材接缝时，既可采用冷黏法，也可采用热风焊接法，通过两种方法使其形成接缝黏结牢固、封闭严密的整体防水层。

聚氯乙烯防水卷材普遍适用于大型屋面板，空心板作为防水层，也可用作刚性层下的防水层及旧建筑物混凝土构建屋面的修缮，以及地下室或地下工程的防水、防潮、水池、储水槽及污水处理池的防渗，有一定耐腐蚀性要求的地面工程的防水材料和防渗材料。

10.5.2 防水涂料

防水涂料是将在常温下呈黏稠液状态的物质，涂布在基体表面，通过溶剂或水分挥发或各组分间的化学反应，形成具有一定弹性的连续薄膜，使基层表面与水分离，起到防水和防潮作用。广泛应用于工业与民用建筑物的屋面防水工程、地下混凝土工程的防潮防渗等。防水涂料具有五个特点：① 在常温下防水涂料呈液态，固化后能在这些复杂表面处形成完整的防水膜；② 涂膜防水层质量轻；③ 防水涂料施工属于冷施工，可刷涂，也可喷涂，操作简便，施工速度快，对环境污染较小，降低了劳动强度；④ 涂膜防水层可以通过加贴增强材料来提升拉伸强度；⑤ 修补方便，发生渗漏时可以在原防水涂层的基础上进行修补。

1. 沥青防水涂料

沥青防水涂料是以沥青为基料配制而成的水乳型或溶剂型防水涂料。这类涂料对沥青基本没有改性或改性不多，有石灰乳化沥青、膨润土沥青乳液和水性石棉沥青防水涂料等。

石灰乳化沥青涂料是以石油沥青为基料，石灰膏为乳化剂，在机械强制搅拌下将沥青乳化制成的厚质防水涂料。石灰乳化沥青涂料为水性、单组分涂料，具有无毒、不燃，可在潮湿基层上施工等特点。

2. 高聚物改性沥青防水涂料

聚合物改性沥青防水涂料是以沥青为基料，用合成高分子聚合物进行改性而制成的水乳型或溶剂型防水涂料。该涂料在柔韧性、抗裂性、拉伸强度、耐高低温性能与使用寿命等方面较沥青防水涂料有很大改善。

3. 合成高分子防水涂料

合成高分子防水涂料是以合成橡胶或合成树脂为主要成膜物质，加入其他辅料而配制成的单组分或双组分防水涂料，主要有聚氨酯(单、双组分)、硅橡胶、水乳型、丙烯酸酯、聚氯乙烯防水涂料等。

聚氨酯防水涂料又称为聚氨酯涂膜防水材料，具有耐磨、装饰及阻燃等性能。单组分聚氨酯防水涂料也称为湿固化型聚氨酯防水涂料，可用于地下室、卫生间、桥梁、涵洞、人防工程等环境场合的防水防潮，也可用于金属管道、车间地坪、水池等环境的防腐。

丙烯酸防水涂料是以纯丙烯酸共聚物、改性丙烯酸或纯丙烯酸乳液为主要成分，加入适量填料、助剂及颜料等配制而成的纯合成树脂类单组分防水涂料。这种防水涂料的最大优点是其具有优良的耐候性、耐热性和耐紫外线性等综合性能，在 $-30 \sim 80$ ℃ 环境内性能基本无多大变化。因为延伸性好，能适应基层的开裂变形。使用在装饰层具有装饰和隔热效果。

有机硅防水涂料是通过采用有机硅乳液、高档颜料及填料，添加紫外线屏蔽剂加工而成的一种单组分高分子防水涂料。这类涂料对水泥砂浆、混凝土基体、木材、陶瓷、玻璃等常用建筑材料有很好的黏结性、渗透性。该类涂料具有以下众多优点：透气性好、防潮、防霉、不长青苔；防污染、抗风化且保色，施工方便、使用安全；质量可靠、耐久性好；等等。其适用于新旧屋面、楼顶、地下室、洗浴间、游泳池、仓库、桥梁工程的防水、防溶、防潮、隔气等。

10.5.3　止水材料

止水材料也称止水堵漏材料，其在民用建筑、水利水电、市政、桥梁、隧道、煤炭矿山、电力化工、军工航天、核工业等土木工程及军事工程领域广泛应用。目前，高压化学灌浆堵漏施工技术使用各种防水堵漏机具、设备、材料进行防水堵漏。我国使用的堵漏材料包括无机防水堵漏材料、水泥基渗透结晶性防水材料、无机灌浆材料、水溶性及油溶性聚氨酯、橡胶止水带与遇水膨胀橡胶等。

1. 防水剂

砂浆、混凝土防水剂主要是有机硅类防水剂和无机铝盐类防水剂。

有机硅类防水剂的成分是甲基硅醇钠(钾)和氟硅醇钠(钾)，是一种分子量较小的水溶性聚合物，易被弱酸分解形成不溶于水的具有防水性能的甲基硅醚防水膜，防水膜包围在混凝土的组成粒子之间，因而具有憎水性能。混凝土在浇筑硬化的过程中会冷缩或干缩导致体积收缩，使有机硅类防水剂不能补偿混凝土的收缩裂缝，因此，混凝土的收缩开裂会使防水抗渗性能受到较大影响。

无机铝盐类防水剂是以铝盐和碳酸钙为主要原料，以多种无机盐辅助制成，具有抗渗、抗冻、耐热、早强速凝等特点。它的防水机理是与水泥中的水化铝酸钙作用生成具有一定膨胀性的复盐硫铝酸钙晶体，这些晶体填充在混凝土结构的毛细孔隙中，阻塞了水分迁移的通道，因此使混凝土的密实性与防水抗渗能力提高。但是，由于这类防水剂的早强速凝作用，早期水化物结构形成较快，结构致密程度较差，混凝土早期强度增加得越快，后期强度就越低。所以，早强、速凝作用使它对水泥砂浆或混凝土的后期强度有不利的影响，抗渗性也较差。

2. 灌浆材料

灌浆就是把适当的、能够凝结的浆液灌入裂缝含水岩层、混凝土或松散土层中，因而降低被灌物的渗透性并提升其强度，从而达到加固载体与抗渗防水目的一种方法，在土木工程中被广泛使用，起到防渗、补强、加固、堵漏、堵水的作用。随着灌浆技术广泛使用，灌浆材料也得到了较大的发展，但其存在一定的弊端。

(1) 有机灌浆材料的特点及应用。

有机灌浆材料有很多优点，能够解决传统水泥基灌浆材料不能解决的问题；但它也有很大缺点，例如，受稀酸、稀碱与其他外界因素的影响很敏感，并且大多数有毒，对周围环境与地下水资源产生污染。尽管有机灌浆材料正向低毒甚至无毒型发展，但在市场上能满足环保要求的产品很少，并且耐久性差、价格昂贵。

(2) 无机灌浆材料的特点及应用。

无机灌浆材料应用于以下方面：水玻璃和水泥的复合、水泥的改性、碱胶凝材料的引入和超细水泥的应用等，其中以超细水泥灌浆材料的发展作为主导。

无机和无机复合灌浆材料虽然具有材料来源广、价格低、无毒、运输与储存方便、固结体强度高、抗渗性强等一系列优点，但也有可灌性受到粒子尺寸的限制、注入能力有限、凝固前易被水稀释、初凝与终凝时间长等缺点。超细水泥可灌性与稳定性大大提高，但流动性能变化大，灌浆阻力大，而且超细粉磨能耗高，这些缺点限制了其推广使用。

(3) 有机－无机复合灌浆材料的特点及应用。

有机－无机复合灌浆材料是发挥有机、无机材料的优点，复合后使两类材料的优势互补。

有机－无机复合混凝土修补胶就是以高分子共聚物为基本原料，掺加适量的改性剂、有机助剂制成的灌浆材料，其具有无毒、无味、无腐蚀、不燃、耐酸碱等特点。其与水泥配置成的聚合物水泥浆或砂浆可以封闭混凝土表面微裂缝，填充修补混凝土裂缝或者缺陷。

3. 橡胶止水带

橡胶止水带是以天然橡胶与各种合成橡胶作为主要原料，其中掺加各种助剂及填充料，经过塑炼、混炼，以及压制成型的止水材料。该止水材料拥有良好的弹性、耐磨性、耐老化性和抗撕裂等优异性能，适应变形能力较强、防水性能优良，温度使用范围为－45～60 ℃。在温度超过 70 ℃，加上强烈的氧化作用或同时受油类等有机溶剂侵蚀的环境下，不能使用该产品。

橡胶止水带主要用于基建工程，地下设施，隧道及污水处理厂，水利、地铁等工程，为闸门、坝底、建筑工程、地下建筑物等伸缩缝混凝土浇制配用。

4. 遇水膨胀橡胶(止水条)

遇水膨胀橡胶是以传统橡胶作为基体,引入具有亲水功能基团或者带有亲水功能基团的亲水性组分制成的遇水膨胀橡胶。因为这种橡胶具有很强的吸水能力,吸水后可以膨胀到自身质量或者体积的数倍,并且能够产生很大的膨胀力,所以可以适应不同结构变形,起到弹性密封堵水作用。目前遇水膨胀橡胶多应用于工程变形缝、施工缝、水坝嵌缝和各种管道接头的密封止水等,并已经逐渐取代了传统的水泥灌浆和环氧树脂。

10.5.4　密封材料

密封材料是指能使土木工程上的各种接缝或裂缝、变形缝(沉降缝、伸缩缝、抗震缝)保持水密、气密性能,同时具有一定强度,能连接构建的填充材料。密封材料广义上可分为定形密封材料和非定形密封材料两大类别。根据材质的不同,可将密封材料细分为合成高分子密封材料和改性沥青密封材料两大类。除此之外沥青、油灰类嵌缝材料在用途上与密封材料相似,在广义上也称为密封材料。

近年来,以合成高分子为主体,通过加入适量的化学助剂、填充材料和着色剂等,经过特定的生产工艺和工序加工制成的合成高分子材料得到了较为广泛的应用。合成高分子材料的主要品种有硅酮建筑密封胶、聚硫建筑密封胶、聚氨酯建筑密封胶和丙烯酸建筑密封胶、建筑用硅酮结构密封胶等,它们主要用于中空玻璃、窗户、幕墙、石材和金属屋面的密封安装、卫生间和高速公路接缝的防水密封材料等。

目前,常用的防水油膏有沥青嵌缝油膏、聚氯乙烯接缝膏和塑料油膏、丙烯酸类密封膏、聚氨酯密封膏、聚硫密封膏和硅酮密封膏等。

合成高分子接缝密封材料又称建筑胶黏剂。胶黏剂是一种能在两个物体表面间形成薄膜并能把它们紧密胶结起来的材料。胶黏剂在建筑装饰施工中是不可少的配套材料,常用于墙柱面、吊顶、地面工程的装饰黏结。

1. 防水砂浆和防水混凝土

(1) 防水砂浆。

防水砂浆是一种制作防水层用的抵抗水渗透性高的砂浆,它是一种刚性材料,通过提高砂浆的密实性及改进抗裂性,从而达到防水以及抗渗的目标。砂浆防水层仅适用于不受振动和具有一定刚度的混凝土或砖石砌体工程。

防水砂浆可通过采用普通水泥砂浆、聚合物水泥砂浆或在水泥砂浆中渗入防水剂等配制。聚合物防水剂有天然橡胶胶乳、合成橡胶胶乳(氯丁橡胶、丁苯橡胶)、热塑性树脂乳液(聚乙酸乙烯酯、聚丙烯酸酯)、热固性树脂乳液(环氧树脂、不饱和聚酯树脂)、水溶性聚合物(聚乙烯醇,甲基纤维素)等。

(2) 防水混凝土。

防水混凝土主要用于水工地下基础屋面防水等工程。防水混凝土一般是通过改善混凝土组成材料的质量比,合理选择混凝土配合比和骨料级配以及掺加适量外加剂,达到混凝土内部密实或堵塞混凝土内部毛细管通路,使混凝土具有较高的防水性的目的。

防水混凝土是以调整配合比的方法，提高混凝土自身的密实性，因此满足抗渗要求的混凝土。其原理是在保证和易性前提下减少水胶比，同时适当提高水泥用量和砂率，在粗骨料周围形成质量良好和数量足够的砂浆包裹层，使粗骨料彼此分离，以阻隔沿粗骨料相互连通的渗水孔网。

(3) 防水砂浆和防水混凝土的作用。

防水砂浆和防水混凝土是土木工程不可缺少的主要材料之一，它在建筑、公路、桥梁、水利等土木工程结构中起到防止雨水、地下水与其他水分渗透的作用。

工程防水技术按其构造做法可细分为两大类，即构建自身防水和采用不同材料的防水。采用不同材料的防水层做法，又可细分为刚性材料防水和柔性材料防水，前者采用涂抹防水砂浆、浇筑掺入外加剂的混凝土或预应力混凝土等做法或者采用铺设防水卷材、涂抹各种防水涂料等做法，多数建筑物采用柔性材料防水做法。

(4) 防水砂浆和防水混凝土的工程应用。

防水砂浆适用于不受震动和具有一定刚度的混凝土或砖石砌体工程，应用于地下室水塔水池等的防水工程。

防水混凝土因其同时具有承重构件和防水屏障的功能，且材料来源广泛、工艺操作简单、改善劳动条件、缩短施工工期、节约工程造价、检查维修方便等，而成为地下防水体系中的重要材料。

2. 防水材料的生态化途径

(1) 原材料选择。

开发固废替代不可再生的天然原料资源技术。如利用粉煤灰作为填料，部分取代不可再生的石英粉、重钙粉，制备防水涂料等。

(2) 研发生态、高性能防水砂浆。

阳离子氯丁胶乳防水防腐砂浆即为一种生态、高性能防水砂浆。阳离子氯丁胶乳是一种高聚物分子改性基高分子防水防腐乳胶，其是由引入环氧树脂改性胶乳加入氯丁橡胶乳液及聚丙烯酸酯、合成橡胶、各种乳化剂、改性胶乳等组成的高聚物胶乳。阳离子氯丁胶乳防水防腐砂浆就是以阳离子氯丁胶乳为基料加适量化学助剂和填充料，经塑炼，混炼，压延等工序加入而成的高分子防水防腐砂浆。

防水砂浆为健康安全防水材料，在使用过程中环氧树脂不会造成对环境的污染，环氧树脂在水泥中能稳定存在，在湿度大的环境中，不会分解和释放出对环境有害的气体。

(3) 加强产品的循环再利用。

防水砂浆中，改性高聚物分子的生命周期远远大于砂浆本身的生命周期，对于废弃的防水砂浆，将防水砂浆粉磨后，改性高聚物分子能从中剥落出来，将其继续添加在新拌砂浆中，能继续发挥密实砂浆，进而防水的作用。防水砂浆作为一种循环材料能够提高防水防腐材料的使用率。

10.6　智能材料

智能材料又称灵巧或机敏材料，是指具备能感知外部刺激(传感功能)、能判断并适当处理(处理功能)且本身可执行(执行功能)功能的一类材料。在土木工程当中应用的智能材料指的是可以对外界环境和内部环境变化进行自我感知、可以以此来对工程结构本身影响进行准确的处理分析和判定的、具有适度响应甚至自我处理功能的材料。

10.6.1　智能材料功能

一般来说，智能材料有七大功能，即传感功能、反馈功能、信息识别与积累功能、响应功能、自诊断功能、自适应功能和自修复功能。

传感功能是指能够感知外界或自身所处的环境条件，如负载、应力、应变、振动、热、光、电、磁、化学、核辐射等的强度及其变化。反馈功能是指可通过传感网络，将系统输入与输出信息进行对比，并将其结果提供给控制系统。信息识别与积累功能是指能够识别传感网络得到的各类信息并将其积累起来。响应功能是指能够根据外界环境和内部条件的变化，适时动态地做出相应的反应，并采取必要行动。自诊断功能是指能通过分析比较系统目前的状况与过去的情况，对诸如系统故障与判断失误等问题进行自诊断并予以校正。自适应功能是指对不断变化的外部环境和条件，能及时地自动调整自身结构和功能，并相应地改变自己的状态和行为，从而使材料系统始终以一种优化方式对外界变化做出恰如其分的响应。自修复功能是指能通过自繁殖、自生长、原位复合等再生机制，修补某些局部损伤或破坏。

当前所使用的智能材料还具有以下几个方面的特性：第一，在土木工程建设施工项目中应用的智能材料可以对外界的环境进行准确的感知，可以精准检测出环境当中的刺激和刺激所产生的强度，诸如应力、光、热能以及核辐射和化学能等；第二，智能材料还具有一定的驱动能力，可以对外界的变化进行适当的响应；第三，智能材料可以按照设计好的程序，来对自身进行控制；第四，智能建筑材料对于外界刺激所产生的反应非常快捷；第五，智能材料受到外界的刺激并且当刺激消除之时，可以迅速恢复到初始的状态。

10.6.2　智能材料构成

多数智能材料都由基体材料、敏感材料、驱动材料和信息处理器四部分构成。

(1) 基体材料。基体材料担负着承载的作用，一般宜选用轻质材料。一般基体材料首选高分子材料，因为其质量轻、耐腐蚀，尤其具有黏弹性的非线性特征。其次也可选用金属材料，以轻质有色合金为主。

(2) 敏感材料。敏感材料担负着传感的任务，其主要作用是感知环境变化(包括压力、应力、温度、电磁场、pH 等)。常用敏感材料如形状记忆材料、压电材料、光纤材料、磁致伸缩材料、电致变色材料、电流变体、磁流变体和液晶材料等。

(3) 驱动材料。因为在一定条件下驱动材料可产生较大的应变和应力，所以它担负着响应和控制的任务。常用的有效驱动材料有形状记忆材料、压电材料、电流变体和磁致伸缩材料等。

(4) 信息处理器。信息处理器是通过表征事物或现象的各种形式的信息(图片、文字、声音等)进行自动识别的技术系统。识别的范畴包括图形、声波、文字、光热等信号。

10.6.3 智能材料种类

智能材料目前可以分为三个类型:聚合物类材料、碳类材料和金属类材料。其中常用的就是碳类材料和金属类材料。如:对于碳纤维水泥复合材料,可通过电阻率变化测定进行内部断裂分析,还可以实现对于复合材料进行检测和静态控制。对于智能玻璃,可以通过其调光和蓄光功能的作用,实现对其所维护空间的温控及节能作用等。

1. 具有自诊断效应的陶瓷材料

具有导电功能的特殊陶瓷纤维既是一种具有自诊断效应的陶瓷材料。由于多数陶瓷材料为电的绝缘体,并在高温下烧制,所以,能用于制备具有导电性检测功能的耐高温纤维种类有限,常用的是耐高温的半导性碳化硅晶须。

理想的自诊断方法应是所复合的纤维不仅具有增韧机制,并且具备损伤传感功能。其中常用的增韧机制有长纤维的复合、桥接、分散相的复合、增韧相的拔出、相变增韧、晶体结构的微细化等。断裂感知功能则来自导电相(连续长纤维、分散增韧相)、晶界相、多层结构、介电体、压电体等的应用。

从宏观到微观,陶瓷材料的强韧化技术具有多个层次。陶瓷材料缺陷的位置和裂纹发生的时间也不一样。因此,只有同时具备多种强韧化机制及多种缺陷诊断和裂纹预警方式,才可获得安全可靠的陶瓷材料。

2. 智能混凝土

(1) 自调节智能混凝土。

自调节智能混凝土具有电力效应和电热效应等性能。混凝土结构除了正常负荷外,人们还希望它在受台风、地震等自然灾害期间,能够调整承载能力和减缓结构振动。但因混凝土本身是惰性材料,要达到自调节的目的,必须复合具有驱动功能的组件材料,如形状记忆合金(SMA)和电流变体(ER)等。

(2) 自愈合混凝土。

自愈合混凝土是在混凝土中预先埋入某种黏结剂,当建筑物出现裂纹时,黏结剂会自动释放出来,把裂纹修补好。同时还可以提高开裂部分的强度和抗弯韧性。

自愈合混凝土是一种被动智能材料,即在材料中没有埋入传感器监测裂痕,也没有在材料中埋入电子芯片来“指导”黏结裂开的裂痕。比较新的智能混凝土是主动型的,能使混凝土出现问题时自动加固。

(3) 碳纤维智能混凝土。

在水泥基材料中掺入适量碳纤维不仅可以显著提高强度和韧性,而且其物理性能,尤其是电学性能也有明显的改善,可以作为传感器并以电信号输出的形式反映自身受力状况和内部的损伤程度。将一定形状、尺寸和掺量的短切碳纤维掺入到混凝土材料中,可以使混凝土具有自感知内部应力、应变和操作程度的功能。在加入碳纤维的损伤自诊断混凝土中，碳纤维混凝土本身就是传感器，可对混凝土内部在拉、压、弯静荷载和动荷载等外因作用下的弹性变形和塑性变形以及损伤开裂进行监测。

碳纤维混凝土除具有压敏性外，还具有温敏性。当碳纤维掺量达到某一临界值时，其温差电动势有极大值，且敏感性较高。因此，可以利用这种材料实现对建筑物内部和周围环境变化的实时监控；也可以实现对大体积混凝土的温度自监控以及用于热敏元件和火警报警器等，可望用于有温控和火灾预警要求的智能混凝土结构中。

(4) 光纤传感智能混凝土。

光纤传感智能混凝土是在混凝土结构的关键部位埋入纤维传感器或其阵列，探测混凝土在碳化以及受载过程中内部应力、应变的变化，并对由于外力、疲劳等产生的变形、裂纹及扩展等损伤进行实时监测。这种智能混凝土的智能方式是：如果混凝土的某些局部出现问题，即使是极微小的危险信号，混凝土内部的传感器也会发出信号，计算机就会发出指令，使事先埋入混凝土材料中的微小液滴变成固体而自动加固，或采取其他方式对桥梁进行维修维护。

3. 压电材料

压电材料是指受到压力作用时会在两端面间出现电压的晶体材料。压电材料可以因机械变形产生电场，也可以因电场作用产生机械变形，这种固有的机－电耦合效应使得压电材料在工程中得到了广泛的应用。例如，压电材料已被用来制作智能结构，此类结构除具有自承载能力外，还具有自诊断性、自适应性和自修复性等功能，在用作地震传感器，力、速度和加速度的测量元件，电声传感器以及飞行器设计中占有重要的地位。

(1) 智能蒙皮。

智能蒙皮表面是一层压电陶瓷传感器，传感器把感受到的表面压力变化通过电子反馈放大系统施加到驱动器上，此驱动器是由多层压电陶瓷或电致伸缩陶瓷构成的。当因紊流而产生压力波动时，反馈系统使得驱动器的形状发生改变，从而防止紊流的产生。

(2) 仿生材料。

仿生是模仿自然界生物所具有的功能和行为建造技术系统的科学方法。

① 珊瑚结构复合材料传感器。珊瑚骨架的特点是孔径分布很窄，而且孔体积与实体积几乎相等，孔与孔之间完全沟通，孔隙与沟道的直径因珊瑚种类而异，其中有些孔隙与沟道呈各向异性。这些特点成为复合材料传感器的仿生模式。

② 仿生水声器。仿生水声器是由可响应静水压波的压电材料制得的水中听觉装置，主要用于潜水艇、海上石油平台、地球物理勘探设备以及鱼群探测器和地震监测器。此外，仿生水声器能接收和传递鱼汛，监测水下植物的生长，用以开辟新的高效食物源。

4. 智能玻璃

(1) 光致变色玻璃。

光致变色玻璃的光色特性起因于很小的、分散的卤化银晶体。它们是在玻璃最初冷却时或者随后的热处理中形成的。热处理的温度在基质玻璃的应变点和软化点之间。这些卤化银颗粒中可能含有浓度相当高的杂质(例如存在于玻璃中的碱金属离子),而光致变色行为显著地受到玻璃的组成和热过程的影响。

(2) 电致变色玻璃。

近年来研究人员应用薄膜材料的电致变色特性,制作了"电开关"的自动控制灵巧窗,此窗用于房屋的自动采光控制。

电致变色膜(EC)材料可以是 WO_3 或 NiO 薄膜。前者有蓝色变色特性,人的视觉难以适应;后者呈灰色变色特性,应用性能良好。

5. 智能纤维

智能纤维是指能够感知环境的变化或刺激,如机械、热、化学、光、湿度、电和磁等,并做出反应的纤维。智能纤维包含传感器、执行器和可能含有的中央处理器,或具有传感、执行、调节适应的功能。传感器是探测环境的变化或刺激产生信号的神经系统。执行器对来自传感器或中央处理器的信号做出反应。中央处理器类似于大脑,具有认知、推理和判断能力,如单片机或便携式计算机等。

(1) 纤维传感器。

① 光学纤维传感器。纤维传感器中以光纤传感器的应用最为普遍。光纤(石英、蓝宝石或塑料)技术同时具有信号探测和传输功能,在智能高速公路的水泥混凝土结构、桥梁和飞机蒙皮等方面有广泛的应用。光纤传感器可以探测应变、温度、位移、化学物质浓度、加速度、压强、电流、磁场以及其他一些信号,是迄今为止发展最为成熟的纤维传感器。

② 导电纤维传感器。电信号的探测和传输是探测技术中很重要的一个方面,与光纤传感器不同,导电纤维传感器在柔性材料方面的应用非常成功和普遍。根据导电聚合物的反应方式,可以有光学传感器(输出信号是光)、电流传感器(输出信号是电流)和电导传感器(输出信号是电导率),另外也有以质量和电阻为反应方式的传感器。

(2) 形状记忆纤维。

形状记忆纤维是指热成型时(一次成型)能记忆外界赋予的形状(初始形状),冷却时可任意形变,并在更低的温度下将此形变固定下来(二次成型),再次加热时能可逆地恢复原始形状的纤维。根据外部环境的变化,促使形状记忆纤维完成上述循环的因素可以有光能、电能和声能等物理因素以及酸碱度、整合反应和相转变反应等。

(3) 蓄热调温纤维。

蓄热调温纤维是一种能够根据外界环境温度的变化,伴随纤维中所包含的室温相变物质发生液－固可逆相变,或从环境中吸收热量储存于纤维内部,或放出纤维中储存的热量,在纤维周围形成温度相对恒定的微气候,从而在一定时间内实现温度调节功能。

(4) 调温、调湿纤维。

空气中的水蒸气凝结成水,使分子运动速度变慢;进一步降低温度至低于零摄氏度,水结冰,伴随着一系列过程的发生,会有热量释放出来。干燥的羊毛、棉花、丝、麻或化学纤维吸收空气中的水蒸气后,水分子由气态转变为附着在纤维表面的液态,水分子的运动变缓,能量降低,伴随这一过程将放出一定的热量。用调温、调湿纤维制成的各种织物,可用于多种衣物和有高温、高湿度要求的实验室。

在智能纤维中还有压电纤维、抗菌纤维等。

10.6.4　智能材料的工程应用

1.在桥梁建筑中的应用

桥梁主要是用于承受动荷载的构造，容易被大气污染，因此要求能够监测到它的受载力和强度，并且要根据监测结果进行维修，减少定时监测和维修的费用。第一方面，桥座力的检测中的运用。桥座主要是由弹性层、加强板组成的堆积体，在其中用到的智能材料光纤传感器，在桥座的受灾情况有变化时，由微弯器对光线产生作用，使光纤输出的光强也发生改变，从而引起光敏管的输出变化，最后工作人员通过检测光敏管的信号变化就能了解到桥座的受载情况。第二方面，桥梁长期监测中的应用。目前已有部分桥梁在对桥梁的长期监测中通过光纤维智能结构来实现。

2.在土木工程结构中的应用

智能材料与土木工程建筑的结构相结合就是所谓的智能土木结构，土木工程的结构主要强调强度、安全性、耐久性几个因素，这些因素也是智能土木结构要考虑的问题。一个土木工程项目在开工之前进行必要的性能研究分析有利于提前了解建筑工程中会遇到的问题，提前做好方法措施，降低土木工程施工过程中的风险，同时还有利于降低整个建筑项目的成本。但是，以上所说的研究分析是以外部性能检测为基础进行的，然而现实的情况是单单依靠对外部性能检测得到的数据就进行研究分析是不全面的。必须要考虑到建筑物内部性能的变化情况。因此，智能材料在此就体现出了优势，例如把智能传感器安装在建筑物的内部，这些智能材料能够非常敏感地检测到建筑物内部结构的变化，并能够及时准确地把相关信息反馈给检测中心，从而研究分析人员能够充分了解建筑物外部和内部的结构性变化，根据这些信息做出正确的处理措施。随着科学技术的不断发展，对智能传感器之类的材料的应用已经逐渐成熟，应用范围也不断扩大。

对于钢筋混凝土的结构强度，可以模仿在建筑物中植入传感器的做法，在钢筋混凝土的结构中也植入相应的传感器，并且植入的多个传感器会形成一个传感器网络，能够及时检测到钢筋混凝土的性能变化，并且可以及时传输信息。

10.6.5　智能材料的发展趋势

近年来，智能材料有了的显著进步和发展，然而还需不断创新进行深入研究。未来智能材料主要发展趋势包括以下三个方面：

1.智能材料的集成化

智能材料发展的最终归属为智能结构服务，为满足智能结构的多功能需要，往往需要智能控制与自诊断、自适应和自修复等智能材料相结合，促使材料从感知、控制、适应和修复方面实现集成化。

2.智能控制材料

控制材料是智能材料集成化的关键。神经中枢网络控制材料可以为智能材料获得实时的动态响应,而且提供学习和决策功能。

3.智能材料与智能建筑相结合

将先进的智能材料融入智慧建筑的安全系统,形成具有传感器、处理器、执行元件和修复材料的高智能结构,是未来智能建筑的发展趋势。它使智能建筑能够自行诊断变形、损伤和老化的发生,能够自发产生对应于状态的形状变化,本身能够对振动、冲击产生适应性的调整,能够根据需要对结构或者材料进行控制和修复。

复习思考题

1.热量传递有哪三种方式?各方式的传热特点是什么?
2.无机保温材料与有机保温材料各有哪些主要种类?其特点如何?
3.燃烧的条件及基本过程是什么?用于土木工程的防火材料及设施主要有哪些?
4.吸声与隔声的原理区别是什么?其主要评价指标有哪些?
5.常用的吸声与隔声材料、构造有哪些?其特点有哪些?
6.评价光学性质有哪些主要参数?光有哪些传播方式?各传播特点如何?
7.透光材料、反光材料有哪些主要特点?
8.电、磁功能材料的主要种类及特点如何?
9.建筑防水卷材、防水涂料有哪些主要种类及特点?
10.防水砂浆及防水混凝土的组成及工程应用特点如何?
11.智能材料有哪些主要功能?其各自主要特点是什么?

参考文献

[1] 葛勇.土木工程材料学(2011 年新标准版)[M].北京:中国建材工业出版社,2011.
[2] 吕平,赵亚丁.土木工程材料[M].2 版.大连:大连理工出版社,2015.
[3] 赵亚丁.建筑材料(2014 年版)[M].武汉:武汉大学出版社,2014.
[4] 王天民.生态环境材料[M].天津:天津大学出版社,2000.
[5] 王曙中,王庆瑞,刘兆峰.高科技纤维概论[M].上海:东华大学出版社,2014.
[6] 沃西源,涂彬,夏英伟.芳纶纤维及其复合材料性能与应用研究[J].航天返回与遥感,2005,26(2):50-52.
[7] 宋焕成,赵时熙.聚合物基复合材料[M].北京:国防工业出版社,1986.
[8] 福斯特 B,莫莱尔特 M.欧洲张力薄膜结构设计指南[M].杨庆山,姜忆南,译.北京:机械工业出版社,2007.
[9] 徐峰,王惠明.建筑涂料[M].北京:中国建筑工业出版社,2007.
[10] 刘益军.聚氨酯树脂及其应用[M].北京:化学工业出版社,2012.
[11] 张泽朋.建筑胶粘剂标准手册[M].北京:中国标准出版社,2008.
[12] 王世芳.建筑材料[M].武汉:武汉大学出版社,2000.
[13] 柳俊哲.土木工程材料[M].3 版.北京:科学出版社,2014.
[14] 袁润章.胶凝材料学[M].武汉:武汉工业大学出版社,1989.
[15] 刘祥顺.建筑材料[M].3 版.北京:中国建筑工业出版社,2010.
[16] 吴科如.土木工程材料[M].2 版.上海:同济大学出版社,2008.
[17] 施惠生,郭晓潞.土木工程材料[M].重庆:重庆大学出版社,2011.
[18] 高琼英.建筑材料[M].4 版.武汉:武汉工业大学出版社,2015.
[19] 涂平涛.建筑轻质板材[M].北京:中国建材工业出版社,2005.
[20] 张松榆,金晓鸥.建筑功能材料[M].北京:中国建材工业出版社,2012.
[21] 张松榆,刘祥顺.建筑材料质量检测与评定[M].武汉:武汉理工大学出版社,2007.
[22] 薛正良.钢铁冶金概论[M].北京:冶金工业出版社,2008.
[23] 廖国胜,曾三海.土木工程材料[M].北京:冶金工业出版社,2011.
[24] 朋改非.土木工程材料[M].武汉:华中科技大学出版社,2008.
[25] 沈祖炎,陈扬骥,陈以一.钢结构基本原理[M].2 版.北京:中国建筑工业出版社,2005.
[26] 张耀春.钢结构设计原理[M].北京:高等教育出版社,2004.
[27] 过镇海.钢筋混凝土原理[M].北京:清华大学出版社,2013.
[28] 叶列平,赵作周.混凝土结构[M].北京:清华大学出版社,2005.
[29] 聂建国,刘明,叶列平.钢一混凝土组合结构[M].北京:中国建筑工业出版社,2005.
[30] 张金升,张银燕,夏小裕,等.沥青材料[M].北京:化学工业出版社,2009.

[31] 张金升,贺中国,王彦敏,等. 道路沥青材料[M]. 哈尔滨:哈尔滨工业大学出版社,2013.

[32] 杨林江,李井轩. SBS 改性沥青的生产与应用[M]. 北京:人民交通出版社,2001.

[33] 陈拴发,陈华鑫,郑木莲. 沥青混合料设计与施工[M]. 北京:化学工业出版社,2006.

[34] 张金升,郝秀红,张旭,等. 沥青混合料及其设计与应用 [M]. 哈尔滨:哈尔滨工业大学出版社,2013.

[35] YOUNG J F, MINDNESS S, GREY R J, et al. Science & Technology for Civil Engineering Materials [M]. New Hampshire: New Hampshire USA Publishing House,2006

[36] 谭忆秋. 沥青与沥青混合料[M]. 哈尔滨:哈尔滨工业大学出版社,2007.

[37] 中华人民共和国交通部. 公路工程沥青及沥青混合料试验规程:JTGE 20—2011 [S]. 北京:人民交通出版社,2011.

[38] 刘立新. 沥青混合料粘弹性力学及材料学原理[M]. 北京:人民交通出版社,2006.

[39] 虎增福. 乳化沥青及稀浆封层技术[M]. 北京:人民交通出版社,2001.

[40] 刘尚乐. 聚合物沥青及其建筑防水材料[M]. 北京:中国建材工业出版社,2003.

[41] 张登良. 沥青路面工程子册[M]. 北京:人民交通出版社,2003.

[42] 于本信. 怎样修好沥青混凝土路面[M]. 北京:人民交通出版社,2005.

[43] 徐瑛,陈友治,吴力立. 建筑材料化学[M]. 北京:化学工业出版社,2005.

[44] 蒋庆华,杨永利. 环境与建筑功能材料[M]. 北京:化学工业出版社,2007.

[45] 吴明. 防水工程材料[M]. 北京:中国建筑工业出版社,2010.

[46] 王德明. 矿井火灾学[M]. 北京:中国矿业大学出版社,2008.

[47] 刘义祥,赵敏. 防火材料与防火设施[M]. 北京:化学工业出版社,2007.

[48] 李晓刚. 材料腐蚀与防护[M]. 南京:中南大学出版社,2009.

[49] 杨学稳. 化学建材[M]. 重庆:重庆大学出版社,2006.

名词索引

A

奥氏体 6.3

B

半镇静钢 6.1
保水性 4.3
保温材料 10.1
标准含水率 9.2
玻璃态 7.1
玻璃转化温度 7.1

C

掺合料 4.2
初凝 2.1
传感器 10.6
磁功能材料 10.4
粗骨料 4.2

D

大孔混凝土 4.6
大气稳定性 8.2
低合金钢 6.5
电功能材料 10.4
多孔混凝土 4.6

F

防火材料 10.1
防水卷材 7.5
非活性混合材料 3.1
沸腾钢 6.1
分子交联 7.1
分子裂解 7.1
粉煤灰硅酸盐水泥 3.2
复合硅酸盐水泥 3.2

G

改性沥青 8.4
钙矾石 3.1
干混砂浆 5.0
钢材的脆性临界温度 6.2
钢材的低温冷脆性 6.2
钢的冷加工 6.4
钢的冷加工时效 6.4
钢的时效敏感性 6.2
高分子材料 7.1
高强混凝土 4.7
高弹态 7.1
高性能混凝土 4.7
隔声材料 10.2
工具钢 6.1
固化剂 7.2
固溶体 6.3
光学材料 10.3
硅酸盐水泥 3.2
过火石灰 2.2

H

合成纤维 7.4
合金钢 6.1
和易性 4.3
环境协调性 1.5
灰土 2.2
混合材料 3.1
混合砂浆 5.0
混凝土 4.1

混凝土标准立方体抗压强度 4.3
混凝土初步配合比 4.5
混凝土的立方体抗压强度标准值 4.3
混凝土基准配合比 4.5
混凝土配合比 4.5
混凝土强度保证率 4.4
混凝土施工配合比 4.5
混凝土实验室配合比 4.5
混凝土徐变 4.3
混凝土自收缩 4.3
活性混合材料 3.1
火山灰质硅酸盐水泥 3.2

J

机械混合物 6.3
加气混凝土 4.6
坚固性 4.2
减水剂 4.2
碱一骨料反应 4.2
建筑石膏 2.1
建筑涂料 7.5
胶合板 9.3
胶黏剂 7.5
胶质 8.1
焦油沥青 8.1
结构钢 6.1

K

颗粒级配 4.2
空心石膏板 2.1
矿渣硅酸盐水泥 3.2

L

LCA 1.5
冷底子油 8.5
冷弯性能 6.2
沥青 8.0
沥青混合料 8.7
沥青胶 8.5
沥青质 8.1
流动性 4.3
流态混凝土 4.7
铝酸盐水泥 3.3
绿色建材 0.1

M

煤沥青 8.3
密封材料 10.5
抹灰砂浆 5.0
木质部 9.1

N

黏聚性 4.3
黏流态 7.1
黏流温度 7.1
凝胶型结构 8.1
凝结时间 3.2

P

泡沫混凝土 4.6
泡沫塑料 7.2
片状骨料 4.2
普通钢 6.1
普通硅酸盐水泥 3.2
普通混凝土 4.1

Q

气硬性胶凝材料 2.0
砌筑砂浆 5.0
欠火石灰 2.2
强屈比 6.2
轻骨料混凝土 4.6
轻混凝土 4.1
屈服点 6.2
屈服强度 6.2

R

热固性树脂 7.1
热塑性树脂 7.1
溶胶型结构 8.1
乳化沥青 8.5
软水腐蚀 3.1

S

三合土 2.2
三元乙丙橡胶 7.3
砂浆 5.0
砂率 4.3
渗碳体 6.3
生态材料 1.5
石膏 2.1
石灰 2.2
石油沥青 8.1
熟石灰 2.2
树脂 8.1
水玻璃 2.3
水灰比 4.3
水胶比 4.5
水泥杆菌 3.1
水泥石 3.1
水硬性胶凝材料 2.0
塑料 7.2
塑料壁纸 7.2
塑料地板 7.2
塑料装饰板 7.2

T

坍落度 4.3
碳素钢 6.1
碳素结构钢 6.5
碳纤维 7.4
体积安定性 3.2
体型结构 7.1
填料 7.2
铁素体 6.3
土木工程材料 0.1

W

外加剂 4.2
温度敏感性 8.2

X

吸声材料 10.2
细度 3.2
细度模数 4.2
细骨料 4.2
纤维板 9.3
纤维饱和点 9.2
纤维混凝土 4.7
纤维石膏板 2.1
线性结构 7.1
橡胶 7.3

Y

压电材料 10.6
压碎指标 4.2
引气剂 4.2
优质钢 6.1
油分 8.1

Z

早强剂 4.2
增塑剂 7.2
针状骨料 4.2
镇静钢 6.1
纸面石膏板 2.1
智能材料 10.6
终凝 2.1
珠光体 6.3
装饰石膏板 2.1